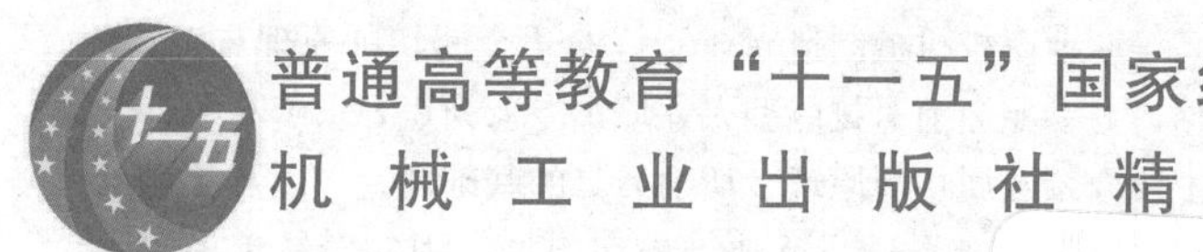

普通高等教育“十一五”国家级规划教材
机 械 工 业 出 版 社 精 品 教 材

U0186149

金属切削原理与刀具

第 2 版

主　编　陆剑中　周志明
参　编　冯鹤敏　徐名聪

机 械 工 业 出 版 社

本书是以高等职业院校机械制造专业制订的“金属切削原理与刀具”教学大纲为依据，并参照当前对技能型人才培训专业知识要求编写的。全书共十一章，主要介绍金属切削原理、切削刀具的基础理论，以及常用刀具的结构及使用知识，此外，适当反映当前切削加工中的新知识、新技术等。

本书可作为高等职业院校机械制造及相关专业教学用书，也可作为中等专业学校、中等职业学校的教学用书和企业的培训用书。

本书配有电子课件，凡使用本书作教材的教师可登录机械工业出版社教育服务网（http：//www. cmpedu. com）下载，或发送电子邮件至 cmp-gaozhi@ sina. com 索取。咨询电话：010-88379375。

图书在版编目(CIP)数据

金属切削原理与刀具/陆剑中等主编．—2 版．—北京：机械工业出版社，2016. 6(2025.1重印)

普通高等教育“十一五”国家级规划教材　机械工业出版社精品教材

ISBN 978-7-111-53443-3

Ⅰ. ①金…　Ⅱ. ①陆…　Ⅲ. ①金属切削－高等学校－教材②刀具（金属切削）－高等学校－教材　Ⅳ. ①TG

中国版本图书馆 CIP 数据核字（2016）第 067424 号

机械工业出版社（北京市百万庄大街 22 号　邮政编码 100037）

策划编辑：王英杰　责任编辑：王英杰　武　晋　郑　丹

版式设计：霍永明　责任校对：张　薇

封面设计：马精明　责任印制：李　昂

北京捷迅佳彩印刷有限公司印刷

2025 年 1 月第 2 版第 13 次印刷

184mm × 260mm · 11.75 印张 · 287 千字

标准书号：ISBN 978-7-111-53443-3

定价：36.00 元

凡购本书，如有缺页、倒页、脱页，由本社发行部调换

电话服务

服务咨询热线：010－88379833

读者购书热线：010－88379649

网络服务

机 工 官 网：www. cmpbook. com

机 工 官 博：weibo. com/cmp1952

教育服务网：www. cmpedu. com

金 书 网：www. golden－book. com

封面无防伪标均为盗版

前 言

本书是以高等院校机械制造专业的“金属切削原理与刀具”教学大纲为依据，并参照当前对技能型紧缺人才培养、培训专业知识需求编写的。

本书可作为高等院校机械制造及相关专业教学用书，也可作为中等职业学校、中等专业学校的教学用书及企业的培训用书。

现代切削技术已进入了高速、高效、智能、复合、环保的发展新阶段；数控刀具显示出高速、高效、高精、专用的“三高一专”的技术特征；刀具材料、刀具表面改性技术、刀具结构和刀具应用技术的创新速度大大加快。本书第1版于2006年出版，已远不能适应现代制造技术发展需要。加上近几年来高等职业院校的教学计划、大纲不断修改，所以有必要对第1版进行修订。主要修改内容如下：

1. 根据少而精原则，避免不必要的重复，将第六章成形车刀、第十二章超硬刀具的主要内容整合到第五章车刀和第二章刀具材料中。

2. 删繁就简。例如删除了车刀角度换算，进一步简化第九章切齿刀具内容。

3. 全面更新教材内容，以适应现代制造技术的发展需要，如修订中更换、修改图数十幅。在各有关章节中介绍了新开发的数控刀具。

本书主编为上海理工大学陆剑中教授、南京工程学院周志明副教授。参编为上海理工大学冯鹤敏、徐名聪副教授。主审为成都工具研究所尹洁华教授级高工。

各章作者为：第一、八、十一章冯鹤敏；第二、九章徐名聪；第三、四章陆剑中；第五、六、七、十章周志明。

在本书编写过程中，得到了许多同志的指导和帮助，谨表衷心感谢。书中尚有错误、疏漏和不妥之处，敬请批评指正。

编 者

目　录

绪　论

一、金属切削在国民经济中的地位及其发展简史

目前机械制造中所使用的工作母机有80%左右仍为金属切削机床，因此，金属切削加工在机械制造业中仍占主导地位。至今，凡是形状和尺寸精度要求较高的零件，一般都须经过切削加工。美国每年消耗在切削加工中的费用达1000亿美元，日本近年来每年所消耗的有关费用也超过10000亿日元。在工业发达国家，制造业的产值占国民经济总产值的2/3，其中机械制造业占很大比例。美国、日本、德国每年出口的机电产品均在1000亿美元以上；而英、法两国每年出口的机电产品也分别为400亿美元左右。它们以技术密集型工业产品进行贸易，赚取了大量外汇，由此可见，金属切削加工对国民经济发展起着重要作用。

我国古代不断对生产工具进行改进，由石器时代过渡到铜器时代、铁器时代。有历史记载，在商代已采用了各种青铜工具，如刀、钻；公元前8世纪春秋时代已采用铁制锯、凿等工具；1668年已使用马拉铣床和脚踏砂轮机。在国外，1775年J. wilkinson研制成了加工蒸汽机气缸的镗床，1818年美国Eli. Whitney发明了铣床，1865年巴黎国际博览会前后，已有车床、插床、齿轮机床和螺纹机床，显然已制成了相关的刀具。1864年法国的Joessel研究了刀具几何形状对切削力的影响，1870—1877年俄国的И. А. Тиме研究了切屑的形成和切屑类型，1906—1908年美国的F. W. Taylor发表了刀具寿命与切削速度间的关系式。以后各国学者对切削变形、剪切角进行的理论和试验研究，促进了金属切削的发展。

社会生产力的发展要求机械制造业不断提高生产率和加工质量、降低成本，因而促进了刀具材料的变革。1780—1898年间使用的碳素工具钢和合金工具钢，其切削速度约为6~12m/min；1898年美国的F. W. Taylor和White发明了高速钢，切削速度比工具钢提高了2~3倍；1923年德国研制了WC-Co硬质合金，进一步将切削速度提高了2~4倍。1960年后，各种难加工材料的相继出现，推动了新刀具材料的研制，如开发了新牌号硬质合金和陶瓷、人造金刚石、立方氮化硼等材料。1970年后，高速钢、硬质合金的表面涂层极大地提高了刀具切削性能。

自1949年中华人民共和国成立后，国家设立了专门科研机构，如工具研究所、磨料磨具研究所，建立了四大工具厂，推广高速切削、强力切削。工人师傅在刀具方面的创造和发明大大推动了切削技术的发展，如倪志福的群钻、苏广铭的玉米铣刀和金福长的深孔钻等。目前，可转位刀具的广泛应用、超硬刀具的制造与使用、数控工具系统的开发，进一步发展了现代切削加工技术。各高等院校、科研机构开展了许多相关科研工作，如有关金属切削与磨削理论、积屑瘤与鳞刺、高速与超高速切削、精密与超精密切削和难加工材料切削等，均取得很多成果。

当前，我国金属切削理论研究及加工技术与国外先进水平的差距仍然很大。随着切削机

床的数控化、柔性化和智能化，切削与磨削加工的高速化、高精度化和自动化，我国传统机械制造业将进一步加快改造升级的步伐，并将取得日益明显的成果。

二、本课程任务及内容的主要特点

本教材内容主要是介绍金属切削基础理论和刀具结构、选用知识，供高等职业院校、中等专业学校和中等职业学校机械制造及相关专业教学使用。

为了适应现阶段提出的大力振兴装备制造业、加快发展现代服务业、培养生产第一线技能型人才的要求，在本教材的编写内容安排上，主要是讲清基础理论，多结合生产实际，其中突出了如下几点：

1. 介绍基本的切削机理，用于解决在切削时提高生产率、加工质量和降低成本的问题。

2. 介绍各类常用标准刀具的组成、结构和选用。

3. 介绍切削加工现代先进技术，如应用涂层刀具、可转位刀具和超硬刀具切削，较详细地介绍了国内外使用的数控刀具及数控工具系统。

“金属切削原理与刀具”是紧密联系并结合生产实际的课程。要重视阅读有关资料、手册和样本，并应运用理论知识分析与解决生产实际问题。

1

第一章

基 本 定 义

学习金属切削原理与刀具，必须从研究切削运动、刀具角度和切削方式入手。本章以车削为例进行阐述，因为车削在所有切削中最具代表性，车刀在各种刀具中最具典型性，许多其他刀具可看做是车刀的演变或派生。因此，掌握了车削运动、车刀角度和车削方式就可为学习金属切削原理与刀具打下牢固的基础。

第一节 车 削

本节主要阐述车削运动、车削中所形成的表面、切削层、切削用量、切削时间和材料切除率。

一、车削运动

车削加工时，按工件与刀具相对运动所起作用的不同，可将车削运动分为主运动和进给运动（图 1-1）。

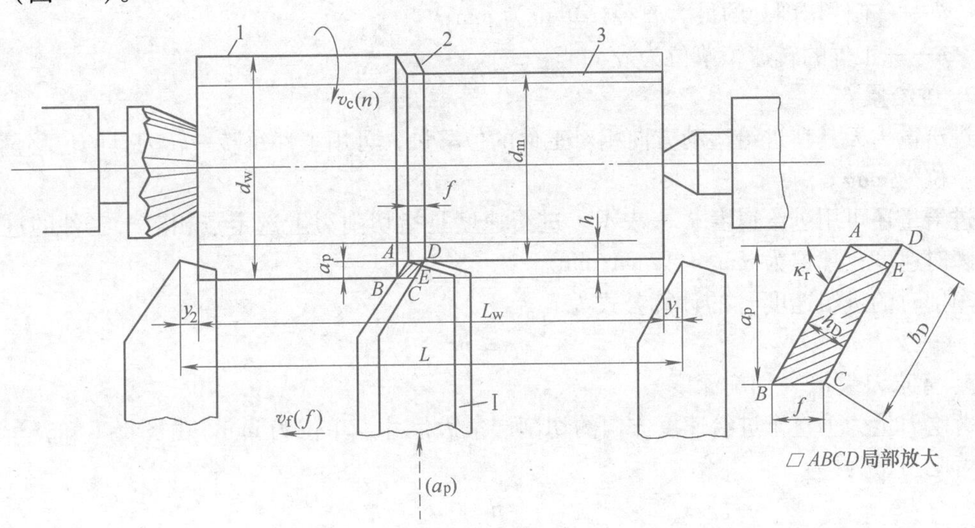

图 1-1　车削运动、形成的表面、切削层和车外圆切削时间（机动时间）的计算

1—待加工表面　2—过渡表面　3—已加工表面

1. 主运动

由车床主轴带动工件旋转为主运动。它是切下切屑所必需的运动，也是速度最高、消耗能量最大的运动。

2. 进给运动

为保持继续切削所需的工件与刀具的相对运动，称为进给运动。图1-1中所表示的车外圆时的纵向进给运动是连续的，而横向切入工件的进给运动是间断的。

二、车削中所形成的表面

1. 待加工表面

待加工表面是指工件上即将被切除的表面。

2. 过渡表面

过渡表面是指工件上由车刀切削刃正在切削形成的表面。

3. 已加工表面

已加工表面是指车刀切削后在工件上形成的表面。

三、切削层

车刀切削时，切削层是每一个单程所切除的工件材料层。它是图1-1中工件旋转一周的时间，刀具从位置Ⅰ移到位置Ⅱ，切下Ⅰ与Ⅱ之间的工件材料层。

四、切削用量

切削用量是切削加工过程中切削速度、进给量和背吃刀量（切削深度）的总称。

1. 切削速度v_c

切削速度是指切削刃上选定点相对于工件主运动的瞬时速度，单位为m/s或m/min。

车削时切削速度v_c（m/min）的计算式为

$$v_c = \frac{\pi dn}{1000} \tag{1-1}$$

式中 d——工件切削处的最大直径，单位为mm；

n——工件的转速，单位为r/min。

2. 进给量f

进给量为刀具在进给运动方向相对工件的位移量，可用工件每转一转刀具的位移量来度量，单位为mm/r。

进给量还可用进给速度v_f来表示。进给速度是指切削刃上选定点相对于工件的进给运动的瞬时速度，单位为mm/s或mm/min。

车削时的进给速度v_f的计算公式为

$$v_f = nf \tag{1-2}$$

3. 背吃刀量a_p（切削深度）

背吃刀量为垂直于进给速度方向的切削层最大尺寸，单位为mm。由图1-1知，车外圆时的背吃刀量为

$$a_p = \frac{d_w - d_m}{2} \tag{1-3}$$

式中 d_w——待加工表面的直径，单位为mm；

d_m——已加工表面的直径，单位为mm。

五、切削时间和材料切除率

切削时间和材料切除率是反映切削效率高低常用的两个指标。

1. 切削时间（机动时间）t_m

切削时间指切削时直接改变工件尺寸、形状等所需的时间，单位为min。车外圆时，切

削时间为（图 1-1）

$$t_m = \frac{L}{nf}\frac{h}{a_p} = \frac{Lh\pi d}{1000v_c f a_p} \tag{1-4}$$

$$n = \frac{1000v_c}{\pi d}$$

式中 L——车刀行程长度，$L = L_w + y_1 + y_2$，单位为 mm；

L_w——工件长度，单位为 mm；

y_1——车刀切入长度，单位为 mm；

y_2——车刀切出长度，单位为 mm；

h——工件半径上的加工余量，单位为 mm；

d——工件的直径，单位为 mm；

v_c——切削速度，单位为 mm/min；

f——进给量，单位为 mm/r；

a_p——背吃刀量，单位为 mm。

从式（1-4）中可知，提高切削用量三要素（v_c、f、a_p）中任一个，均可使切削时间缩短，生产率提高。

2. 材料切除率 Q

材料切除率是指单位时间内所切除材料的体积，单位为 mm^3/min。它可用下式计算

$$Q = 1000v_c f a_p \tag{1-5}$$

式（1-5）中各物理量含义同式（1-4）。

第二节　车刀角度

车刀角度包括静态的标注角度和动态的工作角度。车刀角度要从车刀的组成以及坐标平面与参考系讲起。

一、车刀的组成

车刀由切削部分和刀柄两部分组成（图 1-2）。切削部分由刀面、切削刃和刀尖组成。

1. 刀面

（1）前面 A_γ　刀具上切屑流过的表面。

（2）后面 A_α　与工件上过渡表面（参阅图 1-1）相对的刀具表面。

为了提高刃口强度，在前面前端接近切削刃的地方可磨出倒棱 A_{γ_1}，在后面前端接近切削刃的地方可磨出刃带 A_{α_1}。

（3）副后面 A'_α　与工件上已加工表面（参阅图 1-1）相对的刀具表面。

前面和后面之间所包含的刀具实体部分称为刀楔。

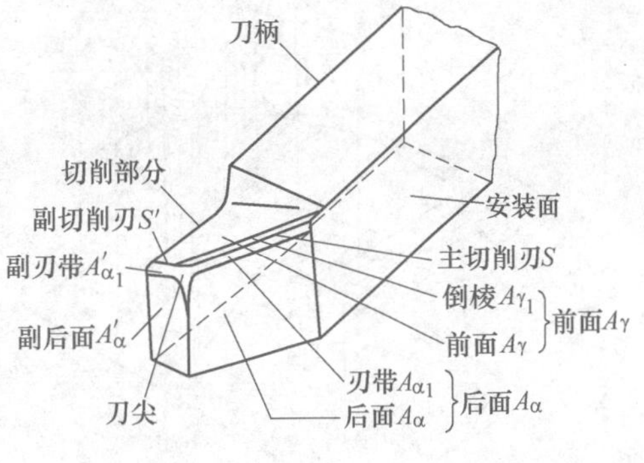

图 1-2　车刀的组成

2. 切削刃

（1）主切削刃 S　前、后面的交线。

（2）副切削刃 S'　除主切削刃以外的切削刃。

切削刃不可能刃磨得很锋利，前面和后面之间总有一些刃口圆弧（图1-3）存在。切削刃口锋利程度可用刃口圆弧半径 r_n 表示，高速钢刀具 r_n 为0.01～0.02mm，硬质合金刀具 r_n 为0.02～0.04mm。

3. 刀尖

主切削刃与副切削刃的交汇处（图1-4）称为刀尖。有时为了提高刀具寿命，在刀尖处磨有圆角 r_ε（图1-4b）或倒角 b_ε（图1-4c）。

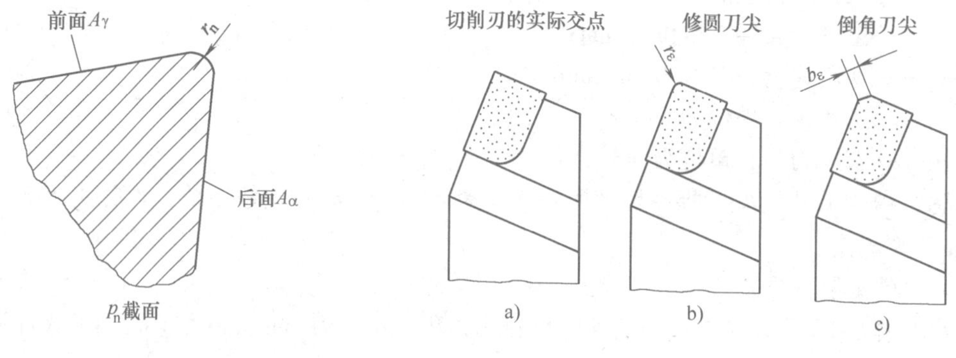

图1-3　刃口圆弧　　图1-4　车刀的刀尖

二、坐标平面与参考系

车刀切削部分各表面在空间倾斜相交，为了标注车刀的角度，必须建立由三个坐标平面组成的参考系。下面介绍ISO标准所推荐的正交平面参考系（图1-5）、法平面参考系（图1-6）和假定工作平面参考系（图1-7）。

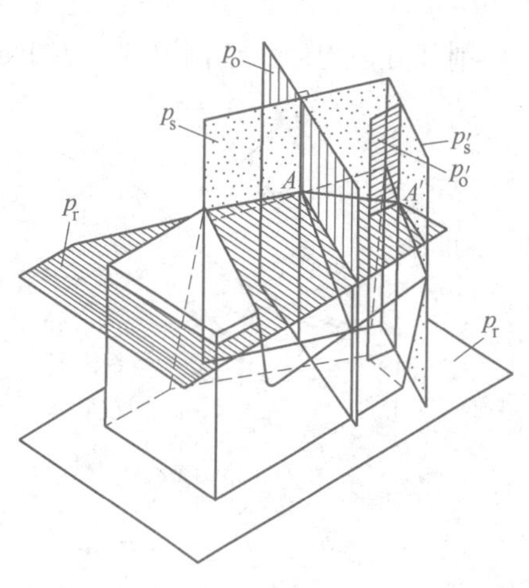

图1-5　正交平面参考系主、副切削刃上的坐标平面

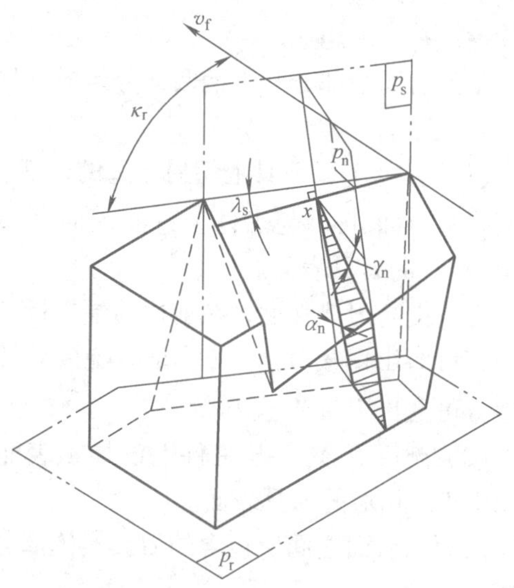

图1-6　法平面参考系及刀具角度

1. 正交平面参考系

正交平面参考系的三个坐标平面为基面 p_r、主切削平面 p_s 和正交平面 p_o（图 1-5）。

（1）基面 p_r　通过切削刃上选定点（图 1-5 中 A 点），垂直于该点切削速度的平面。车刀的基面是平行于车刀安装面（底面）的平面。

（2）主切削平面 p_s　通过主切削刃上选定点，与主切削刃相切，并垂直于基面的平面。对于直线切削刃，它包含在切削平面中。

（3）正交平面 p_o　通过切削刃上选定点，同时垂直于该点的基面和切削平面的平面。

显然，这三个平面互相垂直，它们组成正交平面参考系。

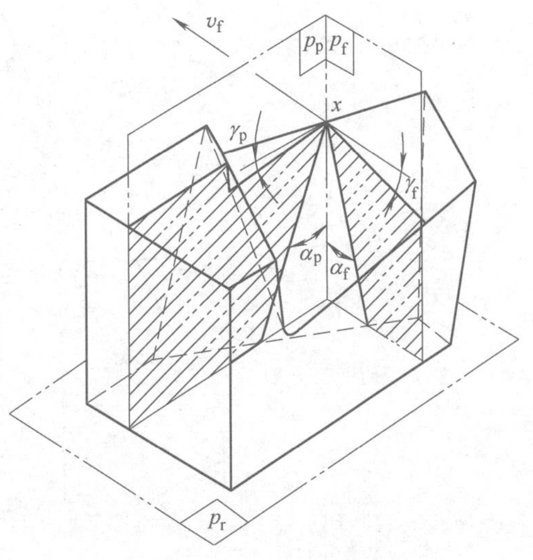

图 1-7　假定工作平面参考系及刀具角度

同样，通过副切削刃上的选定点（图 1-5 中的 A'点），也可建立三个坐标平面。副切削刃上选定点 A'的基面和主切削刃上选定点 A 的基面是相同的。

2. 法平面参考系

法平面参考系由基面 p_r、主切削平面 p_s 和法平面 p_n（图 1-6）组成。法平面 p_n 为通过切削刃上选定点垂直于切削刃的平面。法平面 p_n 与正交平面 p_o 之间的夹角为刃倾角 λ_s。

3. 假定工作平面参考系

假定工作平面参考系由基面 p_r、假定工作平面 p_f 和背平面 p_p（图 1-7）组成。

（1）假定工作平面 p_f　通过切削刃上选定点，平行于假定进给运动方向并垂直于基面 p_r 的平面。

（2）背平面 p_p　通过切削刃上选定点垂直于假定工作平面 p_f 又垂直于基面 p_r 的平面。

三、正交平面参考系中车刀的标注角度

车刀的标注角度是指刀具设计图样上标注出的角度，它是刀具制造、刃磨和测量的依据。正交平面参考系中车刀的标注角度有以下几个：

1. 前角 γ_o

γ_o 是在正交平面中测量的前面与基面之间的夹角，如图 1-8 所示。前面与基面重合或平行时，前角为零；前面与切削平面之间夹角小于 90°时，前角为正；大于 90°时，前角为负，如图 1-9a 所示。

2. 后角 α_o

α_o 是在正交平面中测量的后面与切削平面之间的夹角，如图 1-8 所示。后面与切削平面重合时，后角为零；后面与基面之间夹角小于 90°时，后角为正；大于 90°时，后角为负，如图 1-9a 所示。后角一般为正值。

3. 主偏角 κ_r

κ_r 是在基面中测量的主切削平面与假定工作平面之间的夹角，如图 1-8 所示。它总是

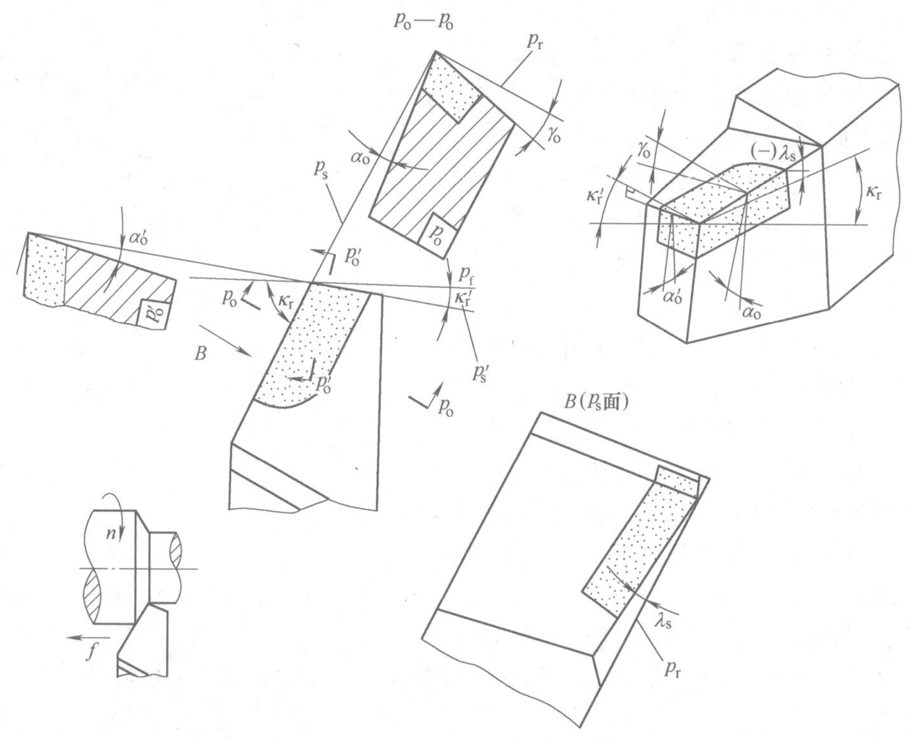

图 1-8　正交平面参考系中的车刀标注角度

正值。

4. 刃倾角 λ_s

λ_s 是在主切削平面中测量的主切削刃与基面之间的夹角，如图 1-8 所示。主切削刃与基面重合或平行时，刃倾角为零；刀尖相对于车刀底面处于最高点时，刃倾角为正；刀尖处于最低点时，刃倾角为负，如图 1-9b 所示。

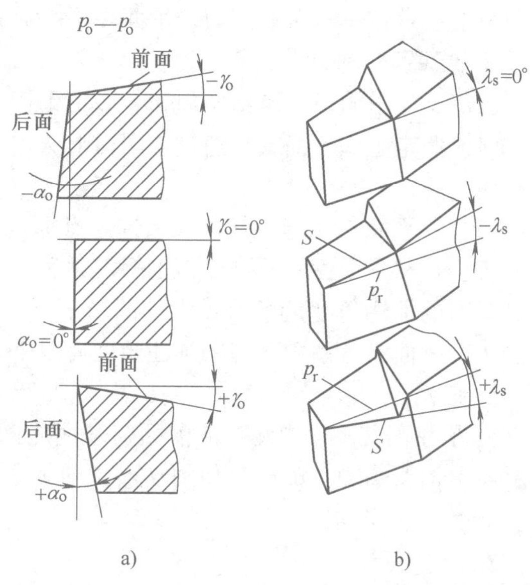

图 1-9　车刀前、后角和刃倾角正、负的规定
a）前、后角　b）刃倾角

上述四个角度确定了车刀主切削刃及其前面、后面的方位。其中前角 γ_o 和刃倾角 λ_s 确定了前面的方位，主偏角 κ_r 和后角 α_o 确定了后面的方位，而主偏角 κ_r 和刃倾角 λ_s 确定了主切削刃的方位。这个规律简称为“一刃两面四角”。即一条切削刃由两个面（前面和后面）完全确定，由四个角度（γ_o、λ_s、κ_r、α_o）完全确定。

同理，要确定副切削刃及其相关前面、副后面的方位，也需要四个角度：副前角、副刃倾角、副偏角和副后角。但由于主切削刃和副切削刃共处于同一前面上，当前角和刃倾角确

定后，副前角和副刃倾角就成了派生角度了，所以副切削刃上的独立角度只有副偏角和副后角两个。

5. 副偏角 κ_r'

κ_r'是在基面中测量的副切削平面 p_s'与假定工作平面 p_f 之间的夹角，如图 1-8 所示。它总是正值。

6. 副后角 α_o'

α_o'是在副正交平面（图 1-8）中测量的副后面与副切削平面之间的夹角。

综上所述，由主、副两条切削刃和前面、主后面及副后面三个刀面所组成的刀具，共有 γ_o、α_o、κ_r、λ_s、κ_r'和 α_o'六个基本角度。

图 1-10 所示为车外圆时偏刀的标注角度。图 1-11 所示为切断刀的标注角度。因切断刀有一条主切削刃，两条副切削刃，四个刀面（前面、后面、左副后面和右副后面），所以切断刀有八个基本角度（γ_o、α_o、κ_r、λ_s、κ_{r_L}'、α_{o_L}'、κ_{r_R}'和 α_{o_R}'）。

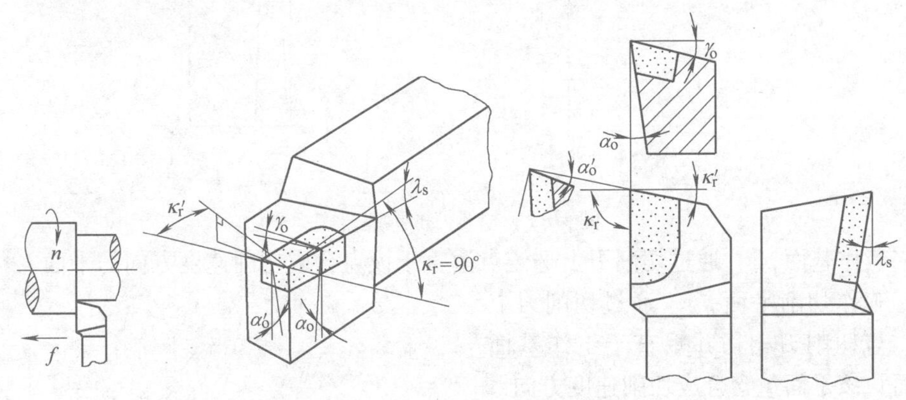

图 1-10　车外圆时偏刀的标注角度

此外，为了比较切削刃、刀尖强度，刀具上还定义了两个角度，它们也属于派生角度。

1）正交楔角 β_o，是前面与后面之间的夹角。$\beta_o = 90° - (\alpha_o + \gamma_o)$。楔角的大小关系到切削刃的强度。

2）刀尖角 ε_r，是主、副切削刃在基面上的投影的夹角，$\varepsilon_r = 180° - (\kappa_r + \kappa_r')$。刀尖角大小影响刀尖强度和散热条件。

其他参考系刀具角度：在法平面测量的前、后角称法前角 γ_n 和法后角 α_n，如图 1-6 所示；在假定工作平面 p_f、背平面 p_p 参考系中测量的刀具角度有侧前角 γ_f、侧后角 α_f、背前角 γ_p、背后角 α_p，如图 1-7 所示。

四、车刀的工作角度

车刀的标注角度是在假定进给量为零，并将切削刃上选定点安装得与工件中心线等高、刀柄轴线与进给方向垂直的条件下确定的。车刀在实际切削时，由于安装条件不同和有进给运动，其工作角度就与标注角度不同。因此，研究切削过程中刀具的角度，必须以刀具与工件的相对位置、相对运动为基础建立工作参考系。用工作参考系定义的刀具角度称为工作角度。这里只介绍最常用的工作正交平面参考系 p_{re}、p_{se}和 p_{oe}（图 1-12）及其工作角度。

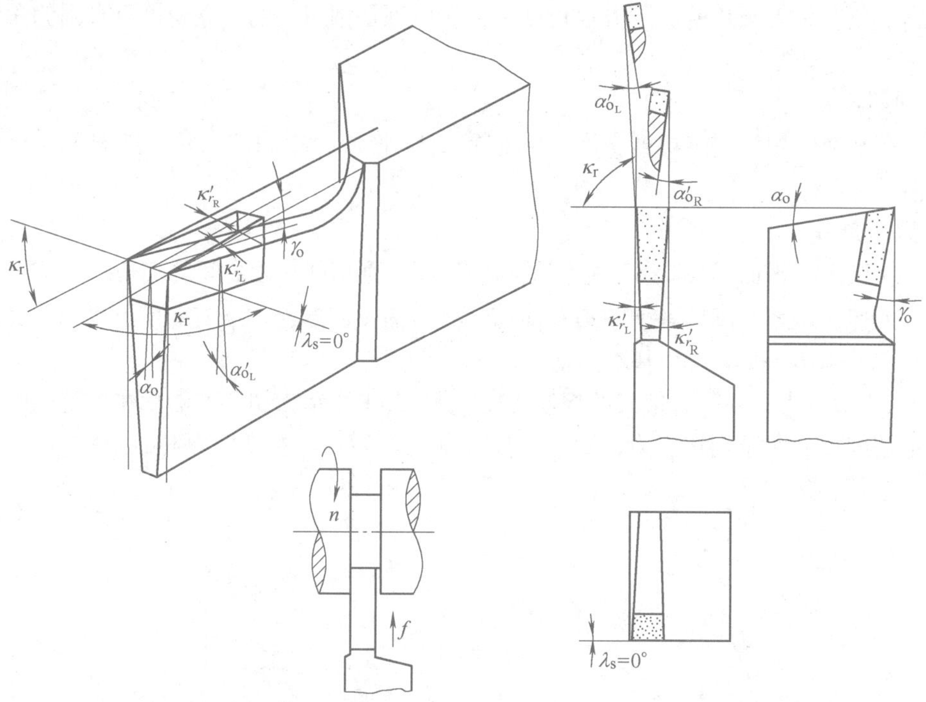

图 1-11　切断刀的标注角度

（1）工作基面 p_{re}　通过切削刃上选定点垂直于该点合成切削速度方向的平面。

（2）工作切削平面 p_{se}　通过切削刃上选定点，与切削刃相切并垂直于工作基面 p_{re} 的平面。该平面包含合成切削速度方向。

（3）工作正交平面 p_{oe}　通过切削刃上选定点，同时垂直于该点工作基面 p_{re} 和工作切削平面 p_{se} 的平面。

显然，这三个平面也互相垂直。这三个平面组成工作正交平面参考系。

图 1-12　刀具工作参考系

1. 刀具安装高低对工作角度的影响

图 1-13 所示为切断刀主切削刃比工件中心线装高 h 时，其工作角度的变化情况。

主切削刃比工件中心装高时，其工作前角 γ_{oe} 增大，而工作后角 α_{oe} 减小。

$$\gamma_{oe} = \gamma_o + \varepsilon \tag{1-6}$$

$$\alpha_{oe} = \alpha_o - \varepsilon \tag{1-7}$$

$$\varepsilon = \arcsin\frac{2h}{d_w} \tag{1-8}$$

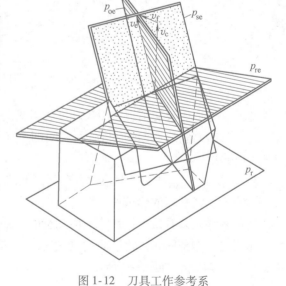

式中　ε——刀具安装高低所引起的前角、后角变化量，单位为（°）；

h——切削刃上选定点高于工件中心的高度，单位为 mm；

d_w——工件直径，单位为 mm。

当主切削刃比工件中心线安装得低时，其工作前角 γ_{oe}减小，而工作后角 α_{oe}增大。在孔内切槽或镗孔时，主切削刃安装得高对工作角度的影响与上述相反。

2. 刀柄轴线与进给方向不垂直对工作角度的影响

图 1-14 所示为车刀刀柄轴线与进给方向不垂直对主偏角工作角度和副偏角工作角度的影响。设车刀刀柄轴线装斜 θ 角，则工作主偏角 κ_{re}和工作副偏角 κ'_{re}分别为

$$\kappa_{re} = \kappa_r + \theta \tag{1-9}$$

$$\kappa'_{re} = \kappa'_r - \theta \tag{1-10}$$

若车刀刀柄轴线按反方向装斜，则对工作主偏角 κ_{re}与工作副偏角 κ'_{re}的影响和上述相反。

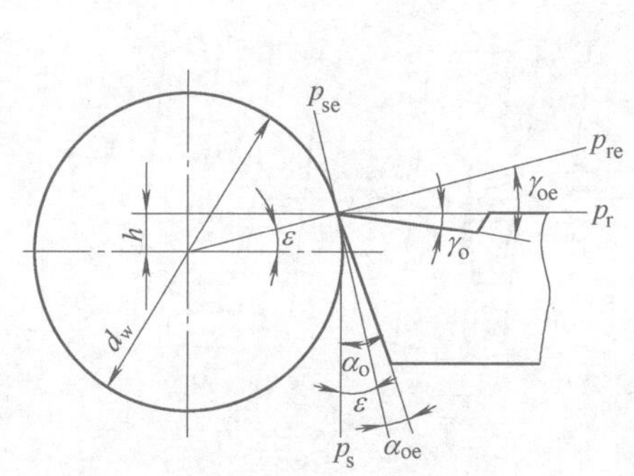

图 1-13　切断刀安装高低对工作角度的影响

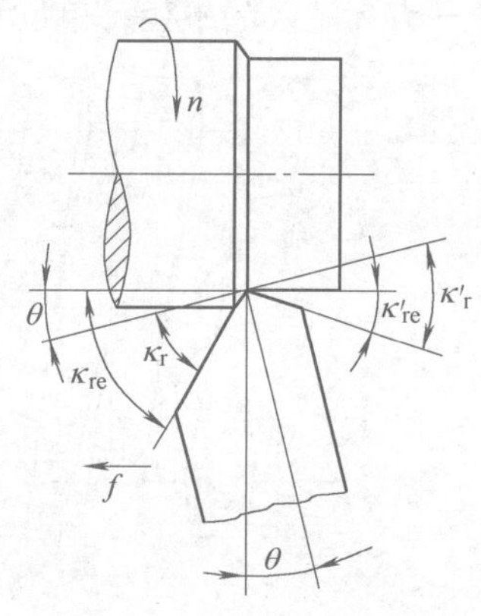

图 1-14　车刀刀杆轴线与进给方向不垂直对工作角度的影响

3. 横向进给运动对工作角度的影响

图 1-15 所示为切断刀切断工件时，其工作角度的变化。切削速度 v_c 与进给速度 v_f 的合成速度 v_e 切于阿基米德螺旋面的过渡表面，包含 v_e 的工作切削平面 p_{se} 与静态主切削平面 p_s 间的夹角为 η。同样，垂直于合成速度 v_e 的工作基面 p_{re} 与静态基面 p_r 间的夹角也为 η。

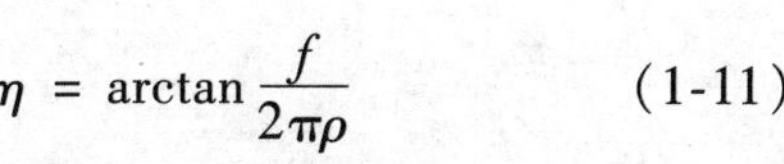

$$\eta = \arctan \frac{f}{2\pi\rho} \tag{1-11}$$

式中　f——每转进给量，单位为 mm；

ρ——切削过程中不断减小着的工件半径，单位为 mm。

图 1-15　横向进给运动对工作角度的影响

于是，工作前角 γ_{oe}和工作后角 α_{oe}分别为

$$\gamma_{oe} = \gamma_o + \eta \tag{1-12}$$

$$\alpha_{oe} = \alpha_o - \eta \tag{1-13}$$

当切削刃越接近工件中心时，η 越大。当 $f = 0.2$mm，$\rho = 0.5$mm 时，$\eta = 3.64°$，此时 α_{oe}已经相当小。切削刃继续接近工件中心，α_{oe}会变成负值。这时就不是在切削，而是在顶

挤工件。所以切断时，工件上总留下 1～2mm 的圆柱，这正说明工件最后是被刀具后面顶断的。

而对于切槽和不切削到工件中心的车端面，由于 f 较小而 ρ 较大，所以工作角度变化较小，可以忽略不计。

4. 纵向进给运动对工作角度的影响

图 1-16 所示为车削方牙螺纹时，螺纹车刀左、右切削刃工作角度的变化。设方牙螺纹的导程为 P_h，若方牙螺纹两侧面均为螺旋升角为 ψ 的阿基米德螺旋面，则有

$$\psi = \arctan \frac{P_h}{\pi d_2} \tag{1-14}$$

式中　d_2——方牙螺纹的中径，单位为 mm。

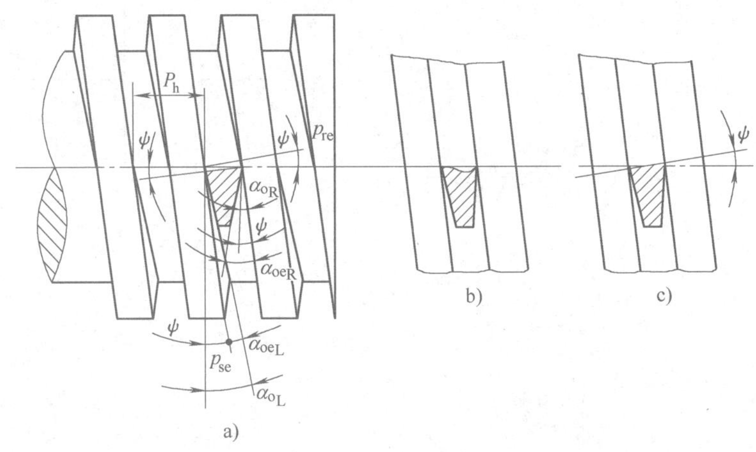

图 1-16　车削方牙螺纹时螺纹车刀的工作角度

车削方牙螺纹时，包含在左、右两侧工作切削平面 p_{se} 中的合成速度 v_e 切于阿基米德螺旋面，即 p_{se} 面倾斜了 ψ 角。左、右两侧切削刃的工作基面 p_{re} 也倾斜了 ψ 角。于是，左侧切削刃的工作前角 γ_{oe_L} 和工作后角 α_{oe_L} 分别为

$$\gamma_{oe_L} = \psi \tag{1-15}$$

$$\alpha_{oe_L} = \alpha_{o_L} - \psi \tag{1-16}$$

右侧切削刃的工作前角 γ_{oe_R} 和工作后角 α_{oe_R} 分别为

$$\gamma_{oe_R} = -\psi \tag{1-17}$$

$$\alpha_{oe_R} = \alpha_{o_R} + \psi \tag{1-18}$$

因为方牙螺纹的 ψ 较大（几度到十几度），为抵消工作时刀具角度的变化，螺纹车刀两侧切削刃的标注后角应事先刃磨得不一样大小，但其右侧切削刃的工作前角仍负得相当多。为改善其切削条件，可在螺纹车刀右侧切削刃上加磨前角（图 1-16b），或者将螺纹车刀倾斜 ψ 角安装（图 1-16c）。在后者情况下，两侧切削刃上的工作前角、工作后角就等于其刃磨前角和刃磨后角（静态角度，即标注角度）了。

而对于纵车外圆，由于进给量 f 较小、工件直径又比较大，所以工作角度变化甚小，可以忽略不计。

第三节 切削层参数和切削方式

一、切削层参数

切削层参数对切屑变形和切削力有很大影响。切削层参数规定在基面内度量。四边形 *ABCD*（图 1-1）为切削层和基面相截面积，称为切削层公称横截面积。切削层参数包括公称厚度、公称宽度和公称横截面积。

1. 切削层公称厚度（简称切削厚度）h_D

h_D 是垂直于工件过渡表面测量的切削层横断面尺寸（图 1-1▱*ABCD* 局部放大）。

$$h_D = f\sin\kappa_r \tag{1-19}$$

2. 切削层公称宽度（简称切削宽度）b_D

b_D 是平行于工件过渡表面测量的切削层横断面尺寸。

$$b_D = \frac{a_p}{\sin\kappa_r} \tag{1-20}$$

3. 切削层公称横截面积（简称切削面积）A_D

A_D 是切削层与基面相交的横截面的面积。

$$A_D = h_D b_D = f a_p \tag{1-21}$$

二、切削方式

车削可以有很多切削方式，目前最常用的是非自由直角切削和自由的斜角切削。

1. 自由切削与非自由切削

（1）自由切削　只有一条切削刃参加切削，称为自由切削。自由切削时切削刃上各点切屑流出的方向相同，切屑变形过程比较简单，是进行切削实验常用的方法。

（2）非自由切削　主切削刃和副切削刃同时参加切削，称为非自由切削。非自由切削时，主切削刃与副切削刃交汇处金属变形相互干涉，从而使变形比较复杂。实际切削通常都是非自由切削。

2. 直角切削与斜角切削

（1）直角切削　切削刃与切削速度方向垂直的切削方式称为直角切削，所以直角切削是刃倾角 $\lambda_s = 0°$ 的切削方式。

（2）斜角切削　切削刃不垂直于切削速度方向的切削方式称为斜角切削，所以刃倾角 $\lambda_s \neq 0°$ 的刀具进行切削都是斜角切削。当刃倾角 λ_s 较大时（譬如 $\lambda_s = 45° \sim 70°$ 时），斜角切削（图 1-17）具有刃口锋利、实际前角明显增大、排屑轻快等优点。尤其当 $\lambda_s > 75°$ 时，实际前角 $\gamma_实$ 接近于刃倾角 λ_s。目前使用较多的大刃倾角（$\lambda_s = 75° \sim$

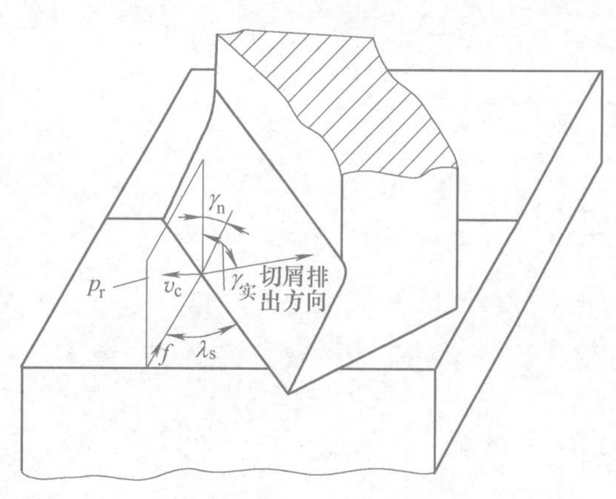

图 1-17　斜角切削

85°)、薄切削（$a_p=0.1\sim1$mm，f为几十毫米）精刨平面，实现以刨代磨就是利用这个原理。

复习思考题

1-1　用$\gamma_o=10°$、$\alpha_o=6°$、$\kappa_r=60°$、$\kappa_r'=15°$的车刀车削直径ϕ75mm、长210mm的棒料外圆，若选用$a_p=2.5$mm，$f=0.4$mm/r，$n=290$r/min，单边加工总余量为5mm，试求其切削速度v_c、切削层公称厚度h_D、切削层公称宽度b_D、公称横截面积A_D、切削时间t_m和材料切除率Q。

1-2　车刀切削部分是怎样组成的？试述各部分的名称。

1-3　说明车刀的正交平面参考系、法平面参考系和假定工作平面参考系。

1-4　如图1-18所示，用端面车刀车削端面时，试标注出过渡表面、待加工表面、已加工表面、背吃刀量、切削宽度和切削厚度。

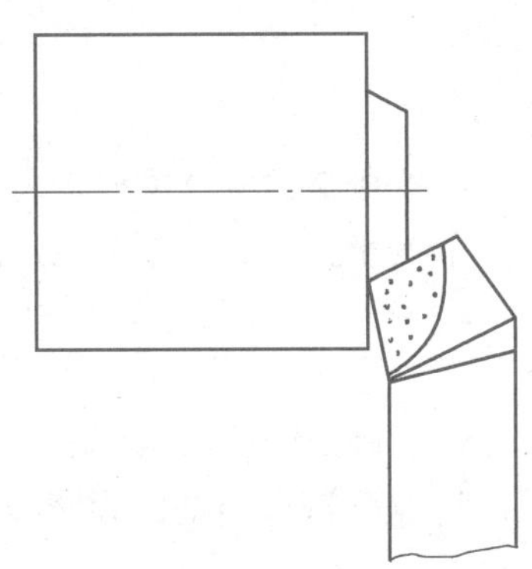

图1-18　端面车刀车削端面

1-5　试画出图1-18所示端面车刀的主切削平面上的几何角度，已知$\kappa_r=60°$、$\kappa_r'=15°$、$\gamma_o=15°$、$\lambda_s=5°$、$\alpha_o=\alpha_o'=8°$。并在图上标注出γ_p、α_p、γ_f、α_f。

1-6　当车刀的$\lambda_s\neq0°$时，车刀切削刃各点的工作前角和工作后角是否相等？为什么？

1-7　何谓车刀的工作角度？工作正交平面参考系的工作基面p_{re}、工作切削平面p_{se}和工作正交平面p_{oe}如何定义？

1-8　用高速钢方牙螺纹车刀精车中径为48mm、螺距为8mm的单线方牙螺纹，为使左、右两侧切削刃上的工作后角均为6°，试问刃磨此方牙螺纹车刀时，其左、右两侧切削刃上的后角各应刃磨多大？

第二章　2

刀 具 材 料

在金属切削过程中，刀具切削部分材料的好坏，对于提高刀具寿命、加工质量、生产效率和降低加工成本有着非常重要的作用。本章主要介绍刀具切削部分材料性能及其合理选用的知识。

第一节　刀具材料应具备的性能

在切削时，由于塑性变形以及摩擦，刀具受到高温高压作用，此外刀具还要承受冲击与振动。为避免迅速磨损或破损，刀具材料应具有以下基本性能：

（1）高硬度和高耐磨性　硬度是刀具材料应具备的基本特性。刀具材料的硬度应大于工件材料的硬度。一般应在 62HRC 以上。

一般地，刀具材料的硬度越高，耐磨性就越好；组织中硬质点的硬度越高，数量越多，颗粒越小，分布越均匀，则耐磨性越高。此外，耐磨性还取决于材料的组成成分和显微组织等。

（2）足够的强度和韧性　刀具材料必须具备足够的强度和韧性，以能够承受切削力、冲击和振动等的作用。

（3）高的耐热性　亦称热硬性，即在高温下保持硬度、耐磨性、强度和韧性的能力。它是衡量刀具材料切削性能的主要标志。此外，刀具材料在高温下应具有抗氧化、抗粘结和抗扩散的能力，以及良好的导热性和耐热冲击性。

（4）良好的工艺性　即在制造时应有好的锻造、热处理、高温塑性变形、可磨削等性能。

刀具材料的选用应尽可能结合本国资源，降低刀具材料价格和制造成本。生产中应根据不同的切削条件合理选择刀具切削部分材料，以充分发挥各种刀具材料的性能。

第二节　常用刀具材料

目前，生产中应用的刀具材料有碳素工具钢、合金工具钢、高速钢、硬质合金、陶瓷、立方氮化硼、金刚石等。碳素工具钢及合金工具钢因耐磨性较差，仅用于一些手工刀具及切削速度较低的刀具，如手用丝锥、铰刀等。常用的刀具材料是高速钢和硬质合金。

各类刀具材料的硬度和韧性如图 2-1 所示。

一、高速钢

高速钢是一种加入了较多的钨、钼、铬、钒等合金元素的高合金工具钢。热处理后其硬

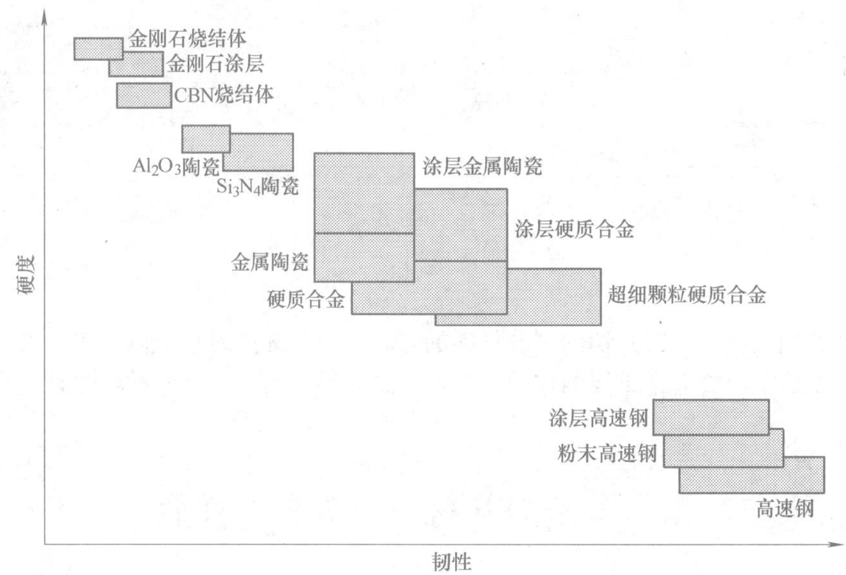

图 2-1　各类刀具材料的硬度和韧性

度一般为 63～66HRC，耐热性为 500～650℃，制造工艺性好，能锻造，易磨成锋利切削刃，在制造中低速切削刀具、形状复杂及成形刀具时应用广泛，如钻头、铰刀、丝锥、成形刀具、拉刀、切齿刀具等。

高速钢种类有普通高速钢、高性能高速钢、粉末冶金高速钢。它们的牌号、性能、用途和主要特点如下。

（一）普通高速钢

普通高速钢按成分可分为以下几种。

1. 钨系高速钢

典型牌号是 W18Cr4V（简称 W18），它含 W18%，含 Cr4%，含 V1%，是应用最早的高速钢，具有较好的综合力学性能。但由于钨是稀有金属，现在已较少使用。

2. 钨钼系高速钢

以钼代钨，含钨较少的高速钢。典型牌号是 W6Mo5Cr4V2（简称 M2），其中 w_W 为6%，w_{Mo}为 5%，w_{Cr}为 4%，w_V 为 2%。

M2 钢的碳化物颗粒细小，分布均匀，具有良好的力学性能（表 2-1），抗弯强度和韧性比 W18 钢高，能承受较大冲击力，M2 钢的耐热性稍低于 W18 钢，但热塑性特别好，常用于轧制或扭制钻头等热成形工艺中，是目前使用最多的普通高速钢。

另一种钨钼系高速钢为 W9Mo3Cr4V（简称 W9），它具有良好的力学性能和热塑性，热处理温度范围宽，脱碳倾向比 M2 钢小得多，可磨性也很好，刀具寿命有一定程度的提高。

（二）高性能高速钢

高性能高速钢是在普通高速钢中增加一些含碳量、含钒量及添加钴、铝等合金元素的新钢种，如钴高速钢 W6Mo5Cr4V2Co8、W2Mo9Cr4VCo8 及我国研制的铝高速钢 W6Mo5Cr4V2Al 等。这类钢的耐热性高于普通高速钢，因此具有更好的切削性能。高性能高速钢常用于加工奥氏体不锈钢、高温合金、钛合金、超高强度钢等难加工材料。

表 2-1　高速钢的力学性能及主要用途

类型	牌　号	常温硬度（HRC）	抗弯强度/GPa	冲击韧度/（MJ/m^2）	高温硬度（HRC）（在 600℃时）	主要用途
普通高速钢	W18Cr4V	63～66	3～3.4	0.18～0.32	48.5	现在使用较少
	W6Mo5Cr4V2	63～66	3.5～4	0.3～0.4	47～48	广泛应用
	W6Mo5Cr4V3	65～67	3.2	0.25	51.7	要求耐磨性好、形状简单的刀具
高性能高速钢	W6Mo5Cr4V2Co8	66～68	3.0	0.3	54	成形铣刀、切齿刀具等复杂刀具
	W2Mo9Cr4VCo8	67～69	2.7～3.8	0.23～0.3	～55	齿轮、螺纹刀具、拉刀、成形铣刀
	W6Mo5Cr4V2Al	67～69	2.9～3.9	0.23～0.3	55	成形铣刀、拉刀、螺纹刀具等

1. 钴高速钢

其中应用最广的是 W2Mo9Cr4VCo8（M42），它具有良好的综合性能。硬度高（接近 70HRC），高温硬度居首位，因而，能允许较高的切削速度。这种钢韧性好，可磨削性也好。在加工耐热合金、不锈钢时，刀具寿命较普通高速钢有明显提高。

2. 铝高速钢

铝高速钢 W6Mo5Cr4V2Al（501）是在 W6Mo5Cr4V2 基础上添加 Al，并且增加 C 的含量，在 600℃时的硬度能达到 55HRC，其切削性能接近 M42 钢。这种钢立足于我国资源，成本较低，但可磨性低于 M42 钢，且热处理温度较难控制。

上述各牌号高速钢的力学性能及主要用途见表 2-1。

（三）粉末冶金高速钢

粉末冶金高速钢是用高压氩气或纯氮气雾化熔融的高速钢钢水，得到高速钢粉末，然后在高温高压下，将粉末压制成致密的钢坯，最后再轧制（或锻造）成材。

粉末冶金高速钢颗粒细小，有良好的各向同性力学性能，热处理变形小，磨削加工性也显著改善，可用于切削难加工材料，适于制造各种形状复杂的高性能刀具、精密刀具和断续切削的刀具。但粉末冶金高速钢的冶炼成本高，价格较贵，所以在国内应用较少。

二、硬质合金

硬质合金是以碳化钨（WC）、碳化钛（TiC）粉末为主要成分，并以钴（Co）、钼（Mo）、镍（Ni）为粘结剂在真空炉或氢气还原炉中烧结而成的粉末冶金制品。

（一）硬质合金的主要性能

硬质合金的硬度是 89～93HRA，耐热性可达 800～1000℃，抗弯强度 1～1.75GPa，冲击韧度为 0.4MJ/m^2 左右。硬质合金抗弯强度、韧性比高速钢低，工艺性比高速钢稍差，但硬度、耐热性比高速钢高，因而切削速度为高速钢的 4～10 倍。硬质合金已成为切削加工中主要的刀具材料，广泛用在切削速度较高的各种刀具，甚至复杂刀具中。

硬质合金的性能主要取决于金属碳化物的种类、数量、颗粒粗细和粘结剂的种类、数量。在硬质合金中，碳化物所占比例多，则硬度高、耐磨性好；若粘结剂多，则抗弯强度高。一般细晶粒硬质合金的强度低于相同成分的粗晶粒硬质合金，而硬度则高于粗晶粒的硬质合金。

GB/T 18376.1—2008 将切削工具用硬质合金按被加工材料分为 K、P、M、H、S、N 六类（表 2-2）。为满足不同使用要求，根据其耐磨性和韧性的不同分成若干个组，用 01、10、20、30、40 等两位数字表示组号。表 2-2 列出了前三类的分类和分组及作业条件推荐。

H 类（H01～H30）主要用于加工硬切削材料；S 类（S01～S30）主要用于加工耐热和优质合金材料；N 类（N01～N30）主要用于加工有色金属、非金属材料。

（二）普通硬质合金

1. K 类硬质合金

表 2-2　切削加工用硬质合金分类、分组及作业条件推荐

组别	作业条件		性能提高方向	
	被加工材料	适应的加工条件	切削性能	合金性能
K01	铸铁、冷硬铸铁、短屑可锻铸铁	车削、精车、铣削、镗削、刮削	↑切削速度 进给量↓	↑耐磨性 韧性↓
K10	布氏硬度高于 220 的铸铁、短切屑的可锻铸铁	车削、铣削、镗削、刮削、拉削		
K20	布氏硬度低于 220 的灰口铸铁、短切屑的可锻铸铁	用于中等切削速度下、轻载荷粗加工、半精加工的车削、铣削、镗削等		
K30	铸铁、短切屑的可锻铸铁	用于在不利条件下可能采用大切削角的车削，铣削、刨削、切槽加工，对刀片的韧性有一定的要求		
K40	铸铁、短切屑的可锻铸铁	用于在不利条件下的粗加工，采用较低的切削速度，大的进给量		
P01	钢、铸钢	高切削速度、小切屑截面，无振动条件下精车、精镗	↑切削速度 进给量↓	↑耐磨性 韧性↓
P10	钢、铸钢	高切削速度、中、小切屑截面条件下的车削、仿形车削、车螺纹和铣削		
P20	钢、铸钢、长切削可锻铸铁	中等切削速度、中等切屑截面条件下的车削、仿形车削和铣削、小切削截面的刨削		
P30	钢、铸钢、长切削可锻铸铁	中或低等切削速度、中等或大切屑截面条件下的车削、铣削、刨削和不利条件下的加工		
P40	钢、含砂眼和气孔的铸钢件	低切削速度、大切屑角、大切屑截面以及不利条件下的车、刨削、切槽和自动机床上加工		
M01	不锈钢、铁素体钢、铸钢	高切削速度、小载荷，无振动条件下精车、精镗	↑切削速度 进给量↓	↑耐磨性 韧性↓
M10	不锈钢、铸钢、锰钢、合金钢、合金铸铁、可锻铸铁	中和高等切削速度、中、小切屑截面条件下的车削		
M20	不锈钢、铸钢、锰钢、合金钢、合金铸铁、可锻铸铁	中等切削速度、中等切屑截面条件下车削、铣削	↑切削速度 进给量↓	↑耐磨性 韧性↓
M30	不锈钢、铸钢、锰钢、合金钢、合金铸铁、可锻铸铁	中和高等切削速度、中等或大切屑截面条件下的车削、铣削、刨削		
M40	不锈钢、铸铁、锰钢、合金钢、合金铸铁、可锻铸铁	车削、切断、强力铣削加工		

它是以 WC 为基，以 Co 作粘结剂，或添加少量 TaC、NbC 的合金。主要用于短切屑材料加工，例铸铁、冷硬铸铁、短切屑的可锻铸铁、灰口铸铁等。常用牌号 K01、K10、K20、

K30、K40 等。随着组号 10、20、30、40 增大，其含钴量越多，强度越高，而硬度、耐热性和耐磨性越低，适宜粗加工；反之，含碳化钨越多，硬度越高，耐热性和耐磨性越好，而强度越低，适宜精加工。

2. P 类硬质合金

它是以 TiC、WC 为基，以 Co（Ni + Mo、Ni + Co）作粘结剂的合金。由于含 TiC 后，提高了与钢的粘结温度及防扩散能力。主要用于长切屑材料的加工，如钢、铸钢、长切屑可锻铸铁等。

常用牌号有 P01、P10、P20、P30、P40 等，其含钴量依次增多，其强度越高，而硬度、耐热性和耐磨性越低，适宜粗加工。反之，含 TiC 越多，硬度、耐热性和耐磨性越高，而强度越低，适宜精加工。

3. M 类硬质合金

它是以 WC 为基，以 Co 作粘结剂，添加少量 TiC（TaC、NbC）的合金。由于加入一定数量的稀有金属 TaC（NbC），所以提高了抗弯强度、抗疲劳强度和冲击韧性，也提高了高温硬度、强度、抗氧化能力和耐磨性。

常用牌号 M01、M10、M20、M30、M40 等。M 类合金为通用合金，可用于不锈钢、铸钢、锰钢、可锻铸铁、合金钢、合金铸铁等加工。

（三）其他硬质合金

1. TiC、TiN 基硬质合金（金属陶瓷）

以 TiC、TiN、TiCN 为基本成分，镍、钼作粘结剂，相当于 ISO 的 P 类硬质合金。国内常用牌号有 YN05、YN10 等。硬度高于 WC 基硬质合金为 90 ~ 93HRA，有较好的耐热性，化学稳定性好，抗粘结、抗氧化能力强，摩擦因数较小，耐磨性高。但冲击韧度较差，主要用于合金钢、淬硬钢精加工和半精加工。

2. 超细晶粒硬质合金

普通硬质合金的 WC 粒度为几微米，用细化晶粒的方法使晶粒可达到 0.2 ~ 1μm（大部分在 0.5μm 以下）便成为超细晶粒硬质合金。由于其硬质相和粘结剂高度分散，所以提高了硬度和耐磨性，同时也增加了强度和韧性。由于晶粒细，可磨出锋利的切削刃，因此具有良好的切削性能，适用于不锈钢、钛合金等难加工材料的断续加工，并允许用较低的速度进行切削加工。

3. 钢结硬质合金

以 WC、TiC 作硬质相，高速钢（或合金钢）作粘结相，用粉末冶金的方法制成，常温硬度可达 70 ~ 75HRC，高温硬度、耐磨性低于硬质合金而高于高速钢，在退火状态下可进行切削加工，主要适用于制造结构复杂耐磨的刀具及某些特殊刀具。

第三节　其他刀具材料

一、陶瓷刀具材料

陶瓷刀具材料具有很高的硬度及耐磨性，其硬度可达 91 ~ 95HRA；有很高的耐热性，在 1200℃时硬度仍有 80HRA，而且强度、韧性降低较少；有很好的化学稳定性，陶瓷与金属的亲和力小，抗粘结和抗扩散能力好；摩擦因数小，切屑不易粘结，加工表面质量好，刀具寿命长。陶瓷刀具材料的最大缺点是强度、韧性低，脆性大，强度只有硬质合金的1/2；导热能力低，只有硬质合金的1/2～1/5；线膨胀系数大，比硬质合金高10%～30%，在力、热冲击下易破裂。

刀具用陶瓷主要有氧化铝（Al_2O_3）基和氮化硅（Si_3N_4）基两类。

纯 Al_2O_3 陶瓷刀具材料主要用高纯度 Al_2O_3 加微量添加剂，经压制（冷压或热压）烧结而成，由于其强度、韧性差，故只适用于300HBW以下的铸铁及钢的连续表面精加工及半精加工，目前已被各种 Al_2O_3 基复合陶瓷所代替。Al_2O_3 基复合陶瓷是在 Al_2O_3 基体中加入一定量的碳化物（一般为TiC），可有效地提高陶瓷的强度和韧性，改善耐磨性和抗热振性，可在中等切削速度下加工冷硬铸铁、淬硬钢等难加工材料。如添加Mo、Ni、Co、W等金属作为粘结剂，可提高氧化铝和碳化物的粘结强度，用于粗、精加工300HBW以上的冷硬铸铁及淬硬钢和高强度钢，也可加工某些有色金属材料和非金属材料以及Ni或Ni基合金、钢结硬质合金等，但不宜加工铝及铝合金、钛合金、钽合金等。

氮化硅基陶瓷是用氮化硅（Si_3N_4）粉末加少量的助烧粘结剂热压后烧结成型的。其硬度可达91～93HRA，抗弯强度可稳定达到0.6～0.8GPa，韧性好，比 Al_2O_3 基陶瓷和聚晶立方氮化硼有明显的提高。它耐热性、抗氧化性能好，与碳和金属化学反应小，摩擦因数较低。用 Si_3N_4 陶瓷对铝、锢钢、无氧铜、45钢及镍基高温合金进行精车的实验证明，不易产生积屑瘤，故表面粗糙度值小。Si_3N_4 陶瓷可对灰铸铁、球墨铸铁、可锻铸铁进行高速切削和大进给切削，车削速度可达500～600m/min。Si_3N_4 陶瓷既可适用于精车、半精车，也可适用于精铣、半精铣。精车铝合金可以车代磨。此外，它还适用于加工冷硬铸铁及淬火钢、高速钢、合金钢、钢结硬质合金、镍基合金和钛合金等难加工材料。

此外还有复合氮化硅－氧化铝（赛阿龙）陶瓷刀具，它具有较高的强度、断裂韧度、抗氧化性能、热导率、抗热振性能和抗高温蠕变性能。但是热膨胀系数较低，不适合加工钢，主要用来粗加工铸铁和镍基合金。为了进一步改进陶瓷刀具加工新材料时的切削性能和抗磨损性能，研究人员还开发了碳化硅晶须增韧陶瓷材料（包括氮化硅基陶瓷和氧化铝基陶瓷材料），增韧后的陶瓷刀具高速切削复合材料和航空耐热合金（镍基合金等）时的效果非常好，但不适合加工铸铁和钢。

二、立方氮化硼

立方氮化硼（CBN）是由软的六方氮化硼（白石墨）在高温高压下加入催化剂转变而成的。立方氮化硼的硬度可达8000～9000HV，其耐热温度高达1400～1500℃，与铁族元素在1200～1300℃时也不易起化学作用。其耐磨性好且不易粘刀，导热性良好且摩擦因数较低，故多用于切削淬火钢、冷硬铸铁、镍基高温合金，切削速度接近用硬质合金加工普通碳钢和铸铁的切削速度，加工公差等级可以达到IT5，表面粗糙度值可以达到 *Ra*0.8～0.2μm。可代替磨削而使加工效率大大提高。另外，在碳纤维加强材料的高速镗孔、烧结金属的切削加工等方面也收到很好效果。

立方氮化硼刀具有以下两种：

1. 整体聚晶立方氮化硼（PCBN）刀片

PCBN刀片可用于车刀、镗刀、铰刀等。PCBN是CBN单晶粉的烧结体，其性能除与晶粒尺寸大小有关外，还与CBN含量及粘结剂的种类有关。按其组织大致可分为两大类：一类是CBN含量多（质量分数70%以上），硬度高，适于对耐热合金、铸铁和铁系烧结金属

的切削加工；另一类是以 CBN 晶粒为主体，通过陶瓷结合剂（主要有 TiN、TiC、TiCN、AlN、Al_2O_3 等）烧结而成，这类 PCBN 中 CBN 含量少（质量分数 50% ~70%），硬度低，适用于淬硬钢的连续切削加工。

2. 立方氮化硼复合刀片

立方氮化硼复合刀片是以硬质合金为基底，在其表面烧结或压制一层 0.5 ~1mm 厚的 PCBN 而组成的复合刀片。这种复合刀片的抗弯强度与硬质合金基本一致，而工作表面的硬度接近 PCBN，这样充分发挥切削刃（CBN）的耐磨性和基体（WC）的韧性综合作用，以扩大使用范围，其焊接性好，重磨容易，成本低，故应用广泛。

立方氮化硼单晶由于颗粒细小，主要用于制作砂轮等。

三、金刚石

金刚石硬度可达 10000HV，它摩擦因数小，热导率高，所以切削温度低，不易产生积屑瘤，因此工件的表面粗糙度值小，加工质量极高。它有极高的耐磨性，能长期保持锋利的切削刃，因而在精密切削加工中都采用金刚石刀具。金刚石刀具用于切削很多耐磨有色金属材料时不但寿命长，效率也很高，因此应用越来越广。

但金刚石比较脆，热稳定性低，切削温度在 700 ~800℃时，其表面就会碳化，而且亲和力强，故金刚石刀具不适合加工钢铁材料。

金刚石刀具有以下三种。

1. 天然单晶金刚石（ND）刀具

天然金刚石刀具价格非常高，而且在机械物理性能上是各向异性的，主要用于有色金属材料和非金属材料的精密加工。

2. 人造聚晶金刚石（PCD）刀具

PCD 又称金刚石烧结体，是采用人工合成金刚石的高温高压工艺，通过钴等金属结合剂将许多人造金刚石的单晶粉聚晶成的多晶体材料。它可制成所需的形状尺寸，镶嵌或焊在刀杆上使用。虽其硬度稍低于 ND，但它是随机取向的金刚石晶粒的聚合，属各向同性，用作切削刀具时可任意取向刃磨。由于抗弯强度和冲击韧度提高，在切削时，切削刃对意外损坏不很敏感，抗磨损能力也较强。加工时可采用很高的切削速度和较大背吃刀量，使用寿命一般比 WC 基硬质合金刀具高 10 ~500 倍，而且 PCD 原料来源丰富，其价格远低于 ND 刀具，已成为传统 WC 基硬质合金刀具的高性能替代品。PCD 的性能与烧结聚晶合成的金刚石晶粒尺寸大小有关，晶料尺寸越大，耐磨性越好，刀具寿命越高，但切削刃较粗糙，刃口质量差。

3. 金刚石复合刀片

金刚石复合刀片是在硬质合金刀片基体上烧结一层 0.5 ~1mm 厚聚晶金刚石。它强度较高，能用于间断切削，也可以多次重磨使用。

四、超硬刀具的合理使用

超硬刀具是指由天然单晶金刚石（ND）及性能与之相近的人造金刚石（PCD）和立方氮化硼（CBN）做成切削部分的刀具。由于超硬刀具材料脆性大，为增强切削刃强度，又能达到很小的表面粗糙度值，必须合理选择刀具几何角度、刀具材料种类与牌号、合适的切削速度。

1. 正确选用刀片的种类与牌号

不同种类的 PCD 或 PCBN 刀片，由于其组成成分不同，切削性能有很大的差异，选用时须加以注意。目前 PCD 或 PCBN 刀片在国际上尚无统一的分类，各生产厂都有各自的品种与牌号，使用时须参照各厂产品样本选择。

PCD 或 PCBN 刀片的使用性能与其晶粒尺寸大小有关。PCD 或 PCBN 的商品颗粒尺寸大致分为三类，即粗晶粒（晶粒的平均尺寸为 20～50μm）、中晶粒（晶粒平均尺寸为 10～20μm）和细晶粒（晶粒平均尺寸为 2～10μm）。晶粒尺寸越大，耐磨性越好，刀具寿命越高，但切削刃较粗糙，刃口质量差；中晶粒刀片一般作为机械加工的通用刀具；细晶粒刀具的切削刃刃口钝圆半径小，易加工出良好的表面质量。目前聚晶的晶粒不断细化，已能做到 0.5～1μm，生产中应根据加工质量要求进行选择。

我国学者研究证实，聚晶体刀具在微量切削时，具有“多点切削、单点成形”的特点，因此只要采取一定的工艺措施，用粗晶粒（30～70μm）聚晶刀具也能切出超精密的加工表面。

2. 选取合适的切削用量

根据国际生产工程学会（CIRP）提供的资料，推荐 PCD 和 PCBN 刀具采用的切削用量见表 2-3 和表 2-4。

表 2-3　PCD 刀具的切削用量（CIRP 资料）

加工方式	被加工材料	切削速度/（m/min）	进给量/（mm/r）	背吃刀量/mm
车削及镗削	铝合金、黄铜、青铜、铜合金	300～1000	0.05～0.5	10
	烧结硬质合金	10～30	0.1～0.2	2
	半烧结硬质合金	50～200	0.1～0.2	5
	玻璃纤维和碳纤维强化塑料	100～600	0.05～0.5	5
	半烧结陶瓷	100～600	≤0.2	2
	人造和天然石料	50～150	0.1～0.5	3
铣削及切断	铝合金	500～3000	0.1～0.5mm/z	5
	黄铜、青铜、铜合金	200～1000	0.1～0.5mm/z	2
	刨花和木质纤维板，包括纤维强化塑料	2000～3000	0.1～0.5mm/z	15

表 2-4　PCBN 刀具的推荐切削用量（CIRP 资料）

加工方式	被加工材料	切削速度/（m/min）	进给量/（mm/r）	背吃刀量/mm
车削（无切削液）	白口和高强度镍铬和镍化铸铁（58HRC）	50～70	0.3	2.5
	冷硬铸铁（55HRC）	60～100	0.4	2
	经冷变形处理的工具钢（60HRC）	80～120	0.25	2
	轴承钢（60HRC）	100～150	0.25	2
	渗碳钢（60HRC）	80～120	0.25	1
	高速钢（62HRC）	60～140	0.2	2
	奥氏体不锈钢（45HRC）	80～150	0.3	2
	硬质合金涂层：			
	钴基（35HRC）	150～220	0.25	2
	镍基（35HRC）	120～150	0.25	2
	钛基（35HRC）	60～120	0.25	2
	灰铸铁（200～260HBC）	500～800	0.1～0.4	0.1～2
铣削（无切削液）	镍铬和镍化铸铁（55HRC）	250～350	0.25mm/z	0.5
	高强度铸铁（53HRC）	175～225	0.2mm/z	1
	经冷变形处理的工具钢和轴承钢（60HRC）	150～300	0.2mm/z	1

应该指出，用 CBN 刀具切削淬硬钢及冷硬铸铁等高硬度材料时，当切削速度高于一定数值后，随着切削速度提高，刀具寿命不但不会降低，反而有所增加。这是因为随着切削速度的提高，切削温度上升，被切削层金属软化，而使硬度降低；而 CBN 刀具由于有高的热稳定性，硬度不受影响，从而使刀具与工件两者的硬度差加大，使切削更易进行。这一特性称为金属软化效应。只有当切削温度超过刀具耐热温度后，刀具寿命才会降低。因此，用不同牌号的 CBN 刀具切削不同的工件材料时，都有一个最佳切削速度范围。例如，用 DLS-F 刀具切削硬度 62 ~ 64HRC 高速钢的最佳切削速度为 60 ~ 70m/min。

由于有金属软化效应，所以 CBN 刀具最适用于硬态材料的高速切削、干式切削等先进切削加工工艺，如加工 60HRC 以上的高硬度工件，其寿命要高于硬质合金刀具寿命 10 倍以上。

3. 防止水解作用的方法

超硬刀具加工时，通常采用干切削。但是用切削液湿式切削，刀具寿命长。虽然立方氮化硼刀具能承受 1250 ~ 1350℃的切削温度，但在 1000℃左右高温下，CBN 会同水蒸气及空气中的氧起反应，生成氨和硼酸，这种化学反应称为水解作用，会加速刀具的磨损。因此在湿式切削时，忌用水溶液作切削液，须用带极压添加剂的水溶液或极压切削油，以减弱水解作用。

第四节 涂层刀具

在切削加工中，刀具性能的两个关键指标——硬度和强度（韧性）之间似乎总是存在着矛盾，硬度高的材料往往强度和韧性低。在韧性较好的硬质合金基体上，或者在高速钢刀具基体上，涂覆一薄层或多层硬度和耐磨性很高的难熔金属化合物（TiC、TiN、TiCN、Al_2O_3）组成的涂层刀具，较好地解决了刀具存在的强度和韧性之间的矛盾，是切削刀具发展的一次革命。涂层刀具是近 20 年来发展最快的新型刀具。目前，工业发达国家涂层刀具已占 80% 以上，数控机床上所用的切削刀具 90% 以上是涂层刀具。

目前常用的涂层方法是化学气相沉积（Chemical Vapor Deposition，CVD）法和物理气相沉积（Physical Vapor Deposition，PVD）法，CVD 法是在 1000℃高温的真空炉中，通过真空镀膜或电弧蒸镀将涂层材料沉积在刀具基体表面。PVD 法与 CVD 法类似，只不过 PVD 法是在 500℃左右完成的。物理气相沉积法起先应用在高速钢上，后来也应用在硬质合金刀具上。PVD 法有低压电子束蒸发（LVEE）法、阴极电子弧沉积（CAD）法、三极管高压电子束蒸发（THVEE）法等，各有特色和优缺点。

一、涂层高速钢刀具

采用 PVD 法在高速钢刀具基体上涂覆 TiN、TiCN、TiAlN 等硬膜，可制成涂层高速钢刀具，沉积温度 500℃左右。由于涂层具有很高的硬度和耐磨性，有较高的热稳定性，与钢的摩擦因数较低，与高速钢涂层结合牢固，所以涂层高速钢刀具的寿命可成倍提高。涂层高速钢刀具特别适合加工钢材，适用于可转位刀片、切齿刀具、钻头、成形铣刀、丝锥等结构较复杂的刀具。

涂层高速钢刀具在用钝后一般经重磨后可再用。重磨后的涂层刀具切削效果虽有降低，但仍有很好的切削性能。目前常用涂层材料有 TiN、TiAlN、TiCN 等。此外，除单涂层外还有多涂层及复合涂层。

二、涂层硬质合金刀具

通过 CVD 等方法，在硬质合金刀片上涂覆耐磨的 TiC 或 TiN、Al_2O_3 等薄层，形成表面涂层硬质合金刀片。涂层硬质合金可转位刀片广泛应用于数控机床和加工中心。

涂层材料一般为晶粒极细的碳化物、氮化物等。TiC 硬度高，耐磨性好，TiC 涂层刀片的平均切削速度可增加 40%，切削时很少产生积屑瘤，因此加工表面粗糙度值小。TiC 涂层与基体之间粘着性较高，但基体与涂层之间易产生脆性脱碳层，导致刀片抗弯强度降低，切削时容易崩刃。目前单涂层刀具已很少应用，大多采用如 TiN-TiC、TiC-Al_2O_3、TiC-Al_2O_3-TiN 等复合涂层刀具。

TiCN（氮碳化钛）、TiAlN（氮铝化钛）复合化合物涂层材料综合了各种涂层材料的优点，又使涂层刀具的性能上了一个台阶，目前在刀具涂层中占据了主导地位。TiCN 涂层是在单一的 TiC 晶格中，氮原子占据原来碳原子在点阵中的位置，而形成的复合化合物。由于 TiCN 具有 TiC 和 TiN 的综合性能，其硬度高于 TiC 和 TiN。TiCN 是一种较为理想的刀具主耐磨层涂层材料。TiAlN 涂层是 TiN 和 Al_2O_3 的复合化合物涂层。在切削过程中，该涂层刀具的表面会生成一层很薄的非晶态 Al_2O_3，形成一层硬质惰性保护膜，从而起到抗氧化和抗扩散磨损的作用，可更有效地用于高速切削加工。TiAlN 涂层刀具优于 TiN 和 TiCN 涂层刀具，在加工高合金钢、不锈钢、钛合金和镍合金时，比 TiN 涂层刀具寿命提高了 3 ~4 倍。特别是纳米结构的高性能 nc – TiAlN 涂层使刀片表面光滑，降低摩擦力，排屑更流畅，与基体结合更加紧密，韧性和硬度更高。此外，良好的热稳定性和化学稳定性为切削刃提供更有效的保护。

瑞士还开发出一种软涂层的新工艺，即在刀具表面涂覆一层固体润滑膜二硫化钼，使刀具切削寿命增加数倍，且能获得优良的加工表面。这些软涂层在加工高强度铝合金和贵重金属方面有良好的应用前景。

涂层硬质合金刀片的可靠性受基体成分影响很大。作为涂层刀片的基体，在加工钢时，宜选择加工钢材的 P 类硬质合金，在加工铸铁和有色金属材料时，宜选 K 类硬质合金为基体。

涂层硬质合金刀具主要适用于各种钢材、铸铁的精加工和半精加工，负荷较轻的粗加工也可使用。但含 Ti 的涂层材料不适于加工奥氏体不锈钢、高温合金及钛合金等材料。

由于超硬材料的价格较贵，且其可加工性比较差，磨削比小，难以制成几何形状复杂刀具。为了扩大其应用范围，现已开发出价格相对较低的超硬材料涂层刀具。它是利用 CVD 法，在硬质合金（常用 K 类合金）基体上沉积一层厚度小于 50μm，由多晶组成的膜状金刚石或 CBN 而成的。因基体易于制成复杂形状，故这种超硬材料涂层适用于几何形状复杂的刀具，如丝锥、钻头、立铣刀和带断屑槽可转位刀片等。国际工具市场上已有金刚石薄膜涂层（简称 CD）刀具产品（如瑞典 Sandvik 公司的 CD1810 和美国 Kennametal 公司的 KCD25），用于有色金属及非金属材料的高速精密加工，刀具寿命比未涂层的硬质合金刀具提高近十倍，有些甚至数十倍。但 CD 刀具不适于加工金属基一类复合材料，因为复合材料中的硬质颗粒在很短时间内会将刀具表面一层涂层磨穿。所以尽管 CD 刀具的价格比同类 PCD 刀具要低，但由于金刚石薄膜与基体材料间的粘结力较小，限制了它的广泛应用。

除上述薄膜涂层（CD）刀具外，还有 CVD 金刚石厚膜（TFD）刀具。TFD 是沉积厚度

达1mm以上、甚至几毫米（De Beers公司沉积厚度可达5mm）的无衬底金刚石厚膜，根据需要再将厚膜切割成一定形状的小块，然后钎焊到所要求的基体材料上制成刀具使用。TFD有很好的综合性能，它兼有天然金刚石和人造聚晶金刚石的优点，与基底结合牢固，便于多次重磨，故有良好的应用价值和发展前景。

TFD与PCD相比较，因PCD内有钴等金属结合剂，韧性较好，但钴会降低PCD硬度，对腐蚀敏感（特别是在加工塑料时），钴在高温下会加速金刚石向石墨转变，故PCD适于粗加工和要求刀具有较高断裂韧度的场合。而TFD为纯金刚石材料，不添加任何复合材料，因此具有比PCD更高的硬度、热导率、致密性、刃口锋利性、耐磨性（为PCD的1～4倍）、耐高温性、化学稳定性，以及更小的摩擦因数，可采用比PCD刀具更高的切削速度，韧性则稍低于PCD，故多用于高速精加工和半精加工等场合。国外已有TFD的刀具产品，如De Beers公司的DIAFILM品牌刀具。

复习思考题

2-1 刀具在什么条件下工作？刀具材料应具备哪些性能？

2-2 常用高速钢有哪些牌号？试述它们的性能特点及应用范围。

2-3 硬质合金刀具材料有哪几类？各有哪些常用牌号？试述它们的性能特点及应用范围。

2-4 金刚石、立方氮化硼和陶瓷刀具各有什么特点？它们各适用于什么场合？

2-5 有哪几种常用涂层硬质合金材料？它们各有什么特点？

第三章 3

金属切削过程的基本规律

切削过程是刀具前面挤压切削层，使之产生弹性变形、塑性变形，然后被刀具切离形成切屑和已加工表面的过程。在切削过程中产生的切削变形、切削力、切削热、切削温度和刀具磨损等现象对加工表面质量、生产率和生产成本有着重要影响。本章主要简单介绍这些现象的产生、变化和影响的规律。

第一节　切削变形和切屑的形成过程

切削变形和切屑形成过程是切削原理中最基本的和重要的课题。下面以车削为代表，并利用正交自由切削模型进行说明。

一、切削时的三个变形区域

如图 3-1 所示，刀具在切削金属材料时，切削层受到刀具前面挤压，随着切削刃的切削，出现了三个变形区域。

（1）第Ⅰ变形区　指在切削层中$\overline{OA}$与$\overline{OE}$面之间产生塑性变形和晶粒组织产生剪切滑移的区域。

（2）第Ⅱ变形区　所切下的切屑在刀具前面上流出，其间接触区域的切屑内部产生变形的区域。

（3）第Ⅲ变形区　在近切削刃切削处的已加工表面层内产生变形的区域。

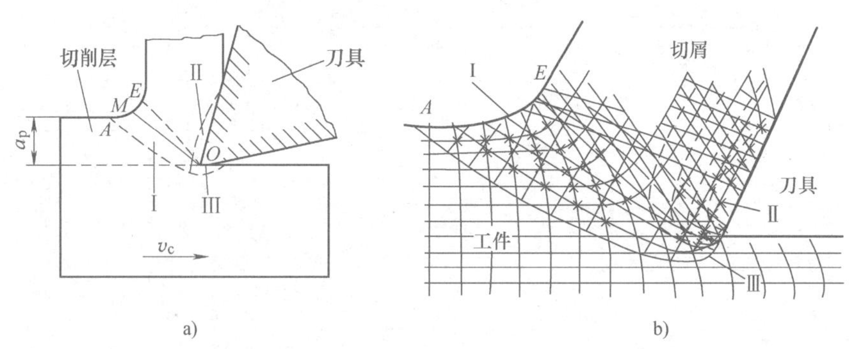

图 3-1　切削过程中工件材料的三个变形区

a）变形区域　b）结构组织变形示意图

二、切屑的形成和切屑类型

（一）切屑的形成

如图 3-2a、b 所示，切屑的形成是在$\overline{OA}$到$\overline{OE}$面（放大图）之间完成的。以切削塑性材

料为例，刀具切入被加工材料层中，对切削层作用着正压力 F_N 和摩擦力 F_f，使切削层$\overline{OA}$面上的晶粒开始变形，继而刀具进入$\overline{OM}-\overline{OE}$位置，工件内部晶粒组织逐渐变形伸长并形成了切屑后沿前面流出，图 3-2c 中可观察到切下切屑的金相组织呈纤维化状态。

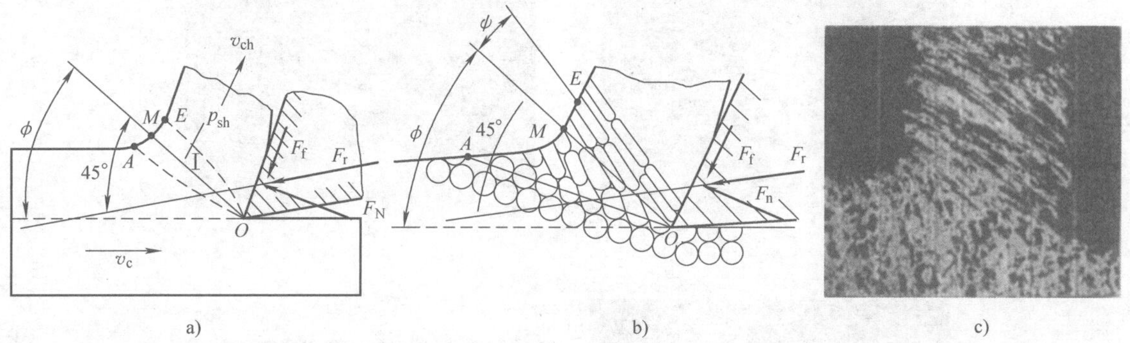

图 3-2　切屑形成过程

a）切屑形成区域　b）切屑形成过程　c）切屑组织呈纤维化

（二）切屑类型

在切屑形成过程中，材料的塑性或塑性变形程度不同，所产生切屑类型也不同，一般有下述四种：

（1）带状切屑（图 3-3a）　在切削软钢、铝和可锻铸铁等材料时，切削过程是切削层完整的剪切滑移过程，形成的切屑沿刀具前面连绵不断呈带状流出。

（2）节状切屑（图 3-3b）　形成切屑时，在切屑厚度的背面出现剪切断裂，呈节状流出。

（3）粒状切屑（图 3-3c）　在切削层中发生严重塑性变形、切应力 τ 大于材料强度极限时，切屑被剪切断裂成颗粒状。

（4）崩碎切屑（图 3-3d）　在切削灰铸铁、铸黄铜等脆性材料时，切削层经弹性变形后即产生脆性崩裂，形成了不规则的崩碎切屑。

形成带状切屑时切削较平稳、表面粗糙度值小，但不规则的缠绕会妨碍顺利切削；形成节状切屑的切削变形严重、切削力较大；产生粒状切屑和崩碎切屑会引起振动，表面质量差，并易因冲击而损坏刀具。然而各种类型的切屑可以相互转化，这种转化主要决定于加工条件。例如，切削塑性材料时，通过增大前角 γ_o 或提高切削速度 v_c，以及减小进给量 f 等可形成带状切屑；切削脆性材料时，在大前角 γ_o、高速 v_c 条件下，也会形成较短的带状切屑。

三、切削变形程度的表示

切削变形是材料微观组织的动态变化过程，因此，变形量的计算很复杂。但为研究切削变形的规律，通常用相对滑移 ε、切屑厚度压缩比 A_h（变形系数 ξ）和剪切角 ϕ 的大小来衡量切削变形程度。

相对滑移 ε 是指切削层在剪切面上的相对滑移量；切屑厚度压缩比 A_h 是表示切屑外形尺寸的相对变化量；剪切角 ϕ 是从切屑根部金相组织中测定的晶格滑移方向与切削速度方向之间的夹角。ε、A_h 和 ϕ 均可用来定量研究切削变形规律。

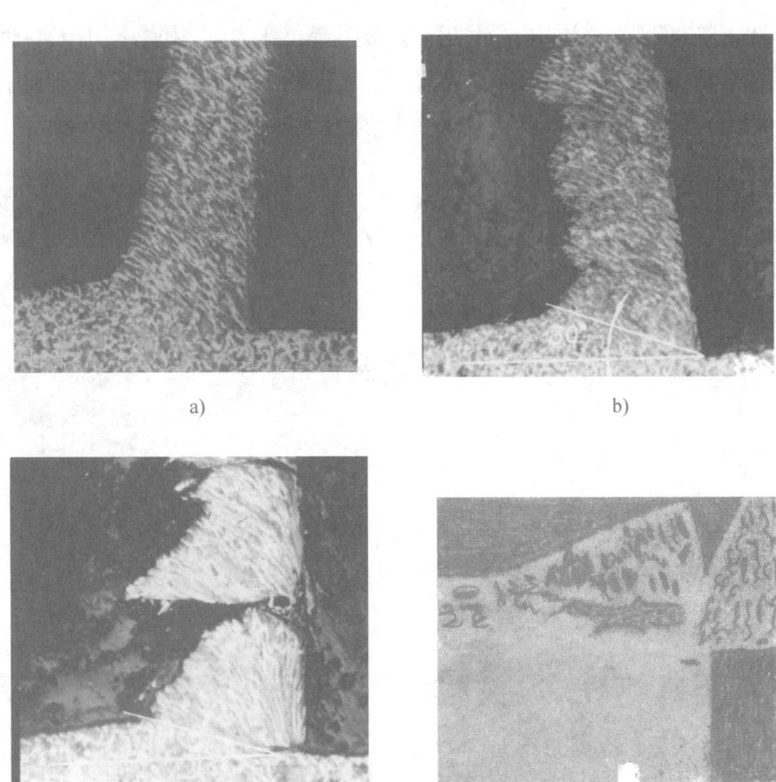

图 3-3　切屑的类型

a）带状切屑　b）节状切屑　c）粒状切屑　d）崩碎切屑

以下列举切屑厚度压缩比 $\boldsymbol{A}_h$ 与切削变形的关系。

如图 3-4a、b 所示，切削层经过剪切滑移后形成的切屑，在流出时又受到前面摩擦作用，使切屑的外形尺寸相对于切削层的尺寸产生了变化，即切屑厚度增加（$h_{ch}>h_D$）、切屑长度缩短（$l_{ch}<l_D$）、切屑宽度接近不变。切屑尺寸的相对变化量可用切屑厚度压缩比 $\boldsymbol{A}_h$ 表示。即

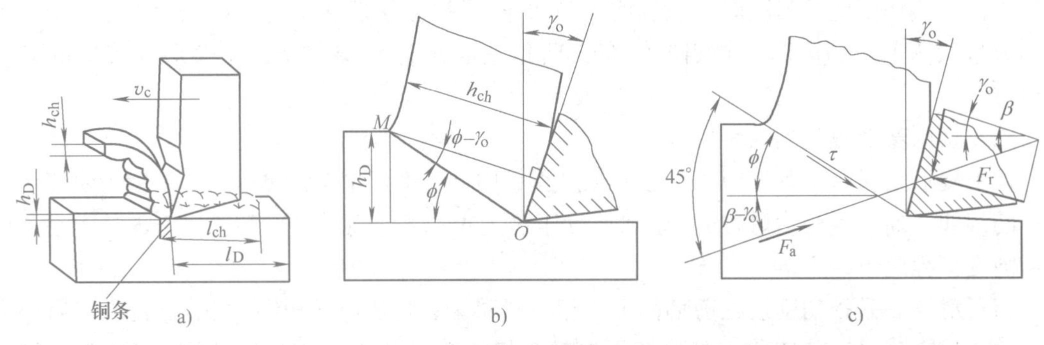

图 3-4　切削变形程度及剪切角表示

a）切削层与切屑尺寸　b）前角、剪切角表示　c）剪切角的确定

$$A_h = \frac{l_D}{l_{ch}} = \frac{h_{ch}}{h_D} > 1 \tag{3-1}$$

$$A_h = \frac{h_{ch}}{h_D} = \frac{\overline{OM}\cos(\phi - \gamma_o)}{\overline{OM}\sin\phi} = \frac{\cos(\phi - \gamma_o)}{\sin\phi} \tag{3-2}$$

式（3-2）表明，影响切削变形主要是前角 γ_o 和剪切角 ϕ 两个因素，其中剪切角随着切削条件不同而变化，如图 3-4c 中，根据“切应力与主应力方向呈 45°”的剪切理论，在切削过程中主应力 F_a 与作用力的合力 F_r 的方向一致，则确定剪切角 ϕ 为

$$\phi = 45° - (\beta - \gamma_o) \tag{3-3}$$

式中　β——由切屑与前面间摩擦因数 μ 所决定的摩擦角，$\tan\beta = \mu$。

分析式（3-2）、式（3-3）可知，增大前角 γ_o，减小前面上的摩擦（β 角小），使剪切角 ϕ 增大，则切屑厚度压缩比 A_h 减小，即切削变形小。

由于切削是在高温高压等复杂条件下进行的，利用切屑厚度压缩比 A_h 来定量地表示切削变形大小有一定局限性，但因切屑、切削层尺寸较易测定且较直观，故仍较常使用。

第二节　刀－屑面间摩擦和积屑瘤

一、刀－屑面间摩擦特点

如图 3-5a 所示，切屑在前面上流出时，刀－屑面间摩擦产生两个区域，接触长度 l_{fi} 内为内摩擦区，接触长度 l_{fo} 内为外摩擦区域。在近切削刃处的内摩擦区 l_{fi} 长度内由于高温、高压作用，刀－屑面间接触点被挤平而形成粘结或称冷焊，图 3-5b 所示为粘结面撕裂后残留在切削刃处粘结金属的照片。在粘结区产生正应力 σ_f 和切应力 τ_f，两者特点是：正应力 σ_f 是变化的，离切削刃越远 σ_f 越小，而切应力 τ_f 不变。设平均正应力为 σ_{fav}，则刀－屑面间摩擦因数 μ 主要决定于内摩擦区的摩擦力 F_{fi} 与正压力 F_{ni}，可表示为

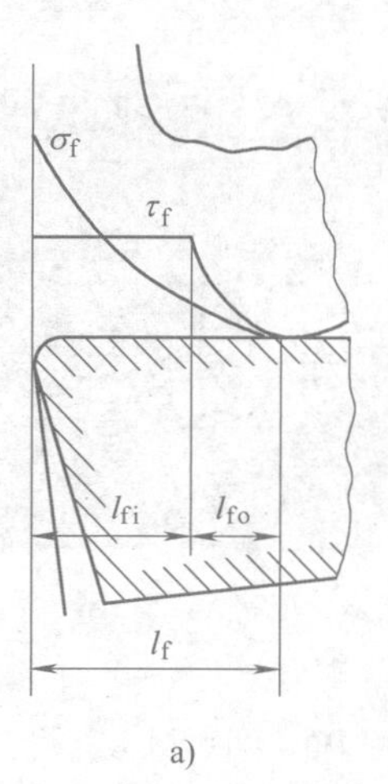

a)

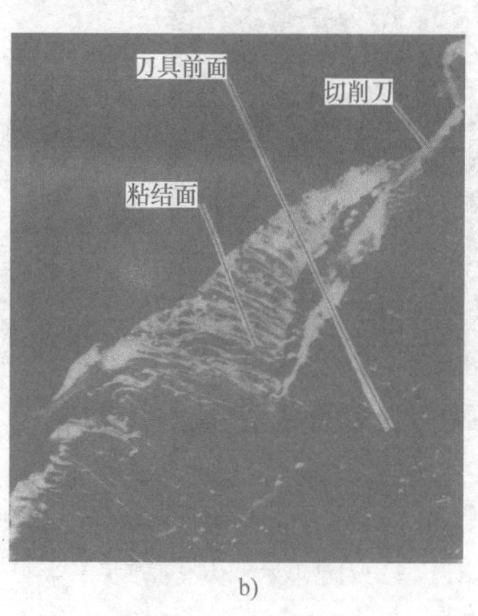

b)

图 3-5　刀－屑面间摩擦区

a）内摩擦区应力分布　b）内摩擦区内粘结照片

$$\mu = \tan\beta = \frac{F_{fi}}{F_{ni}} = \frac{A_{fi}\tau_f}{A_{fi}\sigma_{fav}} = \frac{\tau_f}{\sigma_{fav}} \tag{3-4}$$

式中 A_{fi}——内摩擦区接触（粘结）面积。

式（3-4）可表明，切削切料的强度和硬度增高，进给量f增大等，使正压力F_{Ni}增大，故能使摩擦因数μ减小，进而有利于切削变形减小。

二、滞流层与积屑瘤形成

刀－屑面间产生粘结，增大了切屑流出的阻力，促使切屑底面Δh_{ch}薄层内流速减慢，出现了图3-6a所示的滞流层，滞流层中底层流速为0，不同厚度的流速由$0\to v_{\Delta h_{ch}}$变化。在一定压力和温度条件下，流速极低的滞流层被剪切断裂粘附在切削刃处。该粘附层因受到了切屑流出时的挤压和摩擦作用而硬度提高，高硬度的粘附层又继续剪切流出切屑的底层金属，如此层层堆积形成了图3-6b所示突出的硬楔块，该硬楔块称为积屑瘤。积屑瘤硬度很高，粘附在刃口上可代替切削刃切削（图3-6c），但受到振动或外力作用时，会被切屑带走或粘附在已加工表面上，继而又形成、长高和脱落，如此重复地进行。

在切削时积屑瘤起到保护切削刃、增大工作前角γ_{oe}作用，但会影响加工精度和增大表面粗糙度值。

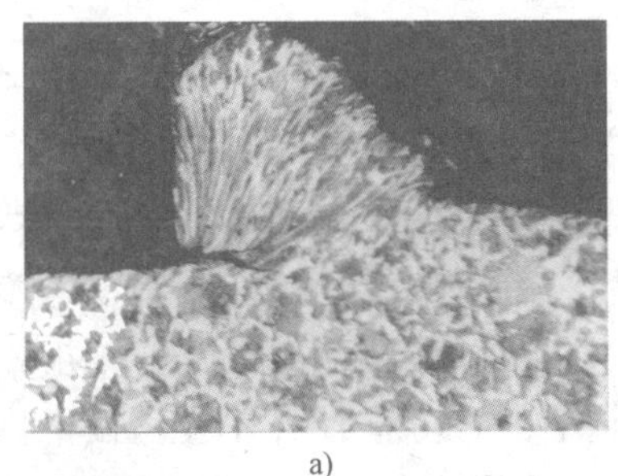

a)

b)

c)

图3-6 滞流层与积屑瘤

a）滞流层 b）积屑瘤形成过程 c）积屑瘤粘在切削刃上

实践表明，形成积屑瘤的主要原因是压力和切削温度，当近切削刃处的压力和温度很低时，切屑底层塑性变形小，摩擦因数小，积屑瘤不易形成；在高温时，切屑底层材料软化，摩擦因数减小，积屑瘤也不易产生。例如切削中碳钢产生中等切削温度300～380℃时，积

屑瘤高度值最大；切削温度超过600℃时积屑瘤消失。

在生产中对钢、铝合金和铜等塑性金属进行较低速和中速车、钻、铰、拉和攻螺纹加工中常出现积屑瘤。

精加工应避免积屑瘤产生，其采取的主要措施如下：

1）降低或提高切削速度 v_c，通常 $v_c > 60\text{m/min}$ 不形成积屑瘤。

2）增大前角 γ_o、减小进给量 f、提高刀具刃磨质量和浇注切削液，均能减小压力、摩擦和降低温度，故不易形成积屑瘤。

第三节　已加工表面变形和加工硬化

切削时在已加工表面层内也会产生不同程度的塑性变形，严重的变形会改变被切削材料的加工性能。形成已加工表面变形是第Ⅲ变形区内产生的物理现象。

任何刀具的切削刃口都不可能磨得绝对锋利，当在钝圆弧切削刃及其邻近的狭小后面的切削、挤压和摩擦作用下，已加工表面层 Δh_D 的金属晶粒产生扭曲和挤压（图3-7），这种经严重塑性变形而使加工后表面层硬度增高的现象称为加工硬化，也称冷硬。金属材料经硬化后屈服强度提高，但在已加工表面上出现了显微裂纹和残留应力，且材料疲劳强度降低。例如有的不锈钢、高锰钢和高温合金等均因冷硬严重，在切削时刀具寿命明显降低。

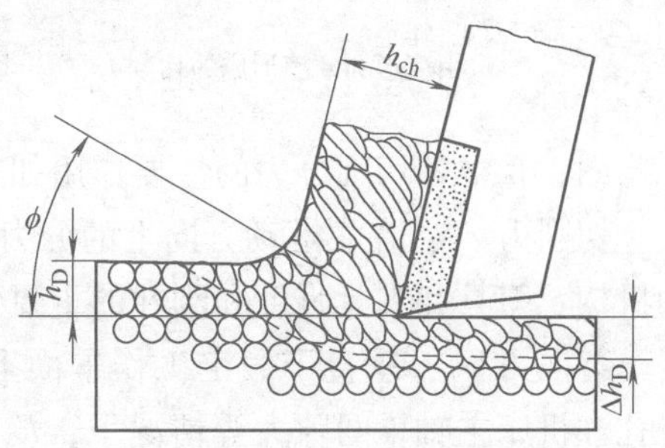

图3-7　已加工表面层内的晶粒变形

衡量加工硬化程度的指标有加工硬化程度 N 和硬化层深度 h_y。N 表示已加工表面显微硬度 H_1 与金属材料基体显微硬度 H 之间相对变化量，即

$$N = \frac{H_1 - H}{H} \times 100\%$$

材料的塑性越大，金属晶格滑移越容易，滑移面越多，加工硬化越严重，如不锈钢1Cr18Ni9Ti的硬化程度能高达220%，高锰钢的硬化程度达200%。

生产中常采取以下措施来减小硬化程度：

1）磨出锋利切削刃　刃磨切削刃钝圆半径 r_n 由0.5mm减小到0.005mm，能使 H 降低40%。

2）增大前角 γ_o 或增大后角 α_o，使切削刃钝圆半径 r_n 减小，硬化可随之降低。

3）合理选用切削液可减小刀具后面与加工表面间摩擦，使硬化层深度 h_y 减小。

第四节　切　削　力

一、切削力的来源、总力及其分力

刀具切削时，作用在工件上的总切削力包括切削层、切屑及已加工表面产生的弹、塑性变形力；切屑、已加工表面分别与刀具前、后面产生的摩擦力（图3-8a）。图3-8b、c所示为工件作用在车刀上的切削总力 F 及其相互垂直的分力 F_p、F_c、F_f。

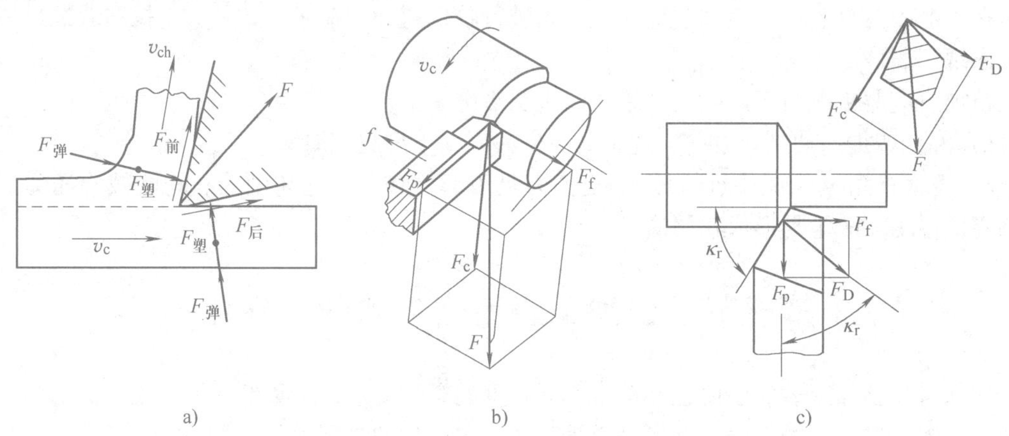

图 3-8　切削力的组成及其分力

a）由变形和摩擦形成的切削力　b）切削分力在立体图上表示　c）切削分力在平面图上表示

图 3-8 中各切削分力的主要作用如下：

切削力 F_c：在主运动方向上的分力。F_c 是校验和选择机床功率，校验和设计机床主运动机构、刀具和夹具强度和刚性的重要依据。

背向力 F_p：垂直于假定工作平面上的分力。在加工工艺系统刚性差，如纵车细长轴、镗孔和机床主轴承间隙大等情况下，F_p 是顶弯工件、刀具，引起振动，影响加工精度及表面粗糙度的主要原因。

进给力 F_f：进给运动方向上的分力。F_f 作用在机床进给机构上，是校验进给机构强度的主要依据。

如图 3-8c 所示，推力 F_D 是在基面上且垂直于主切削刃的分力。

上述各切削力之间关系为

$$F=\sqrt{F_D^2+F_c^2}=\sqrt{F_c^2+F_p^2+F_f^2}$$

$$F_p=F_D\cos\kappa_r\quad F_f=F_D\sin\kappa_r \tag{3-5}$$

由实验可知，选用主偏角 $\kappa_r=45°$、前角 $\gamma_o=15°$ 的车刀切削 45 钢，各分力间近似比例为

$$F_c:F_p:F_f=1:(0.4\sim0.5):(0.3\sim0.4)$$

二、切削力实验公式

在切削加工中，计算切削力具有实用意义。计算切削力可利用理论计算公式或实验得到的实验公式进行。通常用实验公式或实验图表求得切削力较容易，但其结果较为近似。

（一）测定切削力的原理

切削力实验公式是利用测力仪测得切削力数据，经整理而建立的。测力仪的主要元件是测力传感器。目前使用的测力仪主要有电阻应变片式测力仪和压电石英晶体式测力仪两类。

以下简介压电石英晶体式测力仪测力原理。

图 3-9a 所示为压电晶体传感器，它是由 3 组石英晶体组成的、每组 2 片，并被密封在

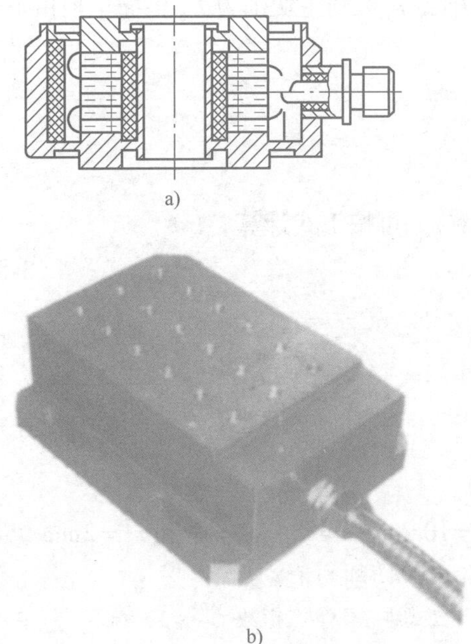

图 3-9 压电石英晶体三向测力仪

a）压电晶体传感器 b）测力仪 c）在车床上测力实验

不锈钢体壳中。在 2 片石英晶体中间装有金属电极和引出电荷量导线。各组石英晶体分别受 3 个作用力（F_c，F_p 和 F_f）的作用产生压电效应，使 2 片变形的晶体相对表面上产生负电荷，电荷量多少与受力大小成正比。电荷由电极经导线输入电荷放大仪再经光线示波仪记录。

图 3-9b 中，在压电晶体测力仪的顶面上有可装固定刀架的孔，以供切削刀具在顶面上固定用，4 个压电晶体传感器经串联后可分别测量三向切削分力。测力数据可使用计算机处理。图 3-9c 所示为使用三向压电晶体测力仪在车床上进行测力实验。

在测力实验中，若固定加工材料、刀具几何角度等，再分别改变背吃刀量 a_p、进给量 f 和切削速度 v_c 值，可经三向测力仪中测得各对应的切削分力值，经数据处理后，建立了下列切削力指数方程式

$$
\begin{aligned}
F_c &= C_{F_c} a_p^{x_{F_c}} f^{y_{F_c}} v_c^{n_{F_c}} K_{F_c} \\
F_p &= C_{F_p} a_p^{x_{F_p}} f^{y_{F_p}} v_c^{n_{F_p}} K_{F_p} \qquad (\text{单位为 N}) \\
F_f &= C_{F_f} a_p^{x_{F_f}} f^{y_{F_f}} v_c^{n_{F_f}} K_{F_f}
\end{aligned} \tag{3-6}
$$

式中 C_{F_c}、C_{F_p}、C_{F_f}——切削力与切削因素间关系系数；

x_F、y_F、n_F——切削因素 a_p、f 和 v_c 对切削力影响程度指数；

K_{F_c}、K_{F_p}、K_{F_f}——固定切削条件中各切削因素变化对切削力影响的修正系数。

（二）单位切削力

单位切削力 κ_c 是切削单位切削层横截面积所产生的切削力（单位为 N/mm^2），故 κ_c 为

$$
\kappa_c = \frac{C_{F_c} a_p^{x_{F_c}} f^{y_{F_c}}}{a_p f} = \frac{C_{F_c}}{f^{1-y_{F_c}}} \tag{3-7}
$$

通常，切削力实验公式中 $x_{F_c}=1$。若已知单位切削力 κ_c，则主切削力 F_c 很简单地由下式求得

$$F_c = \kappa_c A_D = \kappa_c a_p f$$

式中 A_D——切削层横截面积。

（三）切削功率

切削功率 P_c 是指主运动消耗的功率（单位为 kW），可按下式计算

$$P_c = F_c v_c \times 10^{-3} \tag{3-8}$$

式中 F_c——主切削力（N）；

v_c——切削速度（m/s）。

按式（3-8）可确定机床主电动机功率 P_E

$$P_E = P_c/\eta_c$$

式中 η_c——机床传动效率，一般为 $\eta_c=0.75\sim0.9$。

表3-1是国内资料中介绍的用硬质合金车刀 $\gamma_o=10°$、$\kappa_r=45°$、$\lambda_s=0°$和 $r_\varepsilon=2$mm 纵车外圆、横车及镗孔时，切削力公式中各系数、指数和单位切削力值。

表3-1 用硬质合金车刀纵车外圆、横车及镗孔 F 公式中系数 C_F、指数 x_F · y_F · n_F 和不同进给量时单位切削力 κ_c 值

加工材料	切削力 F_c $F_c=C_{F_c}a_p^{x_{F_c}}f^{y_{F_c}}v_c^{n_{F_c}}$				切削力 F_p $F_p=C_{F_p}a_p^{x_{F_p}}f^{y_{F_p}}v_c^{n_{F_p}}$				切削力 F_f $F_f=C_{F_f}a_p^{x_{F_f}}f^{y_{F_f}}v_c^{n_{F_f}}$			
	C_{F_c}	x_{F_c}	y_{F_c}	n_{F_c}	C_{F_p}	x_{F_p}	y_{F_p}	n_{F_p}	C_{F_f}	x_{F_f}	y_{F_f}	n_{F_f}
结构钢、铸钢 $\sigma_b=650$MPa	2795	1.0	0.75	−0.15	1940	0.90	0.6	−0.3	2880	1.0	0.5	−0.4
不锈钢1Cr18Ni9Ti，硬度141HBW	2000	1.0	0.75	0	—	—	—	—	—	—	—	—
灰铸铁，硬度190HBW	900	1.0	0.75	0	530	0.9	0.75	0	450	1.0	0.4	0
可锻铸铁，硬度150HBW	790	1.0	0.75	0	420	0.9	0.75	0	375	1.0	0.4	0

加工材料	单位切削力 $\kappa_c=C_{F_c}/f^{1-y_{F_c}}$ f/（mm/r）										
	0.1	0.15	0.20	0.24	0.30	0.36	0.41	0.48	0.56	0.66	0.71
结构钢、铸钢 $\sigma_b=650$MPa	4991	4508	4171	3937	3777	2630	3494	3367	3213	3106	3038
不锈钢1Cr18Ni9Ti，硬度141HBW	3571	3226	2898	2817	2701	2597	2509	2410	2299	2222	2174
灰铸铁，硬度190HBW	1607	1451	1304	1267	1216	1169	1125	1084	1034	1000	978
可锻铸铁，硬度150HBW	1419	1282	1152	1120	1074	1032	994	958	914	883	864

三、影响切削力的因素

凡影响切削过程变形和摩擦的因素都影响切削力，主要包括切削用量、工件材料和刀具几何参数等三个方面。下面介绍其中主要因素对切削力的影响规律。

（一）切削用量的影响

1. 背吃刀量 a_p 与进给量 f

a_p 和 f 增大，使切削力 F_c 增大，但两者影响程度是不同的。如图3-10所示，若 f 不变，由于 a_p 增加一培，切削宽度 b_D 和切削层横截面积也随之增大一倍，则由于切削变形和摩擦

的影响，使切削力增加一倍；若进给量增大一倍，由于摩擦和变形并不成倍增加，因此，切削力增加较少，实验表明约增加 70% ~80%。

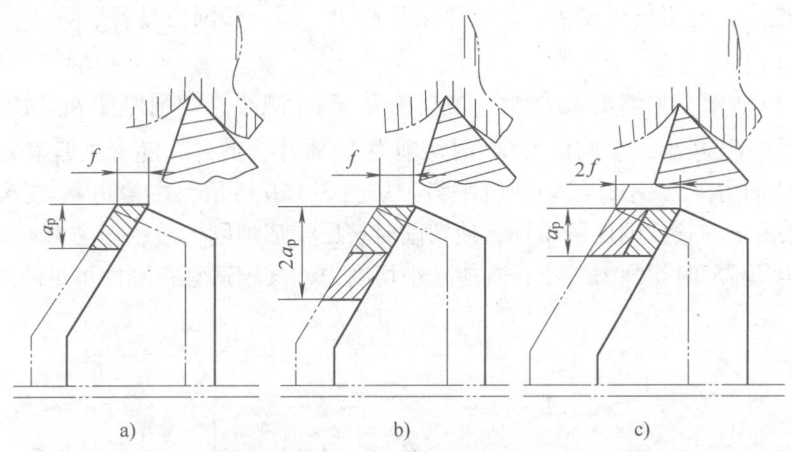

图 3-10　改变背吃刀量和进给量对切削层面积形状的影响

a_p 和 f 对 F_c 的影响规律对生产实践具有重要作用。例如相同的切削层面积，切削效率相同，但增大进给量与增大背吃刀量比较，前者既减小切削力又省了功率的消耗；如果消耗相等的机床功率，则在表面粗糙度允许情况下选用更大的进给量切削，可切除更多的金属层和获得更高的生产率。

2. 切削速度 v_c

切削速度对切削力的影响如同对切削变形的影响规律。如图 3-11 所示实验曲线，在积屑瘤产生区域内的切削速度增大，因前角增大，切削变形小，故切削力下降；待积屑瘤消失，切削力又上升。

在中速后进一步提高切削速度，切削力逐渐减小；切削速度超过 90m/min，切削力减小甚微，而后将处于稳定状态。

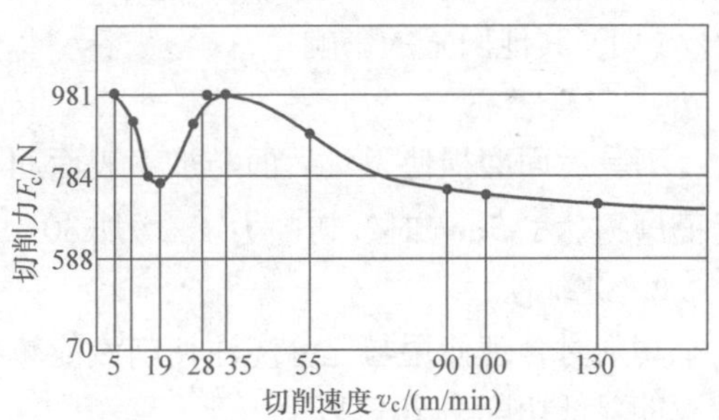

图 3-11　切削速度对切削力 F_c 的影响

加工条件：工件 45 钢、刀具 P10（YT15）、$\gamma_o=15°$、$\kappa_r=45°$、$\lambda_s=0°$、$a_p=2mm$、$f=0.2mm/r$

（二）工件材料的影响

工件材料的硬度和强度越高，其名义屈服强度 $\sigma_{0.2}$ 就越高，产生的切削力就越大。例如加工 60 钢，其切削力较加工 45 钢增大了 4%，加工 35 钢的切削力又比加工 45 钢的切削力减小了 13%。

工件材料的塑性和韧性越高，切削时切削变形越大。例如不锈钢 1Cr18Ni9Ti 的伸长率是 45 钢的 4 倍，所以切削变形大，切屑不易折断，加工硬化严重，产生的切削力 F_c 较加工 45 钢增大 25%。切削铸铁变形小，摩擦力小，故产生的切削力小。例如灰铸铁 HT200 的硬度较接近 45 钢，但切削力 F_c 比切削 45 钢减小 40%。

（三）刀具几何角度的影响

1. 前角 γ_o

前角 γ_o 增大，剪切角 ϕ 增大，使切削变形减小，因此切削力显著下降。

2. 主偏角 κ_r

如图 3-12a 所示，主偏角 κ_r 增大，使切削宽度 b_D 减小，切削厚度 h_D 增加，故切削变形减小、切削力 F_c 减小。主偏角为 60°时切削力 F_c 最小。此外，随着主偏角 κ_r 增大，进给力 F_f 增大、背向力 F_p 减小，故切削较平稳。如图 3-12b 所示，主偏角 κ_r 在 60°～90°间增大，刀尖圆弧占工作长度的比例增加，使切削时挤压变形加剧，故主切削力 F_c 增大。通常，主偏角 κ_r =60°～75°时切削力较小，既能减小切削力，又较适宜在刚性不足的条件下切削。

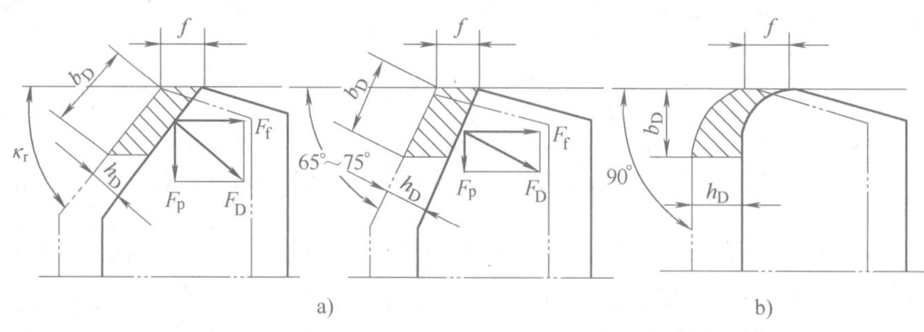

图 3-12　主偏角 κ_r 对切削力的影响

a）主偏角对切削厚度的影响　b）主偏角接近 90°时对切削力的影响

3. 刃倾角 λ_s

刃倾角 λ_s 的改变对切削力 F_c 影响较小。当刃倾角负值较大时，使刀具前面对工件作用的背向力 F_p 增大，因而在加工工艺系统刚性不足时会引起振动和顶弯工件。

（四）其他因素的影响

1. 刀具磨损

刀具后面磨损使刀具后面与加工表面间摩擦加剧，故切削力 F_c、F_p 增大。例如，刀具后面磨损达 1.5mm 时，切削力 F_c 增加 30%，背向力增加更多。

2. 切削液

切削时合理使用与充分浇注切削液能减小刀具与切屑、加工表面间的摩擦，与干切削比较，能降低切削力 20% 以上。

3. 刀具材料

刀具材料与加工材料之间亲和力和摩擦因数是影响切削力的主要原因。此外，刀具材料的耐磨性高、刃磨后表面粗糙度值小，切削力较小。例如，使用陶瓷刀具切削比用硬质合金刀具切削的切削力降低约 10%。

表 3-2 为用硬质合金车刀加工碳钢、铸铁时加工材料、前角和主偏角对切削力影响的修正系数。

表 3-2　硬质合金车刀加工碳钢、铸铁时对切削力影响的修正系数 κ_F

系数	切削力＼加工材料	结构钢·铸钢	灰铸铁	可锻铸铁
κ_{M_F}	切削力 F_c	$\left(\frac{\sigma_b}{650}\right)^{0.75}$	$\left(\frac{HBW}{190}\right)^{0.4}$	$\left(\frac{HBW}{150}\right)^{0.4}$
	背向力 F_p	$\left(\frac{\sigma_b}{650}\right)^{1.35}$	$\left(\frac{HBW}{190}\right)^{1.0}$	$\left(\frac{HBW}{150}\right)^{1.0}$
	进给力 F_f	$\left(\frac{\sigma_b}{650}\right)^{1.0}$	$\left(\frac{HBW}{190}\right)^{0.8}$	$\left(\frac{HBW}{150}\right)^{0.8}$

系数	切削力＼前角 γ_o	-15°	-10°	0°	10°	20°
$\kappa_{\gamma_{o_F}}$	切削力 F_c	1.25	1.2	1.1	1.0	0.9
	背向力 F_p	2.0	1.8	1.4	1.0	0.7
	进给力 F_f	2.0	1.8	1.4	1.0	0.7

系数	切削力＼主偏角 κ_r	30°	45°	60°	75°	90°
$\kappa_{\kappa_{r_F}}$	切削力 F_c	1.08	1.0	0.94	0.92	0.89
	背向力 F_p	1.30	1.0	0.77	0.62	0.5
	进给力 F_f	0.78	1.0	1.11	1.13	1.17

四、切削力计算举例

用硬质合金 P10（YT15）车刀车削热轧 45 钢（$\sigma_b=0.650\text{GPa}$），车刀几何角度为 $\gamma_o=15°$、$\kappa_r=75°$、$\lambda_s=0°$，选用切削用量 $a_p=2\text{mm}$、$f=0.3\text{mm/r}$、$v_c=100\text{m/min}$。

试计算切削力 F_c 与切削功率 P_c

解：

$$F_c = C_{F_c} a_p^{x_{F_c}} f^{y_{F_c}} v_c^{n_{F_c}} K_{F_c}$$

由表 3-1、表 3-2 中查得 $C_{F_c}=2795$，$x_{F_c}=1$，$y_{F_c}=0.75$，$n_{F_c}=-0.15$，$K_{\gamma_{o_{F_c}}}=0.95$，$K_{\kappa_{r_{F_c}}}=0.92$，则 F_c 应为

$$F_c = 2795\times 2\times 0.3^{0.75}\times(1/100^{0.15})\times 0.95\times 0.92\text{N} = 991\text{N}$$

$$P_c = F_c v_c\times 10^{-3} = 991\times(100/60)\times 10^{-3}\text{kW} = 1.65\text{kW}$$

第五节　切削热与切削温度

切削热与切削温度是切削过程中另一个重要的物理现象，它们对刀具磨损、刀具寿命及加工工艺系统热变形均产生重要影响。

一、切削热的来源与传散

如图3-13所示，切削热来源于三个变形区产生的弹性变形功、塑性变形功所转化的热量$Q_{变}$，以及切屑与刀具摩擦功、工件与刀具摩擦功所转化的热量$Q_{摩}$。产生的热量再经切屑$Q_{屑}$、工件$Q_{工}$、刀具$Q_{刀}$和介质$Q_{介}$传散。

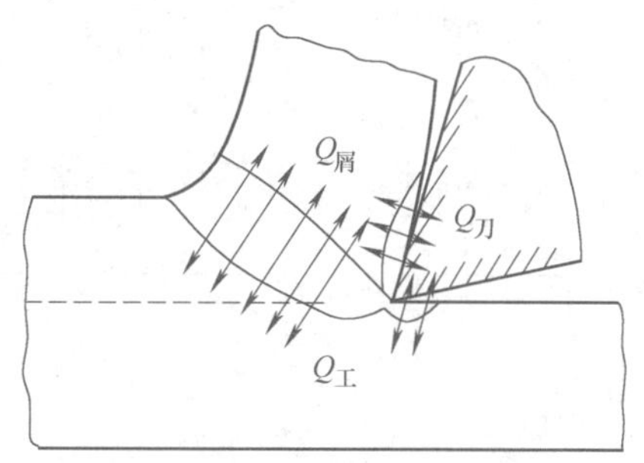

图3-13　切削热产生与传散区域

单位时间内产生的热量与传散的热量相等。对碳钢中速干切削时，测得热量传散比例如下：

车削时，$Q_{屑}$占50%～86%，$Q_{工}$占40%～10%，$Q_{刀}$占9%～3%，$Q_{介}$占1%。

钻削时，$Q_{屑}$占28%，$Q_{工}$占14.5%，$Q_{刀}$占52.5%，$Q_{介}$占5%。

通常，切屑中带走的热量较多，但在封闭和半封闭切削中，钻、拉和攻螺纹等的切削刀具占热的比例高于50%，因而对刀具磨损和加工质量会产生较大的影响。

二、切削温度的测定原理和切削温度分布

切削温度是指切削区域的平均温度。切削热主要是通过切削温度影响切削加工的。切削温度的高低取决于产生热量的多少和散热快慢两个方面的因素。

测定切削温度目前常用的方法有自然热电偶法（图3-14a）、人工热电偶法（图3-14b、c）和红外线测温法。

刀具在切削工件时位于切削区域的平均温度用图3-14a所示的自然热电偶法测定。其原

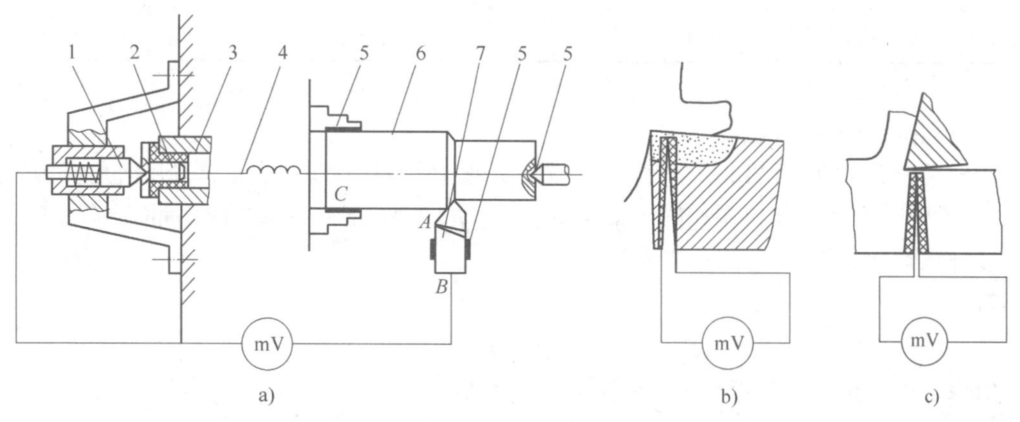

图3-14　热电偶法测温简图

a）自然热电偶法　b）、c）人工热电偶法

1—顶尖　2—铜塞　3—主轴　4—切屑　5—绝缘层　6—工件　7—刀具

理是：通过工件上 $A-C$ 端温差与刀具上 $A-B$ 端温差不同产生热电势，该电势通过毫伏表测得，然后在热电势—切削温度标定的图表中找出对应的切削平均温度 θ 值。

利用自然热电偶可以较简便地建立切削温度实验公式。例如，若分别用 W18Cr4V 和 P10（YT15）刀具车削 45 钢，刀具几何角度为 $\gamma_o=15°$、$\kappa_r=45°$ 和 $\alpha_o=8°$，分别改变背吃刀量 a_p、进给量 f 和切削速度 v_c 值，可测定得到对应的切削温度 θ 值。通过 $a_p-\theta$、$f-\theta$ 和 $v_c-\theta$ 间实验数据处理，可整理得切削温度的实验公式如下：

高速钢刀具　$\theta=(140\sim170)\,a_p^{0.08\sim0.1}f^{0.2\sim0.3}v_c^{0.35\sim0.45}$（单位℃）

硬质合金刀具　$\theta=320a_p^{0.05}f^{0.15}v_c^{0.26\sim0.41}$（单位℃）　(3-9)

式（3-9）表明了上述特定加工条件下切削用量对切削温度的影响规律。

图 3-15 所示为用红外测温法的照相图，表示在正交平面内切削温度分布规律：

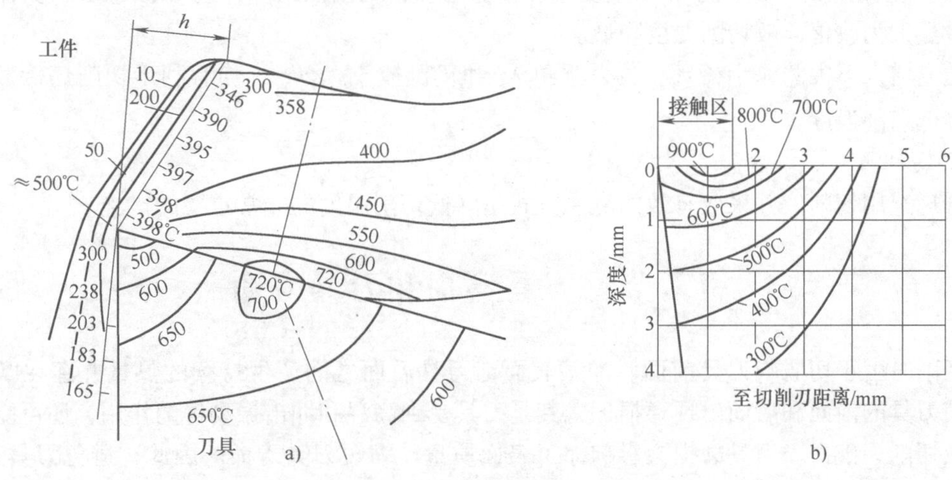

图 3-15　切削温度分布

a）刀具、切屑和工件中温度分布　b）刀具中温度分布

加工条件：刀具材料 P20（YT14）、$v_c=60$m/min　加工条件：工件材料 30Mn4，$a_p=3$mm、$f=0.25$mm/r

1）刀－屑间温度最高，是摩擦严重、热量不易传散所致。

2）前面上近切削刃 1mm 处切削温度最高达 900℃，由于该处压力高，热量集中。后面上近切削刃 0.3mm 处切削温度 700℃。

3）切屑的平均温度较刀具、工件高，在切屑中剪切面上的各点剪切变形功接近，故各点切削温度相差不大。

三、影响切削温度的因素

影响切削温度的主要因素有切削用量、工件材料、刀具几何参数等。各因素均是通过生热和散热的变化而影响切削温度的。

1. 切削用量

通过切削实验及对式（3-9）的分析可知，切削用量对切削温度影响规律大致是，切削速度 v_c 影响最大，v_c 增加一倍，切削温度增加 32%；进给量 f 影响其次，f 增加一倍，切削温度增加 18%；背吃刀量 a_p 影响最小，a_p 增加一倍，切削温度仅增加 7%。导致这些影响规律的主要原因是，切削速度 v_c 提高，刀－屑间摩擦剧增；背吃刀量 a_p 增加，虽然变形、摩擦增加，但散热条件显著改善。

2. 工件材料

工件材料主要是通过硬度、强度和热导率影响切削温度。

材料的硬度、强度低，热导率高，切削温度低。因此，加工低碳钢切削温度低，加工高碳钢切削温度高。加工合金钢的切削温度高于45钢30%；加工不锈钢时的热导率约是45钢的1/3，故切削温度高于45钢40%。

加工脆性材料的切削变形和摩擦较小，故切削温度低，只是45钢的25%。

3. 刀具几何参数

（1）前角γ_o　γ_o增大，能减小变形和摩擦，降低切削温度。γ_o过大，刀头体积减小，散热差。实践表明，前角$\gamma_o=15°$左右时降低切削温度最为有效。

（2）主偏角κ_r　κ_r减小，切削变形和摩擦增加，切削热增多，但κ_r减小后刀头体积增大，散热大为改善，故切削温度降低。

适当增大刀尖圆弧半径r_ε、负刃倾角λ_s和负倒棱$\gamma_{o_1}\times b_{\gamma_1}$，均有利于切削热传散，有利于降低切削温度。

4. 切削液

合理选用切削液并采取有效的浇注方式是降低切削温度的非常重要的措施。

第六节　刀具磨损和刀具寿命

切削时由于切屑与刀具前面、加工表面与刀具后面之间产生持续的热量并存在摩擦作用，使刀具的前面和后面出现磨损，尤其是刀具受到高温和冲击振动等的作用，还可能会使刀具及切削刃破损。刀具磨损会影响加工表面质量，缩短刀具寿命。因此，避免刀具过早、过多磨损和破损是切削加工中非常重要的实际问题。

一、刀具的磨损和破损

（一）刀具的磨损形式和磨损标准

如图3-16所示，刀具的磨损形式有：前面上的月牙洼磨损；主后面上常出现较均匀和局部不均匀且后角为零的磨损带；副后面上形成长度较短的磨损带。

通常，切削塑性金属材料时，若在粗加工情况下切削量多、切削速度较高，则在温度和压力作用下易在刀具前面上形成月牙凹坑；在较小切削厚度、较低切削速度时切削塑性、脆性金属材料，则易产生后面上的磨损带。

为了及时对磨损的刀具进行重磨，国家标准规定了磨损标准：在正常磨损时，$VB=0.3$mm，如果产生崩刃、剥落和沟痕等不正常磨损时，$VB_{max}=0.6$mm；产生月牙洼时，$KT=(0.05\text{mm}+0.3f)$（取进给量f单位mm/r中的mm）。此外，在精加工时取加工精度和表面粗糙度许可的VC值。刀具允许的磨损量也随加工要求和加工条件的不同而变动。

在生产现场，可通过切屑颜色变化、噪声、颤动和加工质量变化来判别刀具磨损程度；在自动化和数控机床等加工中，也可利用自动检测切削功率、加工尺寸精度、切削稳定性来识别刀具磨损。

由于多数切削情况下均可能产生VB磨损量，并且VB值易测定，因此，一般通过VB值来研究磨损规律和作为磨损判别依据。

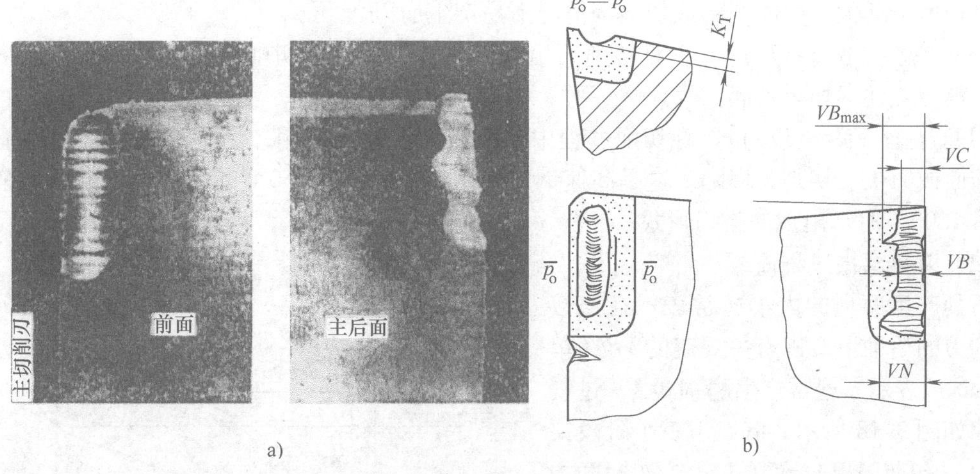

图 3-16　刀具的磨损形式

a）前面、后面上磨损照相图　b）前面、后面上磨损形式

（二）刀具的破损形式和原因

图 3-17 所示为因使用不当引起的几种破损形式。

（1）崩碎（图 3-17a）　在切削刃上出现细小崩碎。这是由于切削刃强度低、受冲击和切削层中硬质点作用所致。

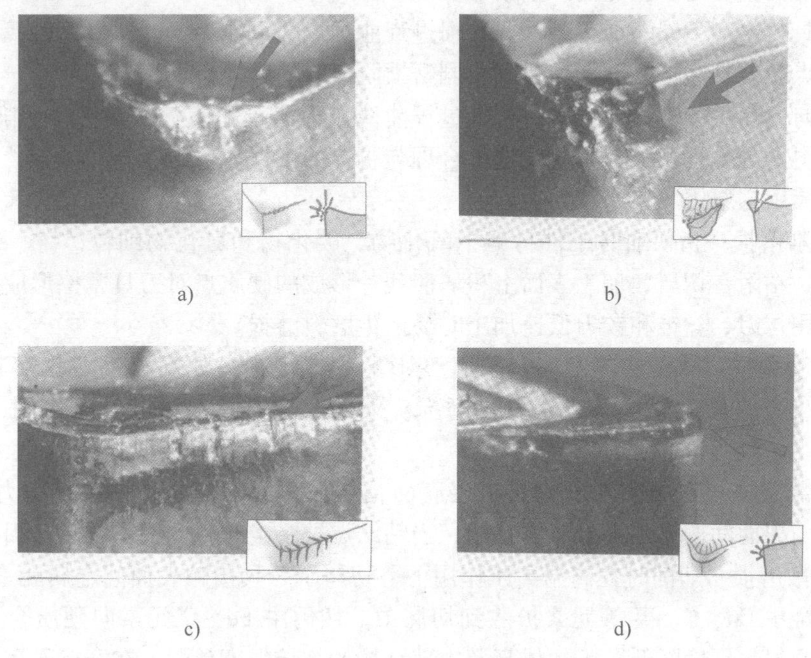

图 3-17　刀具破损的形式

a）崩碎　b）崩刃　c）热裂　d）塌陷

(2) 崩刃（图3-17b）　在刀尖或切削刃处崩裂。刀具材料性脆、刀尖或切削刃强度低，且切削负荷大，中间切入或切出等情况下易产生崩刃。

(3) 热裂（图3-17c）　垂直切削刃出现细小裂纹。由于切削温度不均匀、不连续切削、切削液浇注不均等引起。

(4) 塌陷（图3-17d）　在切削过程中，由于高温高压作用，切削刃失去切削性能而引起前面或刀尖、切削刃塌陷。这是高速钢刀具切削温度超过650℃和硬质合金刀具切削温度超过1000℃时常出现的破损形式。

二、刀具磨损过程曲线

刀具产生磨损的大小通常表示在连接主切削刃的后面上，以有关规定的VB（单位为mm）表示。通常产生磨损量VB过程的规律如图3-18所示，有以下三个阶段：

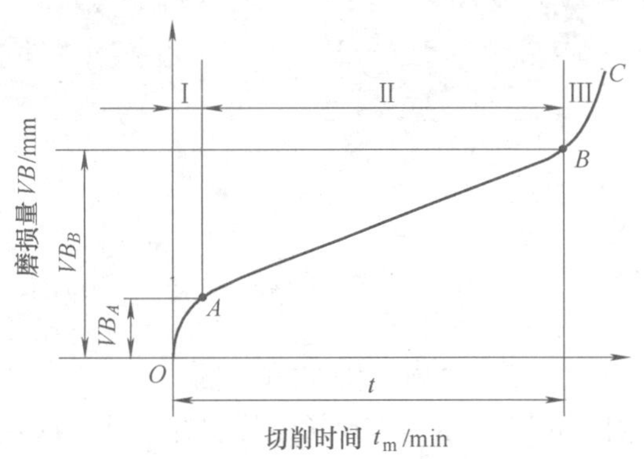

图3-18　刀具的磨损过程曲线

(1) 初期磨损阶段（Ⅰ）　初期磨损将刀具表面上残留的粗糙不平的刃磨痕迹很快磨去。

(2) 正常磨损阶段（Ⅱ）　随着切削时间的增长，磨损量VB逐渐增大。

(3) 急剧磨损阶段（Ⅲ）　在急剧磨损阶段，温度升高、磨损量开始剧增，若继续切削，刀具失去切削性能而产生损坏。

不同刀具材料和不同的加工条件，磨损过程曲线形式可能会不同，但总可找出产生急剧磨损的起始点。刀具磨损标准即为达到急剧磨损阶段时的磨损量VB值。

在理论研究和生产实践中，常将磨损过程曲线作为比较和衡量刀具材料切削性能好坏、切削工件材料的难易程度、刀具角度选择合理与否等的依据。

三、刀具磨损原因

(1) 磨料磨损　指切削时工件材料中氧化物、碳化物和氮化物细粒，铸、锻工件表面上硬夹杂物，粘附在切屑、加工表面上积屑瘤残片形成的硬质点对刀具摩擦形成的磨损。此外，生产中用拉刀、丝锥和铰刀低速加工时易产生磨料磨损。

(2) 相变磨损　相变磨损是一种塑性变形磨损或破损，如高速钢刀具切削温度超过相变温度，使刀具硬度降低，产生急剧磨损。硬质合金刀具在高温高压作用下也会出现破损。

(3) 粘结磨损　在中速切削时滞流层底面粘结在刀面上，此外在一定压力和温度下，切屑、工件与刀面间微观不平处镶嵌粘结，当粘结点被带走时就形成了刀具磨损。

(4) 扩散磨损　切削时在高温高压作用下，切屑、刀具接触表面间金属元素相互扩散，例如硬质合金中Co、C、W等元素扩散到切屑中，切屑中Fe、C元素向硬质合金扩散，从而使硬质合金材料硬度降低、脆性提高及内部结构的粘结强度减弱，在摩擦作用下加速了刀具磨损。

硬质合金刀具扩散磨损温度为800～1000℃，含TiC、TaC和NbC化学惰性高元素的硬质合金刀具和陶瓷刀具不易产生扩散磨损。

（5）氧化磨损　在切削温度达到700℃时，在硬质合金刀具上，处于待加工表面切削刃切削边界的材料 WC、TiC、Co 和 C 易与外界空气中的氧起化合作用，形成硬度和强度较低的氧化膜，在摩擦作用下氧化膜磨损后形成较深的沟痕，亦即图 3-16 所示的边界磨损 *VN*。

四、刀具寿命

刀具经刃磨后从开始切削达到磨损标准所经过的切削时间称为刀具寿命，用 T 表示（单位为 min）。在生产中常采用达到磨损标准 $VB=0.3\text{mm}$ 时的刀具寿命。

（一）影响刀具寿命的因素

影响刀具寿命的因素也是影响刀具磨损的因素。其中主要有工件材料、刀具材料、刀具几何参数和切削用量等。它们对刀具寿命的影响规律，如同对切削温度和摩擦的影响规律。例如，切削用量中对刀具寿命影响最大的是切削速度 v_c，其次是进给量 f，影响小的是背吃刀量 a_p。切削速度 v_c 提高，摩擦加剧，切削温度高，刀具磨损快，刀具寿命降低幅度大。

根据切削用量 v_c、f、a_p 和其他因素对刀具寿命 T 的影响，可通过切削试验求得刀具寿命 T 的指数计算式

$$T^m=\frac{C_v}{v_c a_p^{x_T} f^{y_T}}\kappa_T \text{（单位为 min）} \tag{3-10}$$

式中　x_T、y_T——背吃刀量 a_p 和进给量 f 对刀具寿命 T 的影响程度指数；

κ_T——其他因素对刀具寿命 T 影响的修正系数。

（二）刀具寿命的确定原则

在实际生产中，首先是确定一个合理的刀具寿命 T 值，然后根据已知刀具寿命 T 再确定切削速度 v_c。确定刀具合理的寿命有三种方法：①最高生产率刀具寿命 T_P，指要求达到单位时间内加工零件最多制订的刀具寿命；②最低生产成本刀具寿命 T_C，指根据零件加工工序所需生产成本最低制订的刀具寿命；③最大利润刀具寿命 T_{pr}，指根据获得单位时间内最多利润制订刀具寿命。

分析计算表明，最低生产成本刀具寿命 T_C 值最高，其次是最大利润刀具寿命 T_{pr}值，最高生产率刀具寿命 T_P 值最低。因此，一般常采用最低生产成本刀具寿命 T_C，但在生产急需时也采用最高生产率刀具寿命 T_P。此外，当前数控机床、加工中心等高效自动化生产设备发展很快，可转位刀具应用普及，使花费在切削与刀具上的成本占总生产成本的比例较少，约4%，因此，为了提高生产率，所制订的刀具寿命较低些。

以下列举一些制订刀具寿命的实例。

1）对制造刃磨较易、成本较低的刀具，其寿命可制订得低些，如高速钢车刀、刨刀、镗刀为60min，硬质合金焊接车刀为30～60min，高速钢钻头为80～120min。

2）制造较复杂的刀具，刀具寿命可制订得高些，如硬质合金面铣刀寿命为120～180min，齿轮刀具寿命为200～300min。

3）换刀时间短、自动化程度高的刀具，寿命可低些，如可转位车刀、陶瓷车刀寿命为15～45min，数控刀具寿命为15～30min。

4）装刀、换刀和对刀较复杂的刀具，其寿命可高些，如仿形车刀寿命为120～180min，组合钻床高速钢钻头寿命为200～300min，多轴铣床硬质合金面铣刀寿命为400～800min。

5）为使整机、整条自动线连续工作，尽可能在停工或换班时调整刀具，故刀具寿命应

按班次时间制订。如组合机床、自动生产线等刀具寿命按半班次、一班次时间来制订。

6）立方氮化硼车刀的寿命为120～150min，金刚石车刀的寿命为600～1200min。

（三）刀具寿命允许的切削速度 v_T 的计算

当选定进给量、背吃刀量和其他参数后，根据已确定的刀具寿命 T 值来计算的切削速度，称为刀具寿命允许的切削速度，用 v_T 表示（单位为m/min）。v_T 是生产中选用切削速度的依据。

由式（3-10）可改写 v_T 的计算式为

$$v_T = \frac{C_v}{T^m a_p^{x_v} f^{y_v}} \kappa_v \tag{3-11}$$

表3-3列出式（3-11）中系数 C_v、指数 m、x_v、y_v 及其部分加工条件的修正系数 κ_v 值，供计算时选用。

切削速度 v_T 计算举例如下：

在车床上车削45钢（$\sigma_b = 0.637\text{GPa}$）材料外圆，刀具选用P10（YT15）牌号，主偏角 $\kappa_r = 60°$，采用切削用量为背吃刀量 $a_p = 3\text{mm}$，进给量 $f = 0.35\text{m/min}$，试计算：

1）刀具寿命 $T = 60\text{min}$ 的允许切削速度 v_{60}；

2）若选用可转位车刀，达到刀具寿命 $T = 30\text{min}$，则允许的切削速度 v_{30} 为多少？

求解：

从表3-3中查出 $C_v = 242$、$m = 0.2$、$x_v = 0.15$、$y_v = 0.35$、$\kappa_{M_v} = 1$、$\kappa_{\kappa_{rv}} = 0.92$、$\kappa_{S_v} = 1$、$\kappa_{t_v} = 1$。

1）$$v_{60} = \frac{C_v}{T^m a_p^{x_v} f^{y_v}} \kappa_v = \frac{242}{60^{0.2} \times 3^{0.15} \times 0.35^{0.35}} \times 0.92\text{m/min} = 120\text{m/min}$$

2）$$v_{30} = \frac{242}{30^{0.2} \times 3^{0.15} \times 0.35^{0.35}} \times 0.92\text{m/min} = 138\text{m/min}$$

表3-3　硬质合金车刀纵车外圆 v_T 公式中的系数、指数、修正系数值

加工材料	刀具材料	进给量/(mm/min)	系数与指数			
			C_v	x_v	y_v	m
结构钢 $\sigma_b = 650\text{MPa}$	P10（YT15）	$f \leqslant 0.3$ $f \leqslant 0.7$	291 242	0.15	0.20 0.35	0.20
灰铸铁 190HBW	K30（YG8）	$f \leqslant 0.4$ $f > 0.4$	1898 158	0.15	0.20 0.40	0.20

修正系数				
工件材料 κ_{M_v}	结构钢 σ_b/MPa	>500～600	>600～700	>700～800
	κ_{M_v}	1.18	1.0	0.87
	灰铸铁硬度（HBW）	>160～180	>180～200	>200～220
	κ_{M_v}	1.15	1.0	0.89

（续）

<table>
<tr><th colspan="7">修正系数</th></tr>
<tr><td rowspan="3">主偏角
$\kappa_{\kappa_{rv}}$</td><td>主偏角 κ_r^0</td><td>30°</td><td>45°</td><td>60°</td><td>75°</td><td>90°</td></tr>
<tr><td>结构钢 $\kappa_{\kappa_{rv}}$</td><td>1.13</td><td>1</td><td>0.92</td><td>0.86</td><td>0.81</td></tr>
<tr><td>灰铸铁 $\kappa_{\kappa_{rv}}$</td><td>1.20</td><td>1</td><td>0.88</td><td>0.83</td><td>0.73</td></tr>
<tr><td rowspan="3">毛坯表面状态
κ_{S_v}</td><td>无外皮</td><td colspan="5">有外皮</td></tr>
<tr><td rowspan="2">1</td><td>棒料</td><td>锻件</td><td colspan="2">铸件一般</td><td>铸件带砂</td></tr>
<tr><td>0.9</td><td>0.8</td><td colspan="2">0.8～0.85</td><td>0.5～0.6</td></tr>
<tr><td rowspan="4">刀具材料
κ_{t_v}</td><td rowspan="2">结构钢</td><td>P30（YT5）</td><td>P20（YT14）</td><td>P10（YT15）</td><td>P01（YT30）</td><td>K30（YG8）</td></tr>
<tr><td>0.65</td><td>0.8</td><td>1.0</td><td>1.4</td><td>0.4</td></tr>
<tr><td rowspan="2">灰铸铁</td><td colspan="2">K30（YG8）</td><td colspan="2">K10（YG6）</td><td>Y01（YG3）</td></tr>
<tr><td colspan="2">0.83</td><td colspan="2">1.0</td><td>1.15</td></tr>
</table>

复习思考题

3-1　试述三个切削变形区的变形特点。

3-2　试述积屑瘤的作用及形成条件。

3-3　分析切削速度 v_c、进给量 f 和工件材料性能对切削变形的影响规律及其原因。

3-4　分析背吃刀量 a_p、进给量 f、前角 γ_o 和主偏角 κ_r 对各切削分力 F_c、F_p、F_f 的影响规律。

3-5　试述切削速度 v_c、进给量 f 和刀具前角 γ_o 对切削温度的影响规律。

3-6　分析刀具磨损、破损的原因。

3-7　简述减少刀具磨损的措施。

3-8　什么叫刀具寿命？试述刀具寿命制订的原则。

3-9　用硬质合金车刀 P10（YT15）粗车外圆，加工调质 45 钢（229HBW），选取背吃刀量 $a_p=3\text{mm}$、进给量 $f=0.3\text{mm/r}$、切削速度 $v_c=90\text{m/min}$，刀具几何参数：前角 $\gamma_o=10°$，主偏角 $\kappa_r=75°$，试计算切削力 F_c、单位切削力 κ_c、切削功率 P_c。

3-10　用 P10（YT15）车刀纵车 40Cr 调质钢（$\sigma_b=800\text{MPa}$），选用背吃刀量 $a_p=3\text{mm}$、进给量 $f=0.35\text{mm/r}$、主偏角 $\kappa_r=75°$，要求在刀具寿命 $T=60\text{min}$ 时的允许切削速度 v_{60}。

第四章

切削基本规律的应用

本章是在了解切削过程基本规律的基础上，进一步介绍切削加工中几个应用性课题，其中包括断屑、切削液、材料加工性、表面粗糙度、刀具几何参数及切削用量选择等。学习、掌握切削理论及其应用，为分析、解决切削加工中产生的有关工艺技术问题打下初步基础。

第一节　断　　屑

在切削塑性材料时，断屑是个很重要问题，它对顺利切削与安全生产具有重要影响。尤其在自动机、自动线与数控机床加工中，断屑尤为需要。目前，带断屑槽的可转位刀具已广泛使用，这为断屑提供了有利条件，但对其槽形参数还需合理选用才能达到可靠的断屑效果。

一、断屑原因与屑形

如图4-1所示，若流出时不受到阻力作用，切屑会呈连续不断的条状或卷曲状等，并能自由流出。在国家标准中，根据不同加工条件所形成的切屑分为八大类，其中包括已折断的屑形（参看GB/T 16461—1996）。

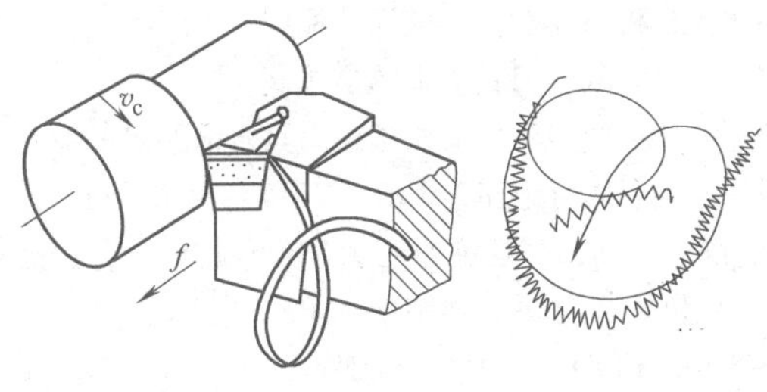

图4-1　呈带状流出的切屑

断屑原因主要有两方面：

1）切屑在流出过程中与阻碍物相碰，使切屑弯曲后产生的弯曲应力超过材料强度极限而折断。

2）切削流出过程中靠自身重量而甩断。

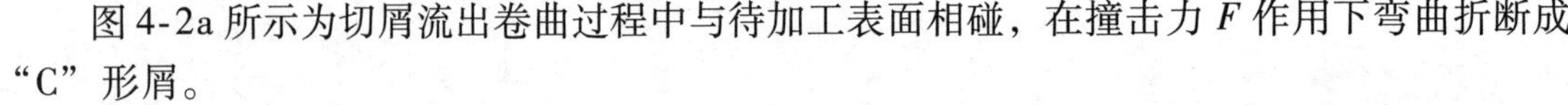

图4-2a所示为切屑流出卷曲过程中与待加工表面相碰，在撞击力F作用下弯曲折断成“C”形屑。

图4-2b所示为切屑卷曲过程中与过渡表面相撞，在撞击力作用下折断成圆卷形切屑。

图4-2c所示为切屑流出与刀具后面相撞折断成“C”形或“6”字形切屑。

图4-2d所示切屑呈螺旋状自由流出，在一定长度时靠自身重量甩断，形成长度较短的螺旋状切屑。

如果切屑折断成上述的“C”形、“6”字形及50mm左右长度的螺旋状切屑，这是较为理想的屑形。

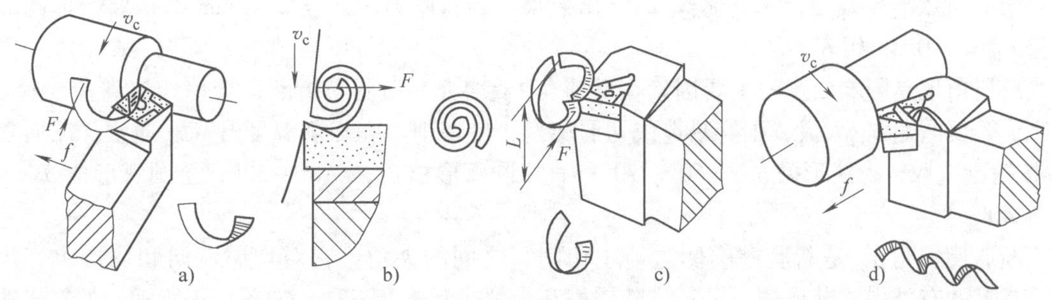

图 4-2 切屑受撞击折断的几种形式

a）切屑与工件待加工表面撞击 b）切屑与工件过渡表面撞击

c）切屑与车刀后面撞击 d）切屑卷曲流出后甩断

二、断屑主要措施

1. 开断屑槽

在生产中使用的硬质合金车刀为了可靠断屑，常根据不同加工条件做成图 4-3 所示的三种形式的断屑槽，即折线形（图 4-3a）、直线圆弧形（图 4-3b）、全圆弧形（图 4-3c）。

折线形断屑槽、直线圆弧形断屑槽适用加工碳钢、合金钢和不锈钢；全圆弧形断屑槽的槽底前角 γ_n 大，适用于加工塑性高的金属材料和重型刀具，如在龙门刨床上使用的刨刀。

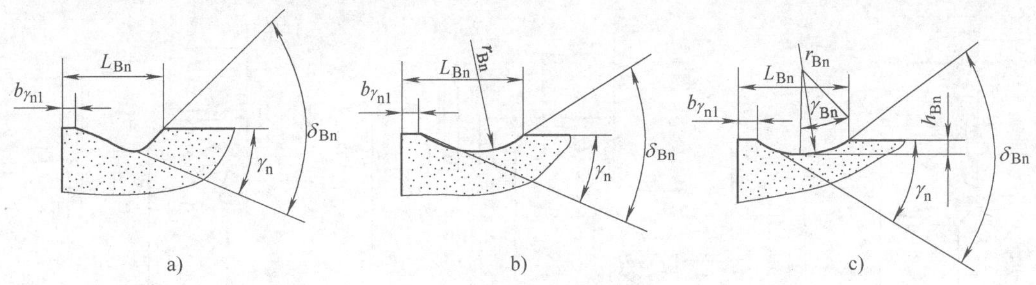

图 4-3 断屑槽形式

a）折线形 b）直线圆弧形 c）全圆弧形

带断屑槽的车刀在切削时，影响断屑效果的主要参数是槽宽 L_{Bn}、槽深 h_{Bn}（r_{Bn}）、反屑角 δ_{Bn} 和断屑槽斜角 ρ_{Bn}。槽宽 L_{Bn} 大小应确保一定厚度的切屑在流出时碰到断屑台，并在反屑角 δ_{Bn} 作用下，使切屑卷曲，并减小卷曲半径 ρ。进给量 f、背吃刀量 a_p 和主偏角 κ_r 越大，工件材料塑性、韧性越小时，断屑槽宽度选得越大，反之则越小。表 4-1 为根据进给量 f 与背吃刀量 a_p 来确定槽宽 L_{Bn} 值。

表 4-1 断屑槽宽度 L_{Bn}

进给量 f/(mm/r)	背吃刀量 a_p/mm	断屑槽宽 L_{Bn}/mm	
		低碳钢、中碳钢	合金钢、工具钢
0.3~0.5	1~3	3.2~3.5	2.8~3.0
0.3~0.5	2~5	3.5~4.0	3.0~3.2
0.3~0.6	3~6	4.5~5.0	3.2~3.5

槽形圆弧半径 r_{Bn} 的大小也会影响断屑效果，当背吃刀量 $a_p=2\sim6$mm 时，取槽形圆弧半径 $r_{Bn}=(0.4\sim0.7)\ L_{Bn}$。

反屑角也是影响断屑的主要因素。反屑角 δ_{Bn} 增大，切屑易折断，会使切屑卷曲半径 ρ 减小，若反屑角 δ_{Bn} 太大，则容易造成切屑堵塞，使切削力和切削温度升高。通常，反屑角 δ_{Bn} 按槽形选取：折线形槽 $\delta_{Bn}=60°\sim70°$；直线圆弧形槽 $\delta_{Bn}=40°\sim50°$；全圆弧形槽 $\delta_{Bn}=30°\sim40°$。

断屑槽斜角 ρ_{Bn} 是断屑槽的侧边与主切削刃之间的夹角。它对切屑流向和屑形也有影响，常见的有外斜式断屑槽、平行式断屑槽和内斜式断屑槽三种。如图 4-4 所示。外斜式的断屑槽宽方向为前宽后窄，槽深方向是前深后浅，槽的 A 点处切削速度高，槽窄，切削时切屑先卷曲且半径小，在槽的 B 点处切屑卷曲慢。当槽底制成 $-\lambda_s$ 角时，F_R 力会使切屑流向工件表面，相碰而形成“C”形或“6”字形切屑。一般取 $\rho_{Bn}=5°\sim15°$。内斜式断屑槽在 B 点处窄，A 点处槽宽，B 点的切屑先于 A 点以小的卷曲半径卷曲，槽底具有 $+\lambda_s$，F_R 力使切屑背离工件流出，易形成卷得很紧的螺旋形切屑，达到一定长度后靠自身重量甩断。主要用于精车、半精车。平行式断屑槽的断屑范围和效果与外斜式断屑槽相近，当 a_p 的变动范围较大时，宜采用平行式断屑槽。国家标准推荐 23 种断屑槽形供选择使用。近年来，采用计算机辅助设计和制造开发了一批新槽形。此外，单级断屑槽适用范围较窄，为了扩大使用范围，还开发了多级断屑槽，如图 4-5 所示。

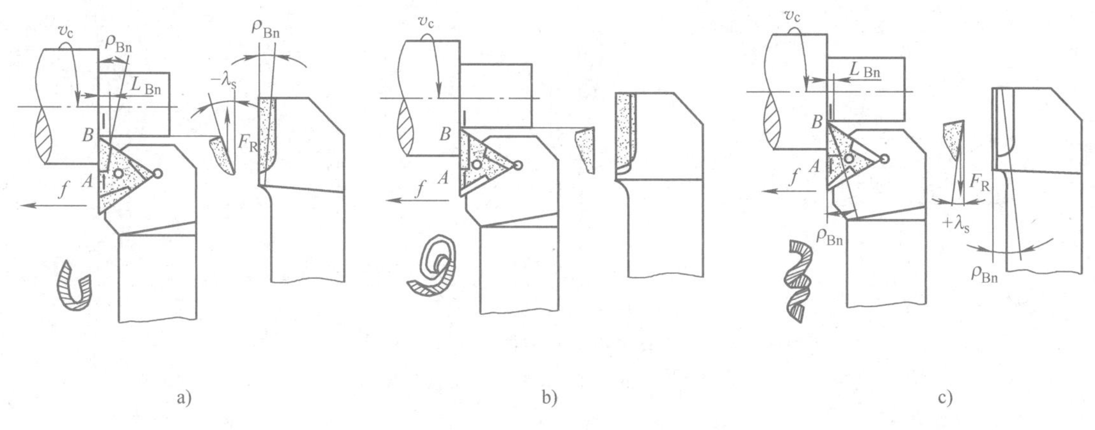

图 4-4　断屑槽斜角

a）外斜式断屑槽　b）平行式断屑槽　c）内斜式断屑槽

2. 改变刀具角度

主偏角 κ_r 是影响断屑的重要参数。主偏角 κ_r 增大，切屑厚度 h_{ch} 增大，受外力作用后变形剧烈易折断，所以在生产中断屑良好的车刀，常选取较大的主偏角，即 $\kappa_r=60°\sim90°$。

刃倾角 λ_s 的正、负及大小能改变切屑的流向及屑形。$-\lambda_s$ 易使切屑流出时碰撞待加工表面形成“C”形、“6”字形屑；$+\lambda_s$ 使切屑流出易碰撞后面形成“C”形屑或甩断形成短螺旋切屑。

3. 改变切削用量

对断屑影响最大的是进给量 f。进给量增大，使切屑厚度增大，在切屑受卷曲或碰撞时较易折断。

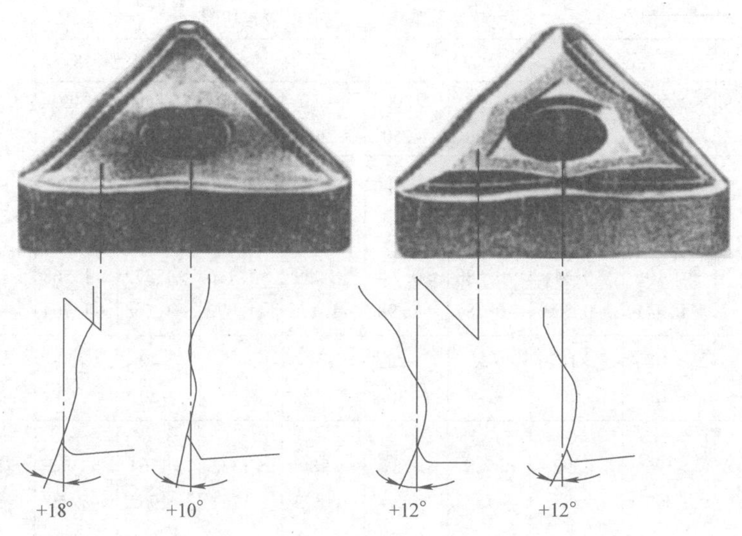

图 4-5　多级断屑槽

第二节　工件材料切削加工性

工件材料切削加工性是指工件材料被切削的难易程度。目前，随着工业建设和科学技术的迅速发展，各种高性能金属材料和非金属材料的应用日益增多，其中有高强度钢、高锰钢、不锈钢、高温合金、钛合金、冷硬铸铁、高硅铝合金和工程塑料、工程陶瓷、大理石等。这些材料切削加工困难，亦即切削加工性差。学习工件材料切削加工性的主要目的，是为了了解难加工材料切削性能特点及改善工件材料切削加工性的途径。

一、难加工材料切削加工性特点

难加工材料由于存在碳化物、氧化物和氮化物等化学成分影响，以及奥氏体、马氏体及铁素体等金相组织的影响，并且材料组成成分与含量也不同，金属材料在物理、化学和力学性能等方面具有高硬度、强度、塑性和韧性，热导率低，化学活动性大，硬化严重，存在硬质点及断屑困难等特点，均可能使切削加工困难，材料加工性差，如出现切削力大、切削温度高、刀具磨损及破损严重、刀具寿命低、不易获得低的表面粗糙度值和高的加工精度等。

二、切削加工性指标

为了评定材料的切削加工难易程度、材料加工性差别，规定了具体衡量指标。

1. 加工材料性能指标

表 4-2 为根据材料物理、化学和力学性能中硬度、抗拉强度 σ_b、伸长率 δ、冲击韧度 a_k 和热导率 k 的高低、大小划分的切削加工性等级。从表 4-2 中确定的材料切削加工性等级，能较为直观和全面地了解工件材料切削加工难易的特点。

表 4-2　工件材料切削加工性分级表

切削加工性		易切削			较易切削		较难切削			难切削			
等级代号		0	1	2	3	4	5	6	7	8	9	9_a	9_b
硬度	HBW	≤50	>50 ~100	>100 ~150	>150 ~200	>200 ~250	>250 ~300	>300 ~350	>350 ~400	>400 ~480	>480 ~635	>635	
	HRC					>14 ~24.8	>24.8 ~32.3	>32.3 ~38.1	>38.1 ~43	>43 ~50	>50 ~60	>60	
抗拉强度 σ_b/GPa		≤0.196	>0.196 ~0.441	>0.441 ~0.588	>0.588 ~0.784	>0.784 ~0.98	>0.98 ~1.176	>1.176 ~1.372	>1.372 ~1.568	>1.568 ~1.764	>1.764 ~1.96	>1.96 ~2.45	>2.45
伸长率 δ（%）		≤10	>10 ~15	>15 ~20	>20 ~25	>25 ~30	>30 ~35	>35 ~40	>40 ~50	>50 ~60	>60 ~100	>100	
冲击韧度 a_k/（kJ/m²）		≤196	>196 ~392	>392 ~588	>588 ~784	>784 ~980	>980 ~1372	>1372 ~1764	>1764 ~1962	>1962 ~2450	>2450 ~2940	>2940 ~3920	
热导率 k /(W/m·K)		418.68 ~293.08	<293.08 ~167.47	<167.47 ~83.74	<83.74 ~62.80	<62.80 ~41.87	<41.87 ~33.5	<33.5 ~25.12	<25.12 ~16.75	<16.75 ~8.37	<8.37		

例如，正火 45 钢性能为 229HBW、σ_b = 0.598GPa、δ = 16%、a_k = 588kJ/m^2、κ = 50.24W/(m·K)，从表4-2 中查出各项性能的切削加工性等级为“4·3·2·2·4”故正火 45 钢属于较易切削金属材料。奥氏体不锈钢 1Cr18Ni9Ti 性能特点为：291HBW、σ_b = 0.539GPa、δ = 40%、a_k = 2452kJ/m^2、κ = 14W/(m·K)，加工性等级为“5·2·6·9·8”，不锈钢在常温时硬度和强度接近 45 钢，但其伸长率、冲击韧度较高，热导率较低，因此，切削消耗功率多，切削热不易传散，切削温度高，在高温时随着材料强度、硬度提高，加工硬化严重，故切削力较 45 钢增大 50%，切削困难，刀具易磨损。ZGMn13 高锰钢的性能为：210HBW、σ_b = 0.981GPa、δ = 80%、a_k = 2943kJ/m^2、κ = 13W/(m·K)，其加工性等级为：“4·5·9·9_a·8”，高锰钢的伸长率和冲击韧度很高，切削时塑性变形大，加工硬化严重，硬化层深度达 0.1 ~ 0.3mm 以上，故表层硬度较基体高两倍左右。高锰钢的热导率小，切削温度高，较 45 钢高 200 ~ 250℃，切削时刀具易磨损，刀具寿命低。

2. 相对加工性指标

通常以切削 45 钢（σ_b = 0.637GPa、170 ~ 179HBW）达到刀具寿命 T = 60min 时的切削速度 v_{c60} 为标准，用切削其他材料的 v_{60} 与 v_{c60} 之比值 K_r 来表示相对加工性指标，即表示为

$$K_r = \frac{v_{60}}{v_{c60}} \tag{4-1}$$

根据式（4-1），$K_r > 1$，较 45 钢易切削；$K_r < 1$，较 45 钢难切削，且属难切削材料。例如，调质 45Cr、60Mn 的 K_r = 0.5 ~ 0.65，不锈钢 1Cr18Ni9Ti、α 相钛合金、高锰钢的 K_r = 0.5 ~ 0.15，β 相钛合金、镍基高温合金的 K_r < 0.15。

三、改善材料切削加工性途径

1. 进行适当热处理

在性能及工艺要求许可范围内可对金属材料进行适当的热处理，以改善其切削加工性。例如，对低碳钢进行正火处理，可提高硬度、降低韧性；高碳钢通过退火处理，降低硬度以易于切削。通常对硬度高、韧性高或伸长率大的金属材料，可通过热处理来改变其金相组织，达到降低硬度、增加脆性、减少偏析、细化晶粒等的不同要求，从而改善切削加工性。例如，灰铸铁中珠光体经退火分解为铁素铁和石墨，硬度降低；镍基高温合金通过淬火，组织中金属化合物转变为固溶体，便于切削。

2. 合理选用刀具材料

根据加工材料性能和加工要求，应选择与之匹配的刀具材料。例如，切削不锈钢、高温合金和钛合金时，若选用 P（YT）类硬质合金刀具，由于工件与刀具中钛元素易产生亲和作用而降低刀具切削性能，故一般应选用 K（YG）类硬质合金刀具。目前新开发的超细颗粒并添加稀金属 TaC 的硬质合金 K10（YS8、YS10）牌号，用于切削高锰钢、淬火钢（60HRC 以上）和高硬度铸铁等，具有良好的切削效果。此外，Al_2O_3 基陶瓷刀具切削冷硬铸铁，Si_3N_4 基陶瓷刀具高速车、铣铸铁、淬硬钢，PCBN 刀具高速铣削模具钢，金刚石刀具高速精密切削有色金属材料和高硬非金属材料时，均具有高的刀具寿命。

3. 合理选择刀具几何参数

合理选择刀具几何参数能达到较经济地改善材料加工性的目的。例如，切削高硬度、硬化严重或带冲击性工件用的刀具，以提高刀具强度为原则，应适当选取较小前角 γ_o、主偏角 κ_r、刃倾角 λ_s、较大的刀尖圆弧半径 r_ε 和磨制刃口负倒棱等。如果选用硬质合金刀具切削高锰钢，则应选用 $\gamma_o=-3°\sim3°$、$\kappa_r=25°\sim45°$、$\lambda_s=-5°\sim0°$、$r_\varepsilon=1\text{mm}$ 左右和倒棱前角 $\gamma_{o_1}=-10°\sim-5°$和倒棱宽 $b_\gamma=0.2\sim0.8\text{mm}$。切削塑性、韧性高、粘屑严重及不易断屑的材料，如高温合金等，刀具几何参数的特点是为达到减小切削力、减少切削温度、减少粘屑、易于断屑等要求，可适当增大刀具前角 γ_o，后角 α_o，减小主偏角 κ_r、并选用可靠断屑槽形。若用硬质合金车刀，则选用 $\gamma_o=10°\sim15°$、$\alpha_o=15°$、$\kappa_r=45°$，选取 $+\lambda_s$，使切屑流向刀具后面折断或甩断，能得到较好断屑和切削效果。

加工不同的难加工材料时，刀具几何参数值还需经实践修正。

此外，切削难加工材料还应考虑加工系统刚性，合理使用切削液等措施。

第三节　切　削　液

合理选用切削液能起到减小切削变形、有效地减小切削力、降低切削温度的作用，从而能延长刀具寿命、防止工件热变形和改善已加工表面质量。此外，使用高性能切削液也是改善某些难加工材料切削加工性的一个重要措施。

一、切削液的作用

1. 冷却作用

切削液浇注在切削区域内，利用液体吸收大量热，并以热传导、对流和汽化等方式来降低切削温度。

2. 润滑作用

切削液具有渗透作用，利用渗透到切屑、工件与刀具接触面间形成的吸附薄膜达到增加润滑和减小摩擦的效果。吸附薄膜有物理性吸附膜和化学性吸附膜。物理性吸附膜是在切削液中添加动物油、植物油、油酸等油性添加剂形成的。化学性吸附膜是添加硫、氯和磷等极压添加剂并与金属表面起化学反应形成的牢固的薄膜，从而在高温时减少摩擦，提高润滑效果。

3. 排屑和洗涤作用

在磨削、钻削、深孔加工和自动化生产中，可利用浇注或高压喷射切削液来排除切屑、引导切屑流向和冲洗机床及工具上的细屑、磨粒。

4. 防锈作用

切削液中加入防锈添加剂，它与金属表面起化学反应而生成保护膜，起到防锈、防蚀等作用。

此外，切削液应具有抗泡沫性、抗霉菌变质性，做到排放不污染环境、不伤害人体和使用经济性等要求。

目前，国内外许多工厂实行“绿色切削”，利用气态、固态冷却润滑剂，并采取有效的通风、冷却装置等。进行“绿色切削”是改善工厂废液排放和生态环境的重要方向，尤其是能降低切削液的输送、排放系统及装置的成本。

二、切削液的种类及其应用

生产中常用的液体切削液有以冷却为主的水基切削液和以润滑为主的油基切削液。

（一）水基切削液

水基切削液包括水溶液、乳化液和合成切削液。

1. 水溶液

水溶液是以软水为主要成分，并加入防锈添加剂。在水溶液中，一类是电介水溶液，即在水中加入各种电介质，如碳酸钠、亚硝酸钠等，以起冷却作用为主，在磨削、钻孔和粗车时常选用；另一类是表面活性水溶液，它是在水中加入皂类、硫化蓖麻油等表面活性物质，提高了润滑作用，应用于精车、精铣和铰孔等加工中。

2. 乳化液

乳化液是水和乳化油混合搅拌而成的乳白色液体。乳化油是由矿物油、脂肪酸、皂和表面活性乳化剂配制而成的。乳化液中乳化油的体积浓度（%）低，主要起冷却作用，体积浓度高则起润滑作用。表4-3列举了加工碳钢时的粗加工、精加工和复杂刀具加工中乳化油体积浓度的配制。

表4-3　乳化液选用

加工要求	粗车，普通磨削	切割	粗铣	铰孔	拉削	齿轮加工
体积浓度（%）	3～5	10～20	5	10～15	10～20	15～25

3. 合成切削液

合成切削液是目前推广使用的高性能环保型切削液，主要成分是水，含有少量防锈剂、表面活性剂等，不含油。由于表面活性剂的渗透性强，所形成的薄膜起润滑作用。合成切削液具有良好的冷却、润滑、清洗和防锈作用，热稳定性好，且不含对人体有害的物质。

合成切削液有许多产品牌号可供生产选用。

（二）油基切削液

油基切削液主要有切削油和极压切削液。

1. 切削油

切削油中有矿物油、动植物油和复合油（矿物油和动植物油的混合油）。

矿物油包括 L－AN10、L－AN20 等全损耗系统用油、轻柴油和煤油。全损耗系统用油润滑性较好，在普通精车、螺纹精加工中使用甚广；轻柴油流动性好，有冲洗作用，在自动机加工使用多；煤油的渗透性突出，也具有冲洗作用，故常用于精加工铝合金、精刨铸铁、高速钢铰刀精铰孔中。浇注煤油能明显减小表面粗糙度值和提高刀具寿命。

2. 极压切削液

极压切削液分为极压乳化液和极压切削油两类。它们是分别在乳化液和矿物油中添加氯、硫、磷等极压添加剂配制而成的。极压添加剂能形成牢固的化学膜，在高温时可显著提高冷却和润滑效果。极压切削液在高速加工、精加工及难加工材料加工中使用较多。

氯化切削油形成的化学膜熔点为 600℃，在加工钢时耐高温 350℃。它的摩擦因数小、润滑性好，用于切削合金钢、高锰钢及其他难加工材料。

硫化切削油形成硫化铁化学膜，熔点为 1100℃，在切削时耐高温 750℃。硫化切削油可用于粗车、粗铣不锈钢、耐热钢，不锈钢镗孔、铰孔和车螺纹等，并用于对合金钢的拉削和齿轮加工等。

含磷极压切削油所形成的化学膜较含氯、硫的极压切削液的润滑性能更好。

若将几种极压添加剂复合后配制成极压切削油，则使用效果更显著。例如，一种含硫、氯型极压切削油，可用于对结构钢、合金钢和工具钢的车、拉、铣和齿轮加工中。用于拉削 18CrMnTi 时，生产率可提高一倍、表面粗糙度可达 $Ra0.63\mu m$；F43 极压切削油是一种含硫、磷极压添加剂及添加二硫化钼的切削油，在用于不锈钢、合金钢及其他难加工材料钻、铰、攻螺纹、拉削和齿轮加工时，能有效地减小表面粗糙度值和延长刀具寿命。

（三）固体润滑剂

固体润滑剂中使用较广的是二硫化钼（MoS_2）。MoS_2 润滑膜具有很小的摩擦因数（0.05～0.09）、高的熔点（1185℃）、很高的抗压性能（3.1GPa）。切削时，可将 MoS_2 涂刷在刀面或工作表面上，也可添加在切削油中。它在高温、高压情况下，仍能保持很好的润滑和耐磨性。此外，使用 MoS_2 润滑剂能防止粘结和抑制积屑瘤形成，能延长刀具寿命和减小表面粗糙度值。

固体润滑剂是一种很好的环保型润滑剂，已用于车、铰孔、深孔攻螺纹、拉孔等加工中。

第四节　已加工表面的表面粗糙度

已加工表面质量一般是通过表面粗糙度、表面层硬化程度、表层残余应力、表层微观裂纹和表层金相组织状态来评定的，这些指标对制成机器零件后的使用性能有很大影响。表面粗糙度是评定已加工表面质量的重要指标。

本节主要介绍切削过程产生的物理现象、刀具及其切削参数对形成和改善表面粗糙度的影响。

一、表面粗糙度的形成

1. 由刀具几何形状形成的表面粗糙度

图4-6所示分别为主偏角 κ_r、副偏角 κ_r'、刀尖圆弧半径 $r_\varepsilon=0$ 和刀尖圆弧半径 $r_\varepsilon>0$ 的车刀在纵车外圆时，当刀具每完成一个进给量 f 后，残留在已加工表面上未被切除的残留面积 $\triangle abc$。残留面积是形成表面粗糙度的主要组成部分，残留面积亦称理论表面粗糙度，常用它的高度 R_{max} 表示。

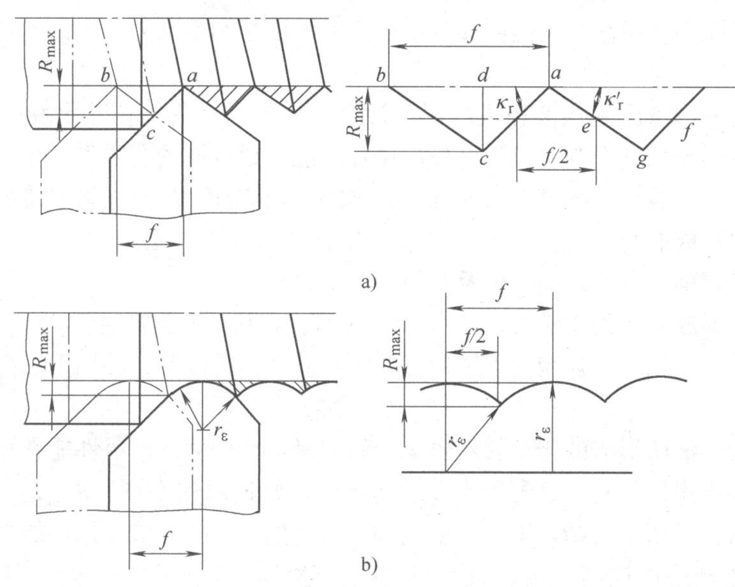

图4-6　已加工表面上理论表面粗糙度

a）$r_\varepsilon=0$　b）$r_\varepsilon>0$

图4-6a中，由 $r_\varepsilon=0$ 形成残留面积高度 R_{max} 为

$$f=\overline{ad}+\overline{db}=R_{max}\cot\kappa_r+R_{max}\cot\kappa_r'$$

$$R_{max}=\frac{f}{\cot\kappa_r+\cot\kappa_r'} \tag{4-2}$$

图4-6b中，由 $r_\varepsilon>0$ 形成残留面积高度 R_{max} 为

$$R_{max}=r_\varepsilon-\sqrt{r_\varepsilon^2-\left(\frac{f}{2}\right)^2}\approx\frac{f^2}{8r_\varepsilon} \tag{4-3}$$

因此，具有刀尖圆弧半径 r_ε 的刀具显著减小了表面粗糙度值。

由于切削过程中有积屑瘤、鳞刺、粘屑、振动和刀具磨损等各种非正常因素的影响，会进一步增高表面粗糙度值而降低加工表面质量。

2. 积屑瘤的影响

粘附在刃口上的积屑瘤，它突出的高低不平顶端在切削时会切入加工表面，图4-7a所示的切削时掉落在已加工表面上的积屑瘤残片均明显地影响表面粗糙度。图4-7b所示为表面粗糙度的放大照片。

a)

b)

图 4-7　积屑瘤对表面粗糙度影响（32 倍放大）
a）积屑瘤掉落时照片　b）积屑瘤影响表面粗糙度

3. 鳞刺的影响

如图 4-8 所示，鳞刺是在已加工表面的速度方向上残留着突出的鳞片状毛刺，它经常产生在对塑性材料的车、拉、攻螺纹和滚齿等加工中。鳞刺是在选用中、低速及较大进给量，并在严重摩擦和挤压条件下切削使切削层导裂而形成的。鳞刺使已加工表面更为粗糙不平。

4. 刀具磨损的影响

刀具的后角过小或后面出现严重磨损，使刀具后面与加工表面间产生挤压和摩擦，形成了图 4-9 所示的理论表面粗糙度的高度被挤平和划伤。

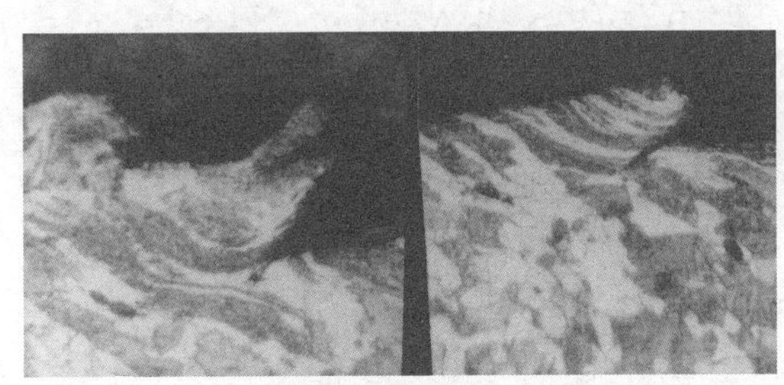

图 4-8　在已加工表面上突出的鳞刺

图 4-9　刀具后面磨损对已加工表面表面粗糙度的影响

5. 刀具刃磨质量的影响

因刀具刃磨或切削刃使用不当，使刀尖和切削刃上产生微小崩刃和缺口等，切削时这些细微缺陷会复映在已加工表面上，形成图 4-10a 所示的明显的划痕。

6. 振动的影响

切削振动不仅明显增加表面粗糙度值、降低加工表面质量，严重时会影响机床精度和损坏刀具。因振动引起的切削力波动在已加工表面上形成图 4-10b 所示的振纹。

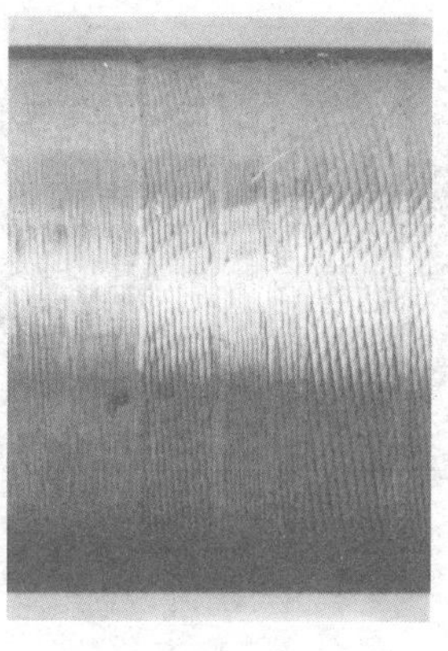

a)　　b)

图 4-10　在已加工表面上复映的划痕及振纹

a）划痕　b）振纹

二、影响表面粗糙度的因素

1. 切削速度v_c

切削速度是影响表面粗糙度的重要因素。由于低速时切削变形大，且易形成鳞刺，中速时积屑瘤的高度值为最大，因此，中低速不易获得小的表面粗糙度值，而需辅以其他改善措施。采用较高的切削速度，在加工系统刚性、刀具材料性能等条件许可下能得到很高的加工表面质量。

图 4-11 所示为切削易切钢时切削速度对表面粗糙度的影响规律。

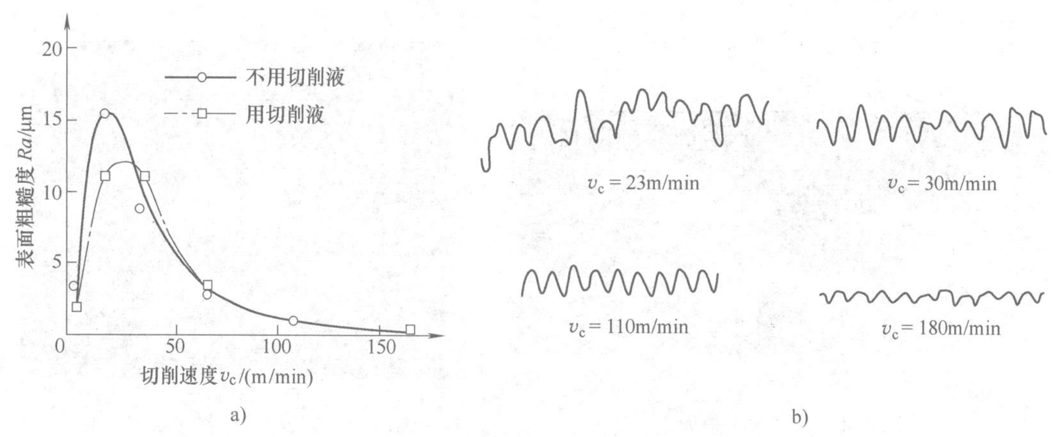

图 4-11　切削速度对表面粗糙度的影响

a）切削速度对表面粗糙度的影响

加工条件：工件材料易切钢，刀具高速钢，$a_p = 1.2\text{mm}$

b）不同切削速度时的表面粗糙度波形

加工条件：工件材料 45 钢，刀具 P10（YT15），

$\gamma_o = 15°$，$\kappa_r = 45°$，$f = 0.1\text{mm/r}$，$a_p = 0.5\text{mm}$

2. 进给量 f、主偏角 κ_r、副偏角 κ_r'和刀尖圆弧半径 r_ε

进给量、主偏角、副偏角和刀尖圆弧半径是影响理论表面粗糙度的主要因素。减小主偏角、副偏角和进给量，增大刀尖圆弧半径使理论表面粗糙度高度减小。但减小主偏角会增大切削力，尤其是背向力 F_p 的增加易引起振动。此外，在非精加工等情况下，减小进给量应考虑对生产率的影响。据此，生产中常利用减小副偏角、适当增大刀尖圆弧半径或修磨主、副切削刃之间的过渡刃来减小表面粗糙度值。图 4-12 所示为副偏角 κ_r'和刀尖圆弧半径 r_ε 对表面粗糙度 Ra 的影响曲线。

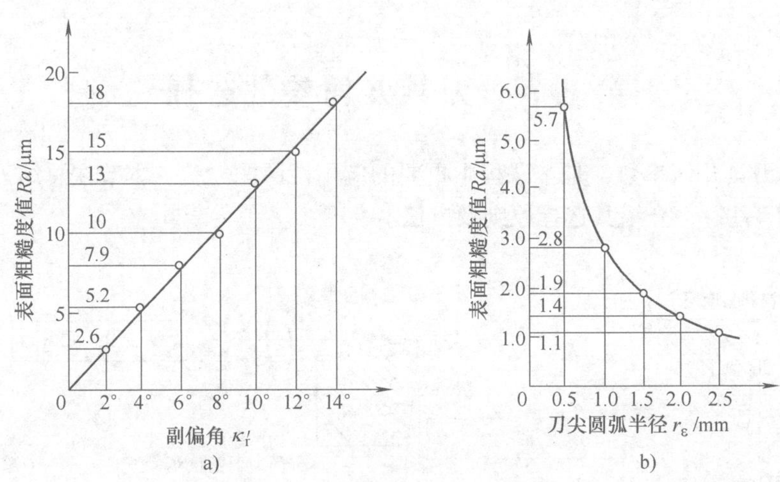

图 4-12　副偏角 κ_r'和刀尖圆弧半径 r_ε 对表面粗糙度 Ra 的影响

a）κ_r'影响　b）r_ε 影响

3. 前角 γ_o

由于增大前角能减小切削变形、摩擦和切削力，因此，对形成积屑瘤、鳞刺、加工硬化、振动和粘屑等的影响较小，所以加工表面的表面粗糙度值低，易达到较高的加工表面质量。

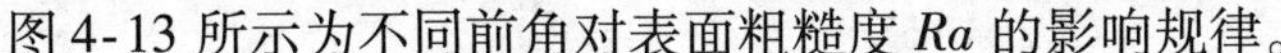

图 4-13 所示为不同前角对表面粗糙度 Ra 的影响规律。

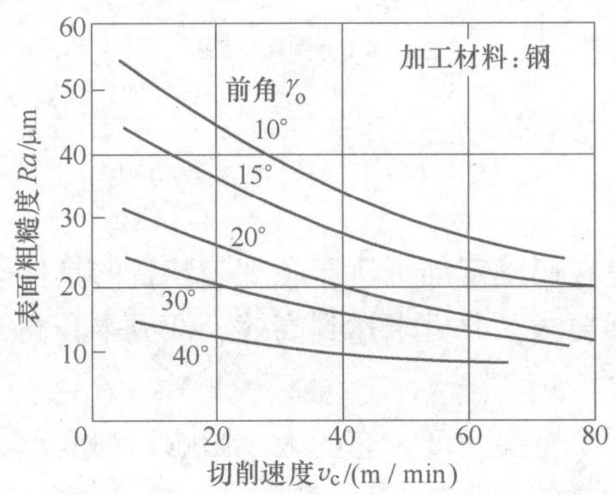

图 4-13　前角 γ_o 对表面粗糙度 Ra 的影响

4. 刀具材料

刀具材料对表面粗糙度的影响是由材料的耐磨性、刃磨易否达到平整、光洁和锋利等要求、刀具与工件材料间的摩擦因数和亲和程度等因素引起的。

以车削为例，高速钢刀具易达到很高的刃磨质量，切削表面粗糙度值可达 $Ra0.125 \sim 2.5\mu m$；硬质合金刀具在高速切削时加工表面粗糙度值可达 $Ra0.08\mu m$；用陶瓷刀具切削时，若选用很高的切削速度，由于摩擦因数小，不易产生粘结，切削表面粗糙度可达 $Ra0.08 \sim 0.16\mu m$；立方氮化硼为超硬刀具材料，在高速精加工时表面粗糙度值为 $Ra0.1\mu m$。

第五节　刀具几何参数选择

合理选择刀具几何参数，是本课程中重要的应用性课题之一。本节在总结刀具参数功用的基础上（图4-14），介绍其选择原则及方法。

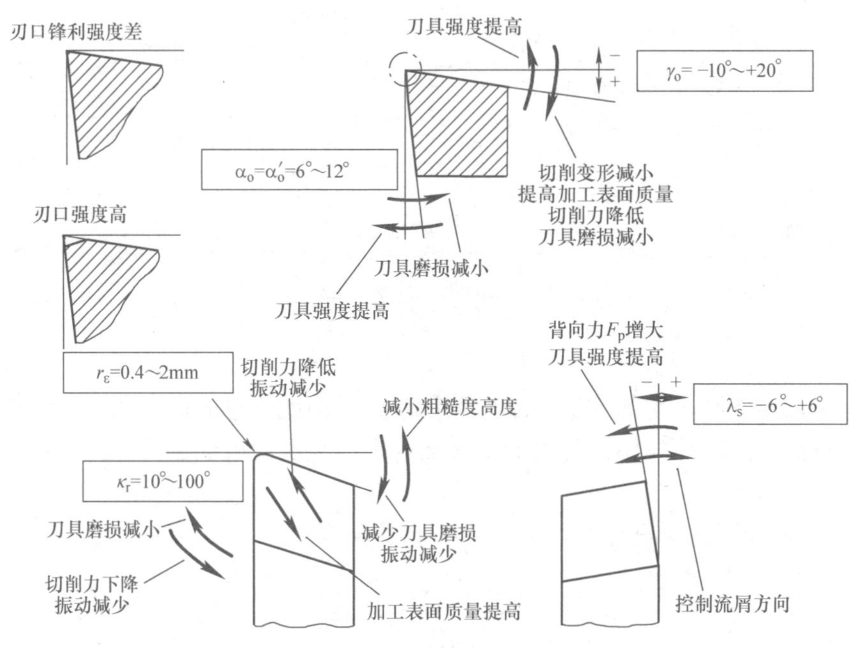

图4-14　刀具几何参数功用

刀具几何参数的选择是在已确定加工机床和工艺装备的具体条件下，根据零件的材料及其性能、加工质量及生产率要求，并力求达到高效、低成本和高刀具寿命的原则下进行的。

一、前角 γ_o 的选择

前角是起切削作用的一个重要角度，它的大小影响切削变形、刀–屑面间摩擦、散热效果、刀具强度和加工表面质量等。

前角的选择是根据加工要求进行的，通常考虑的因素如下：

（1）按加工精度要求　精加工时前角较大，粗加工时前角较小；加工铸锻毛坯件、带

硬质点表面和断续切削时前角小；对于成形刀具和展成刀具，为减小重磨后刃形误差，前角取零或很小值。

（2）按加工材料要求　加工材料的塑性、韧性高，前角较大；强度、硬度高，前角较小；加工脆性、淬硬材料时，前角应选择小值或负值。

（3）按刀具材料要求　高速钢刀具的抗弯强度、韧性较高，前角大；硬质合金刀具前角较小；陶瓷刀具的强度、韧性低，前角更小些。

表4-4列举了按工件材料选择前角的参考值。

表4-4　硬质合金刀具加工不同材料时前角 γ_o 参考值

工件材料	碳钢的抗拉强度/GPa			正火40Cr	调质40Cr	不锈钢	高锰钢	高强度钢	高温合金	钛合金
	≤0.558	≤0.784	≤0.98							
前角 γ_o	15°~20°	18°~15°	10°	13°~18°	10°~15°	12°~25°	3°~−5°	−4°~−6°	5°~10°	5°~15°

工件材料	淬硬钢					灰铸铁		冷硬铸铁表层60HRC	铜			铝 铝合金
	HRC 38~41	HRC 44~47	HRC 50~52	HRC 54~58	HRC 60~65	HBW ≤220	HBW >220		铅黄铜	青铜	纯铜	
前角 γ_o	0°	−3°	−5°	−7°	−10°	12°	8°	0°~−5°	10°~15°	5°~15°	25°~30°	25°~30°

二、后角 α_o 的选择

后角大小影响后面与切削表面间摩擦程度和刀具强度。具体选择原则如下：

（1）按加工精度要求　精加工后角较大，$\alpha_o=10°\sim12°$；粗加工后角较小，$\alpha_o=8°\sim12°$。

（2）按加工材料要求　切削塑性金属，后角较大，如低碳钢 $\alpha_o=8°\sim12°$；切削脆性金属，后角较小，如铸铁 $\alpha_o=6°\sim8°$；切削强度、硬度高的材料时，后角较小，如高强度钢 $\alpha_o\leqslant10°$；切削韧性高的材料时易产生粘屑，后角较大，如纯铜 $\alpha_o=12°\sim15°$。

三、主偏角 κ_r 的选择

主偏角的大小影响刀头强度、径向分力大小、传散热量面积、残留面积高度，因而主偏角是影响刀具寿命和加工表面质量的重要角度。

主偏角选择原则如下：

（1）按加工表面粗糙度要求　在加工系统刚性允许时，减小主偏角能减小表面粗糙度高度，提高加工表面质量。

（2）按加工材料要求　切削硬度、强度高的材料时宜选取较小主偏角，如切削淬火钢、冷硬铸铁时 $\kappa_r=10°\sim30°$，切削高锰钢时 $\kappa_r=25°\sim45°$，切削热喷涂材料时 $\kappa_r=10°\sim15°$。

（3）按加工条件要求　根据加工零件的形状、加工系统刚性等条件参考表4-5选取主偏角 κ_r 值。

表4-5　加工条件不同时主偏角 κ_r 选用参考值

加工条件	加工系统刚性足够	加工系统刚性较好 可中间切入 加工外圆端面倒角	加工系统刚性较差 粗车、强力车削	加工系统刚性差 台阶轴、细长轴 多刀车、仿形车	切断、切槽
主偏角 κ_r	10°~30°	45°	60°~70°	75°~93°	90°

四、刃倾角 λ_s 的选择

刃倾角影响实际工作前角，当刃倾角绝对值增大时，实际工作前角增大，因此切削变形小。此外，如图4-15a所示，正刃倾角使刀尖先受冲击，负刃倾角使切削刃先受冲击；如图4-15b所示，正刃倾角切削时切屑排出背向已加工表面，负刃倾角切削时切屑流向已加工表面。

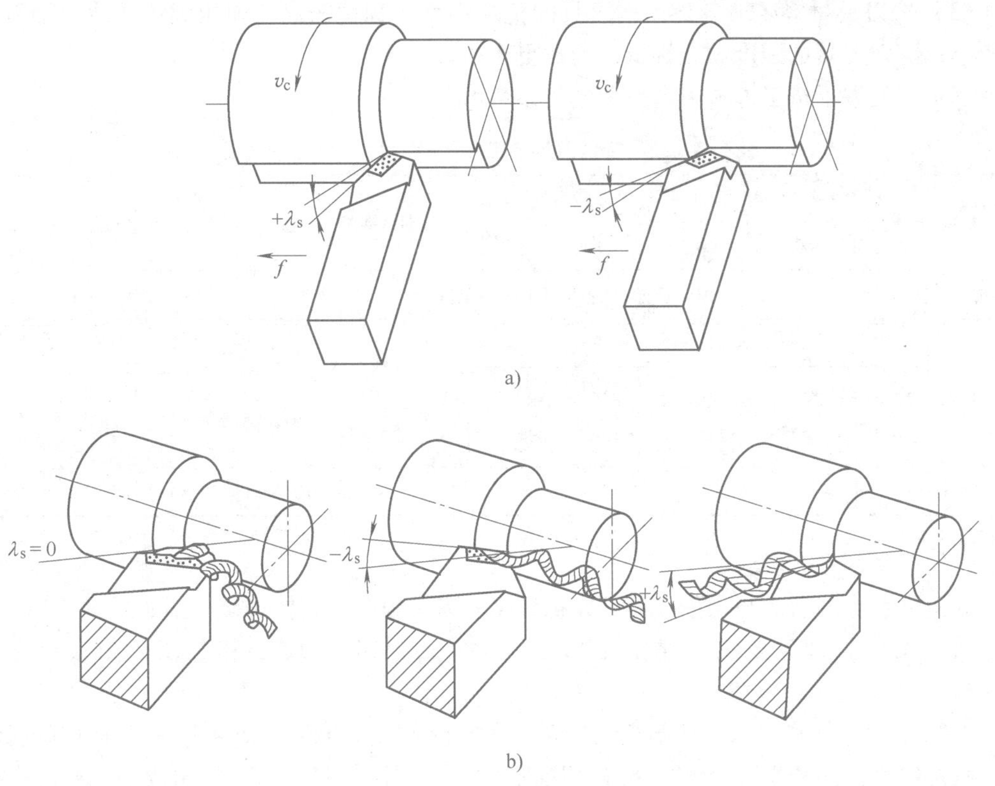

图4-15　正、负刃倾角的作用

a）$+\lambda_s$ 刀尖先受力、$-\lambda_s$ 切削刃先受力　b）$+\lambda_s$ 排屑向外、$-\lambda_s$ 排屑向内

刃倾角选择原则如下：

（1）按加工精度要求　精加工时防止切屑划伤已加工表面，取 $\lambda_s=0°\sim+5°$；粗加工时提高近刀尖处强度，取 $\lambda_s=-5°\sim0°$。

（2）按加工条件要求　加工断续表面、加工余量不均匀表面时，在有冲击振动情况下通常选取负刃倾角。

此外，还可按加工材料性能选，加工强度、硬度高的材料时，选较小的刃倾角或负刃倾角。

表4-6为加工条件、材料性能不同时刃倾角的参考值。

表4-6　不同加工条件、加工材料时的刃倾角选用值

应用范围	精车钢，车细长轴	精车有色金属	粗车钢和灰铸铁	粗车余量不均匀钢	断续车削钢、灰铸铁	带冲击切削淬硬钢	大刃倾刀具薄切削
λ_s 值	0°～+5°	+5°～+10°	−5°～0°	−10°～−5°	−15°～−10°	−45°～−10°	−75°～−45°

五、副后角 α_o' 的选择

一般刀具上副后角的选择原则与主后角的选择原则相同，在面铣刀上为便于制造，选取 $\alpha_o' = \alpha_o$。对于切槽刀、三面刃铣刀等，为加强刀齿强度，常选用很小的副后角，$\alpha_o' = 1° \sim 2°$。

六、副偏角 κ_r' 的选择

副偏角是影响加工表面粗糙度的主要角度，通常可通过减小副偏角来减小理论表面粗糙度的高度。副偏角影响刀头强度，过小的副偏角会引起与已加工表面摩擦和产生振动，降低已加工表面质量。

副偏角选择：粗车时 $\kappa_r' = 10° \sim 15°$，精车、加工系统刚性较差、台阶轴、细长轴、仿形车和加工强度、硬度高材料时 $\kappa_r' = 6° \sim 10°$，切断、切槽刀的 $\kappa_r' = 1° \sim 2°$。

七、刀尖修磨形状及参数

在主、副切削刃之间的刀尖修磨有图 4-16 所示三种形状：修圆刀尖（图 4-16a）、倒角刀尖（图 4-16b）和倒角带修光刃（图 4-16c）。

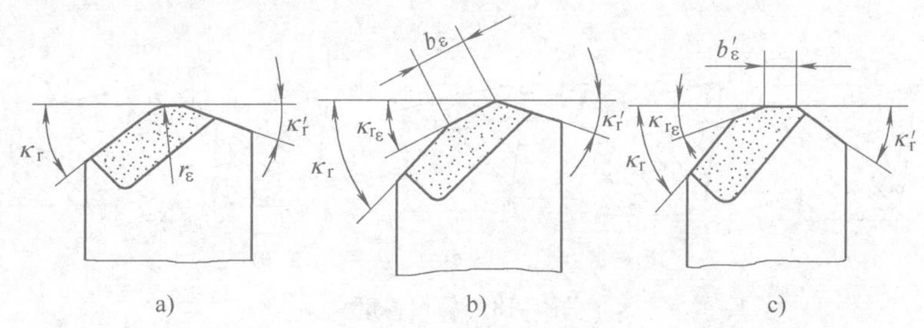

图 4-16　刀尖修磨

a）修圆刀尖　b）倒角刀尖　c）倒角带修光刃

刀尖修磨的作用是：提高刀尖强度，有利于热量传散，减小残留面积，提高进给量。

修圆刀尖的刀具常用于精加工和半精加工。若在粗加工刀具和切削难加工材料的刀具上修圆刀尖，则在系统刚性足够的条件下可提高进给量。通常刀尖修圆量 $r_\varepsilon = 0.2 \sim 2\text{mm}$。

如图 4-17a 所示，在切断刀、面铣刀、钻头和切槽刀上磨制倒角刀尖时，一般取 $\kappa_{r_\varepsilon} = \dfrac{\kappa_r}{2}$，$b_\varepsilon = 0.5 \sim 2\text{mm}$。

目前带修圆、倒角刀尖的可转位刀片已被普遍使用。

倒角带修光刃刀具（图 4-17b）在切削时增加了刀尖处强度，并在大进给量切削时利用修光刃切除残留面积，因而起到半精加工时提高生产率的作用。修光刃的磨制应平直锋利。装刀时，应确保修光刃平行于进给方向。倒角带修光刃刀具，如车刀、可转位面铣刀用于加工工艺系统刚性足够的条件下，其主要参数为 $\kappa_{r_\varepsilon} = \kappa_r/2$，$b_\varepsilon = 0.5 \sim 2\text{mm}$，$\kappa_{r_\varepsilon}' = 0$，$b_\varepsilon' = (1.2 \sim 1.5) f$。

八、刃口修磨形状及参数

主切削刃的刃口有图 4-18 所示的五种修磨形状：锋刃（图 4-18a）、修圆刃口（图 4-18b）、负倒棱刃口（图 4-18c）、平棱刃口（图 4-18d）和后面倒棱刃口（图 4-18e）。

锋刃刀具使用很多，在精加工、精密加工、薄切屑刀具上，以及加工有色金属、韧性高、易粘屑材料时，常使用不同磨制要求的光整、锋利的刃口。

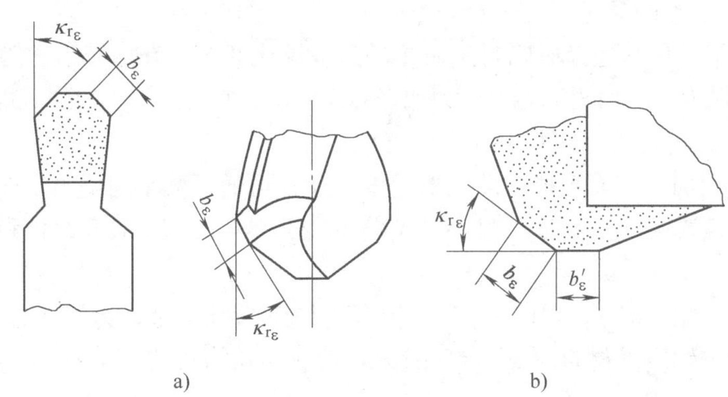

图 4-17　刀尖修磨刀具

a）倒角刀尖（切槽刀、钻头）　b）倒角刀尖带修光刃（可转位面铣刀）

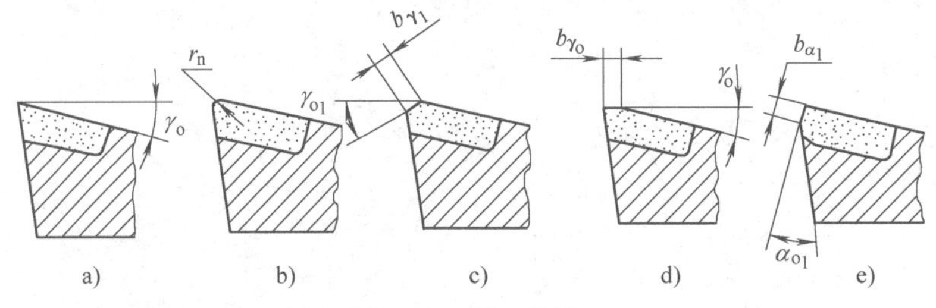

图 4-18　刃口修磨

a）锋刃　b）修圆刃口　c）负倒棱刃口　d）平棱刃口　e）后面倒棱刃口

修圆刃口在可转位刀片上较普遍，一般 $r_n < 0.1\text{mm}$，切削时提高了刃口强度，尤在对硬材料切削时，能提高切削用量。平棱刃口和负倒棱刃口可配合选用较大前角，在可转位刀片上达到减小切削力、提高加工表面质量和提高生产率的作用。

后面倒棱在切削时起阻尼作用，能抑制振动。修磨的负倒棱宽度 $b_{\alpha_1} = 0.1 \sim 0.3\text{mm}$，负后角 $\alpha_{o_1} = -5° \sim -3°$，在生产中的切断刀、高速螺纹车刀和细长轴车刀均有采用。

第六节　切削用量选择

在已确定了刀具几何参数后，再选定切削用量，才能进行正常的切削工作。切削用量的选择主要是指，确定背吃刀量 a_p、进给量 f 和切削速度 v_c，必要时还需进行机床功率的检验。选择切削用量应根据加工要求、加工条件，并考虑生产率、加工质量和生产成本等原则进行。

目前，生产中切削用量的确定，很多是根据生产实践经验、切削用量手册、产品样本和国内外切削数据库等资料选用。切削用量选择的基本原则及方法简介如下。

一、选择背吃刀量 a_p

背吃刀量是根据粗、精加工要求，已知的加工余量及加工系统刚性和机床功率来确定的。粗加工时，为提高生产率，在刀具强度、加工系统刚性允许的条件下，尽量一次进给切除余量，即

$$a_p = A \qquad (A\ \text{为工件半径方向余量})$$

若余量多、表面粗糙不平、有硬皮及有质量要求等，可将加工余量分两次或多次进给切除，即

$$a_{p_1} = \left(\frac{2}{3} \sim \frac{3}{4}\right)A \quad a_{p_2} = \left(\frac{1}{3} \sim \frac{1}{4}\right)A$$

二、选择进给量 f

确定进给量 f 的原则是：对于粗加工，应在加工工艺系统刚性和强度、机床进给系统强度允许条件下确定进给量 f 值；对于精加工，则应根据表面粗糙度要求选择进给量 f 值。

1. 粗加工

表4-7为摘录了“切削用量简明手册”中根据工件材料、车刀刀杆尺寸、工件直径和背吃刀量查出的粗车进给量 f 值。

表4-7　硬质合金车刀粗车外圆时的进给量 f

工件材料	车刀刀杆尺寸 $\frac{宽}{mm}\times\frac{高}{mm}$	工件直径 d_w/mm	背吃刀量 a_p/mm ≤3	>3~5	>5~8	>8~12	12以上
			进给量 f/（mm/r）				
碳素结构钢和合金结构钢	16×25	20	0.3~0.4	—	—	—	—
		40	0.4~0.5	0.3~0.4	—	—	—
		60	0.5~0.7	0.4~0.6	0.3~0.5	—	—
		100	0.6~0.9	0.5~0.7	0.5~0.6	0.4~0.5	—
		400	0.8~1.2	0.7~1.0	0.6~0.8	0.5~0.6	—
	20×30 25×25	20	0.3~0.4	—	—	—	—
		40	0.4~0.5	0.3~0.4	—	—	—
		60	0.6~0.7	0.5~0.7	0.4~0.6	—	—
		100	0.8~1.0	0.7~0.9	0.5~0.7	0.4~0.7	—
		600	1.2~1.4	1.0~1.2	0.8~1.0	0.6~0.9	0.4~0.6

注：1. 加工断续表面及有冲击加工时，表内的进给量应乘系数 $K=0.75\sim0.85$。

2. 加工耐热钢及其合金时，不采用大于1.0mm/r的进给量。

3. 加工淬硬钢时，表内进给量应乘系数 $K=0.8$（当材料硬度为44~56HRC时）及 $K=0.5$（当材料硬度为57~62HRC时）。

2. 精加工

精加工进给量应根据表面粗糙度要求选择。表4-8列举了根据表面粗糙度要求和刀尖圆弧半径 r_ε 查得的进给量 f 值。

表4-8　不同表面粗糙度要求和刀尖圆弧半径时的进给量 f　（单位：mm/r）

表面粗糙度 Ra/μm \ 刀尖圆弧半径 r_ε/mm	2.5~12.5	2.5~6.3	4.9~6.3	4.0~4.9	2.5~4.0	1.6~2.5	1.0~1.6
0.4	—	0.27	0.25	0.22	0.20	0.15	0.10
0.8	0.51	0.43	0.37	0.32	0.28	0.22	0.13
1.2	0.69	0.56	0.49	0.41	0.36	0.29	0.18
1.6	0.88	0.68	0.57	0.47	0.39	0.31	0.20

确定了粗、精加工进给量后，须按机床实有进给量修正，才可实际使用。

三、选择切削速度 v_c

切削速度 v_c 应根据刀具寿命 T 确定，通常根据式（3-11）求得，最后确定实用的切削速度 v_c。其过程是

$$v_T\left(=\frac{C_v}{T^m a_p^{x_v} f^{y_v}}\cdot\kappa_v\right)\to n\left(=\frac{1000v_T}{\pi D}\right)$$

$$\to n_{实}(接近的机床实有转速)\to v_c\left(=\frac{\pi D n_{实}}{1000}\right)$$

四、机床功率检验

按上述过程选出切削用量 a_p、f 和 v_c 后，必要时（切削用量过高或机床功率小）需检验机床功率是否允许。检验可用下式进行

$$P_c < P_E\eta$$

式中　P_c——切削功率，按式（3-8）计算；

P_E——机床主电动机功率；

η——机械效率，$\eta=0.75\sim0.9$。

表4-9列出部分工厂选用的切削用量数值供参考。

在实际生产中，由于先进的数控机床使用日益增多，并开发了许多高性能刀具材料和各类数控刀具，数控刀具的寿命允许低于普通机床使用的刀具寿命，因而为选用高速、大进给切削提供了良好条件，从而切削用量的选择考虑首选高的切削速度 v_c，继而提高进给量 f，后再确定背吃刀量 a_p，不同于在普通机床上切削加工选择切削用量的规律。

例如，在数控机床上使用SANDVIK硬质合金涂层刀片，由于其切削性能良好，且换刀效率高，故制订的刀具寿命通常为 $T=15\text{min}$，在切削时推荐的切削速度 v_c 较高。表4-10为瑞典Sandvik样本中提供的数控刀具切削用量推荐表。

表4-9　国产焊接和可转位车刀切削用量选用参考表

工件材料	热处理状态	刀具材料	$a_p=0.3\sim2\text{mm}$ $f=0.08\sim0.3\text{mm/r}$	$a_p=2\sim6\text{mm}$ $f=0.3\sim0.6\text{mm/r}$	$a_p=6\sim10\text{mm}$ $f=0.6\sim1\text{mm/r}$
			v_c/（m/min）		
碳素钢	正火	P10　P01	160~130	110~90	80~60
	调质	P30　P35	130~100	90~70	70~50
合金钢	正火	P30　P35　M10	130~110	90~70	70~50
	调质	M10　M20　P35	110~80	70~50	60~40
不锈钢	正火	K30　K05　K20 M10　K10	80~70	70~60	60~50
淬火钢	>45HRC	K10　K05	>40HRC 50~30	60HRC 30~20	—
高锰钢	（$w_{Mn}=13\%$）	M20　P35 P30　K05	30~20	20~10	—
高温合金	（GH135）	K10　K05　K15	50	—	
	（K14）	K15　K30	40~30	—	
钛合金	—	K30　K15	$a_p=1.1\text{mm}$ $f=0.1\sim0.3\text{mm/r}$	$a_p=2.0\text{mm}$ $f=0.1\sim0.3\text{mm/r}$	$a_p=3.0\text{mm}$ $f=0.1\sim0.3\text{mm/r}$
			65~36	49~28	44~26
灰铸铁	（<190HBW）	K30　K20	120~90	80~60	70~50
	（190~225HBW）	K01　K20　K05	110~80	70~50	60~40
冷硬铸铁	≥45HRC	K10　K20　K05 M10	$a_p=3\sim6\text{mm}$　$f=0.15\sim0.3\text{mm/r}$ 15~17		

表 4-10　瑞典 SANDVIK 数控刀具切削用量推荐表

加工材料		加工条件	刀片几何槽形 刀片牌号对应 ISO 牌号	正前角型 主要切削性能	背吃刀量 a_p/mm	刀尖圆弧 半径 r_ε/mm	进给量 f/ (mm/r)	切削速度 v_c/ (m/min)
低合金钢 260HBW	粗加工	适用于断续切削有锻造硬皮	PR 槽形 GC4025 牌号 ISOP25	正前角 有增强棱边 耐磨性高	1.0～4.0	1.2	0.3	325
						0.8	0.25	350
	半精加工	能有微振	PM 槽形 GC4025 牌号 ISOP25	能确保断屑 耐磨性良好	1.0～4.0	0.8	0.2	375
						0.4	0.14	410
	精加工	轻负荷 小背吃刀量 小进给	PF 槽形 GC4015 牌号 ISOP15	刀口锋利 断屑好	0.1～1.7	0.4	0.1	530
						0.2	0.08	545
奥氏体不锈钢 180HBW	粗加工	在不良条件下加工，断续切削有锻造硬皮	MR 槽形 GC2025 牌号 ISOM25	高强度正前角 切削刃强度高	1.0～4.0	1.2	0.3	190
						0.8	0.25	200
	半精加工	切削力小 切削稳定	MM 槽形 GC2025 牌号 ISOM25	耐磨性较好 韧性较好	0.3～3	0.8	0.2	215
						0.4	0.14	235
	精加工	精度高 公差小	MF 槽形 GC2015 牌号 ISOM15	耐磨性高	0.1～1.7	0.4	0.1	280
						0.2	0.07	285
灰铸铁 260HBW	粗加工	抗拉强度高 轻负荷切削 断续切削	KR 槽形 GC3015 牌号 ISOK10	从一般切削到轻负荷都有良好切削性能，切削刃坚韧，有增强刃带	1.0～4.0	1.2	0.3	230
						0.8	0.25	245
	半精加工	可适用 球墨铸铁	KM 槽形 GC3015 牌号 ISOK10	正前角槽形切削力小，切削轻快	0.3～3	0.8	0.2	250
						0.4	0.14	260
	精加工	铸铁精 加工首选	KF 槽形 GC3005 牌号 ISOK10	切削刃锋利，切削力小，切削无毛刺，能降低崩刃	0.1～1.7	0.4	0.1	265

注：GC4025、4015、2025、2015；3015、3005 为 SANDVIK 的硬质合金涂层刀片牌号。

复习思考题

4-1　试述磨制断屑槽断屑的几种槽形及其适用场合。

4-2　用哪些方法来区别材料加工的难易程度?

4-3　分析不锈钢1Cr18Ni9Ti、高锰钢ZGM13加工性特点。采取哪些改善难切削的措施?

4-4　切削液有哪些种类，各适用于何种场合?

4-5　表面粗糙度是由哪些主要原因造成的?

4-6　若切削速度v_c、进给量f、副偏角κ_r、刀具材料等发生改变，对表面粗糙度有何影响?

4-7　试述前角γ_o、后角α_o的选择原则。粗加工普通碳钢应选多大前角和后角?

4-8　试述主副角κ_r、刃倾角λ_s的选择原则。精车细长轴如何选择主偏角、刃倾角?

4-9　试述粗、精加工碳钢工件切削用量的选择原则及选择方法。

4-10　在CA6140型车床上粗车、半精车调质45钢，材料抗拉强度$\sigma_b = 0.681\text{GPa}$，硬度220～230HBW，毛坯尺寸$\phi$90mm×$L$400mm，半精车后要求尺寸为$\phi$80mm×$L$400mm，表面粗糙度值要求为$Ra$3.2μm，试选择粗车和半精车的车刀几何参数（示图表示）及切削用量。

第五章 车刀

5

车刀是金属切削加工中应用最广的一种刀具。本章除简要地介绍焊接式车刀和机夹式车刀外，着重介绍可转位车刀选择和使用的基础知识，为正确地选用车刀打下初步基础，并介绍成形车刀设计的基础知识。

车刀的种类很多，按用途可分为外圆车刀、端面车刀、切断刀、螺纹车刀、内孔车刀和成形车刀等，如图 5-1 所示；按结构又可分为整体式车刀、焊接式车刀、机夹式车刀和可转位车刀，如图 5-2 所示。

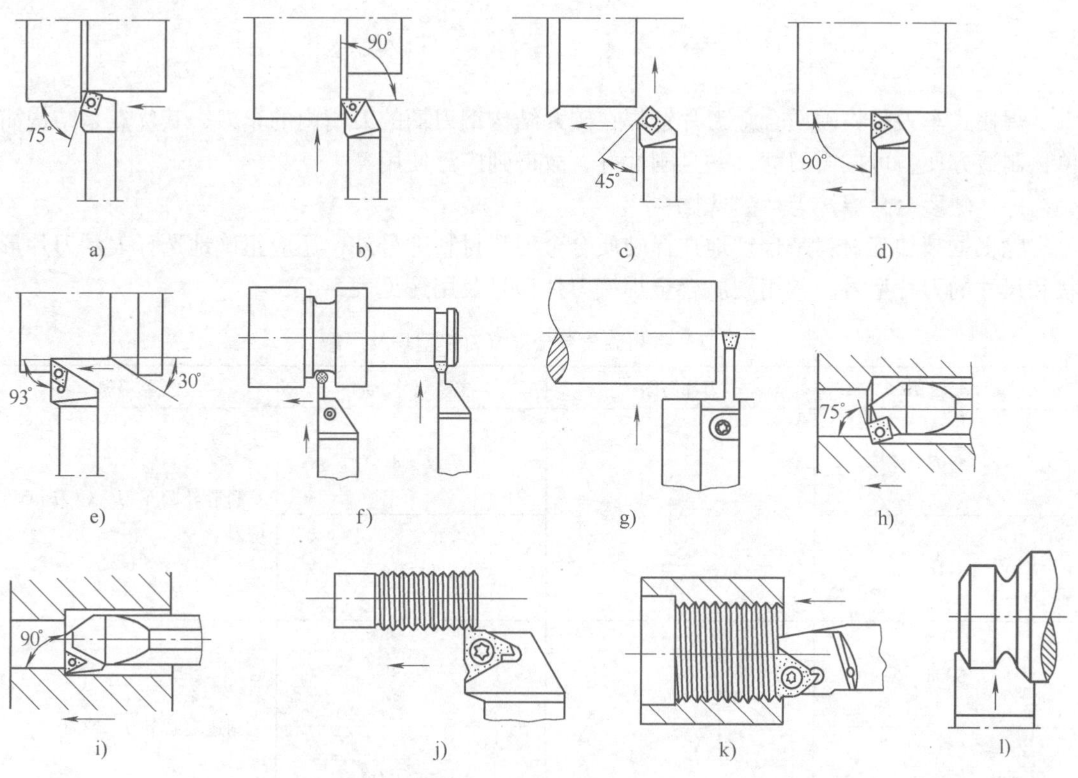

图 5-1　车刀类型和用途

a）75°偏头外圆车刀　b）90°偏头端面车刀　c）45°偏头外圆车刀　d）90°偏头外圆车刀　e）93°偏头仿形车刀　f）QC 系列切槽刀、切断刀　g）机夹式切断刀　h）75°内孔车刀　i）90°内孔车刀　j）外螺纹车刀　k）内螺纹车刀　l）成形车刀

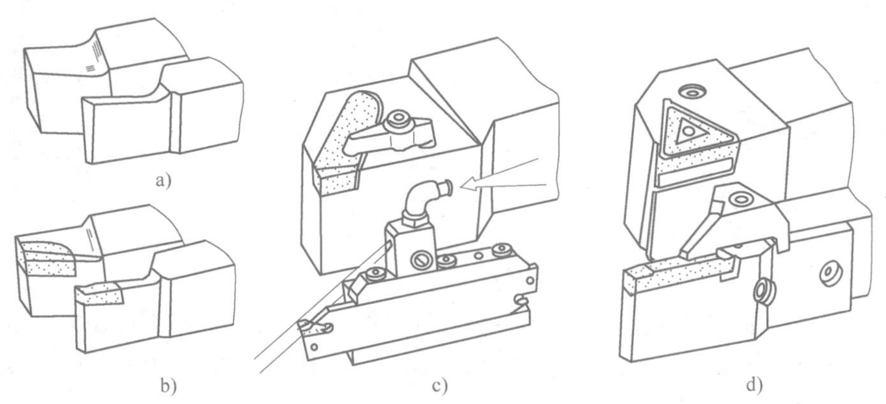

图 5-2　车刀按结构形式的分类
a）整体式车刀　b）焊接式车刀　c）机夹式车刀　d）可转位车刀

第一节　焊接式车刀

焊接式车刀是将硬质合金刀片钎焊在碳素结构钢刀柄的刀槽内的车刀，其优点是结构简单，制造方便，可按需刃磨，并且刚性好，故得到广泛使用。

一、硬质合金焊接刀片的选择

除根据被加工材料来合理地选择硬质合金刀片材料牌号外，还应正确地选择表示刀片形状和尺寸的刀片型号。常用硬质合金焊接刀片型号及用途见表 5-1。

表 5-1　常用硬质合金焊接刀片型号及用途

型号示例	刀片简图	主要尺寸/mm	主要用途
A108	L	$L=8$	制造外圆车刀、镗刀和切槽刀
A116		$L=16$	
A208	L　Z	$L=8$	制造端面车刀、镗刀
A225Z		$L=25$（左）	
A312Z	L　Z	$L=12$	制造外圆车刀、端面车刀
A340		$L=40$（左）	

（续）

型号示例	刀片简图	主要尺寸/mm	主要用途
A406		$L=6$	制造外圆车刀、镗刀和端面车刀
A430Z		$L=30$（左）	
C110		$L=10$	制造螺纹车刀
C122		$L=22$	
C304		$B=4.5$	制造切断刀和切槽刀
C312		$B=12.5$	

刀片型号用一个字母和三个数字表示。第一个字母和第一位数字表示刀片形状，后两位数字表示刀片的主要尺寸。若个别结构尺寸不同时，可在后两位数字后再加一字母，以示区别。若为左切刀片，应在型号末尾标以字母“Z”。

选择刀片型号时，应根据车刀用途和主偏角来选择刀片形状，刀片长度一般为切削刃的工作长度的1.6~2倍。切槽车刀的宽度应根据工件槽宽来决定。切断车刀的刃宽 B 可按 $B=0.6\sqrt{d}$ 估算（式中 d 为工件直径）。刀片厚度 s 要根据切削力的大小来确定。工件材料强度高，切削层公称横截面积大时，则 s 应选大些。

二、刀槽的形状和尺寸

常用的刀槽形状有开口槽、半封闭槽、封闭槽和切口槽四种，如图5-3所示。

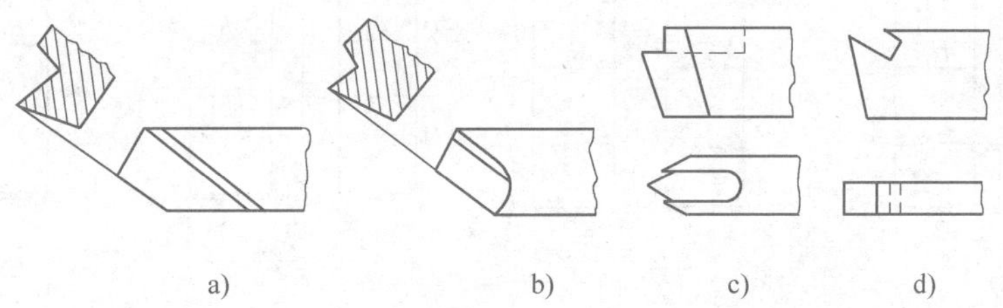

图5-3 刀槽的形式

a）开口槽 b）半封闭槽 c）封闭槽 d）切口槽

（1）开口槽 制造简单，焊接面积最小，刀片内应力小，适用于A1、C3、C4、B1、B2型刀片。

（2）半封闭槽 刀片焊接面积大，刀片焊接牢靠。制造时只能用立铣刀单件加工，生产率低，适用于A2、A3、A4、A5、A6、B3和D1型刀片。

（3）封闭槽和切口槽 刀片焊接面积最大，刀片焊接牢靠。焊接后刀片内应力大，易产生裂缝，适用于C1刀片。

刀槽尺寸可通过计算求得，通常可按刀片配制。为了便于刃磨，要使刀片露出刀槽 0.5～1mm。一般取刀槽前角 $\gamma_{o_g}=\gamma_o+(5°\sim10°)$，如图 5-4 所示，以减少刃磨前面工作量。刀杆后角 α_{o_g}要比后角 α_o 大 2°～4°，以便于刃磨刀片，提高刃磨质量。

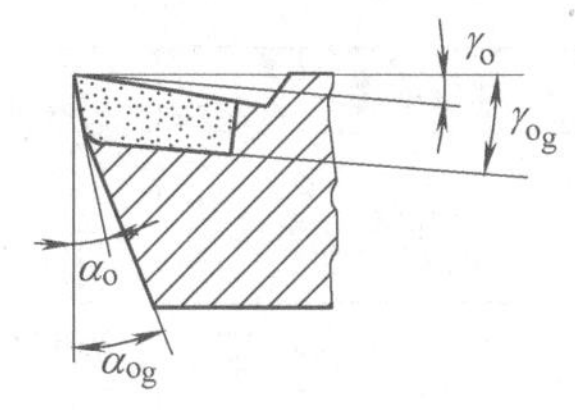

图 5-4 刀片在刀槽中的安放位置

三、车刀刀柄与刀头形状和尺寸

刀柄横截面形状有矩形、正方形和圆形三种，其中以矩形刀柄应用最多。这是因为在其上铣出刀槽后，强度削弱不多。当刀柄高度受到限制时，可增加其宽度做成正方形，以提高刚度和强度，常用于内孔车刀和自动车床用的车刀。刀柄的长度一般取其高度的 6 倍。切断刀工作部分的长度需大于工件的半径。刀柄高度按机床中心高来选择，可参考表 5-2。

表 5-2 常用车刀刀柄截面尺寸 （单位：mm）

机床中心高	150	180～200	260～300	350～400
正方形刀柄截面 $H\times H$	16×16	20×20	25×25	30×30
矩形刀柄截面 $B\times H$	12×20	16×25	20×30	25×40

内孔车刀的刀柄，其工作部分横截面形状一般为圆形，长度需大于工件孔深。

蜗杆车刀和圆弧车刀参加切削的切削刃很长，可选用弹性刀柄，以防切削时扎刀。

刀头形状可分为直头和偏头两种（图 5-5）。直头车刀结构简单，制造方便；偏头车刀通用性好，能车外圆和端面。刀头结构尺寸见有关手册。

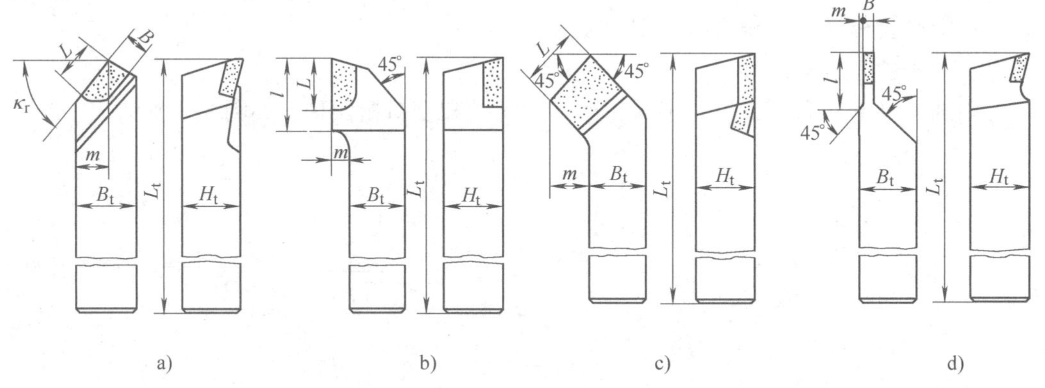

图 5-5 常用焊接式车刀
a）直头外圆车刀 b）90°偏头外圆车刀 c）45°偏头车刀 d）切断刀

第二节 机夹式车刀

机夹式车刀是采用机械夹固方式，将预先刃磨好的但不能转位使用的刀片或刀头夹紧在刀柄上的车刀。有的刀片或刀头磨损后，可卸下来刃磨后再继续使用。

机夹式车刀的优点是刀片不经高温焊接，可避免高温焊接引起的刀片硬度下降和产生裂

纹等缺陷，故提高了刀具寿命，并且刀柄可多次重复使用。

目前，常用的机夹式车刀有切断刀、切槽车刀、螺纹车刀、大型车刨刀。

常用机夹式车刀的夹紧结构有上压式、自锁式和弹性压紧式，如图5-6所示。

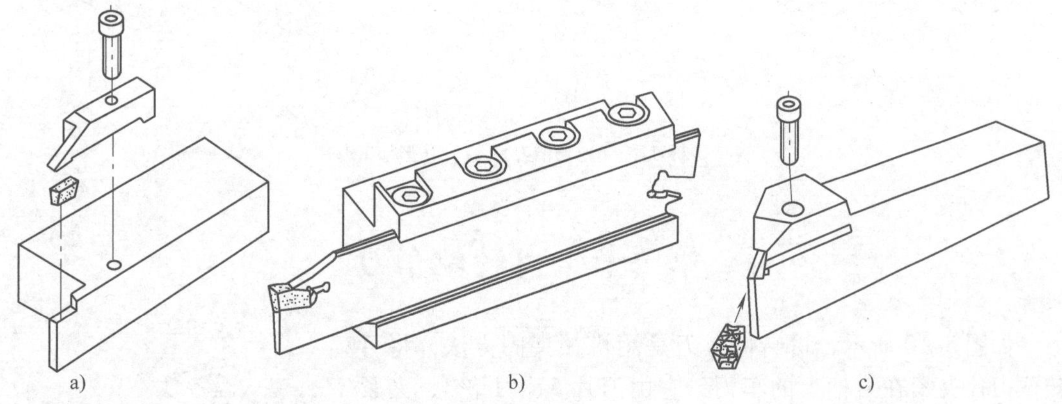

图5-6 机夹式车刀夹紧结构形式

a）上压式 b）自锁式 c）弹性压紧式

按国标生产的机夹式切断刀，内、外螺纹车刀都采用上压式，并一般都采用V形槽底的刀片，如图5-7所示，以防切削受力后刀片发生转动。

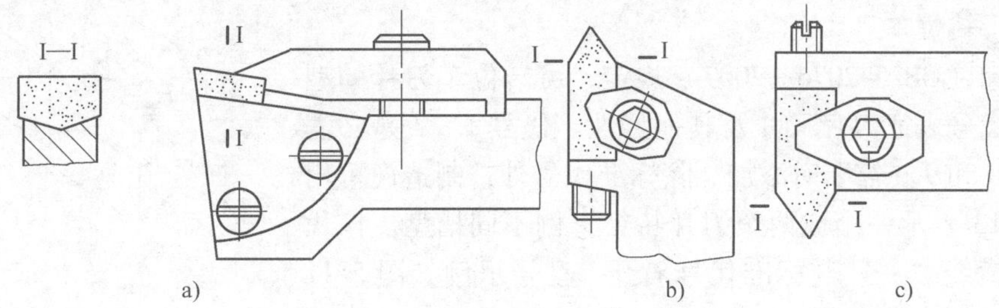

图5-7 上压式切断刀和内、外螺纹车刀

a）切断刀 b）外螺纹车刀 c）内螺纹车刀

图5-7b、c所示的机夹式内、外螺纹车刀一般采用M60型螺纹刀片，受刀片限制，它不能加工牙顶，生产率低，螺纹齿形精度也较可转位成形螺纹刀片差；但刀片便宜，而且又能重磨，因此得到广泛使用。

图5-6b所示为自锁式可调切断直径的机夹式切断刀，采用压制成形的断屑槽刀片，其槽形能使切屑变窄，如图5-8所示，避免切屑卡死在槽内而使刀片折断。根据切断工件直径，可以调节刀片在刀夹中的伸出距离。一般径向进给时，才推荐自锁式夹紧结构。

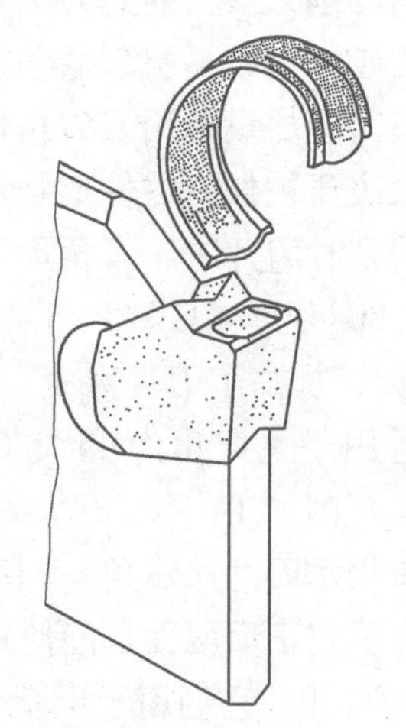

图5-8 自锁式切断刀的刀片槽形和切屑形状

若需轴向进给加工时，一般推荐采用弹性压

紧式结构的车刀，如仿形加工和越程槽加工等，所用的刀片如图 5-9 所示。

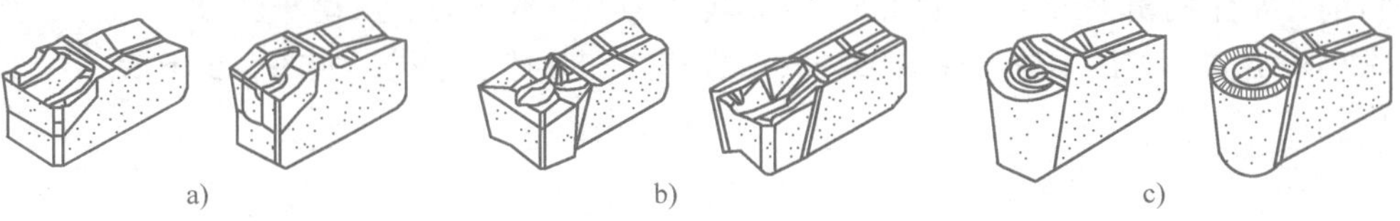

图 5-9　Q－C 系列刀片
a）切断刀片　b）切槽刀片　c）仿形加工刀片

第三节　可转位车刀

如图 5-10 所示，可转位车刀是用机械夹固方法，将可转位刀片夹紧在刀柄上的车刀，它由刀片 5、刀垫 3、夹紧元件和刀柄 6 等元件组成。

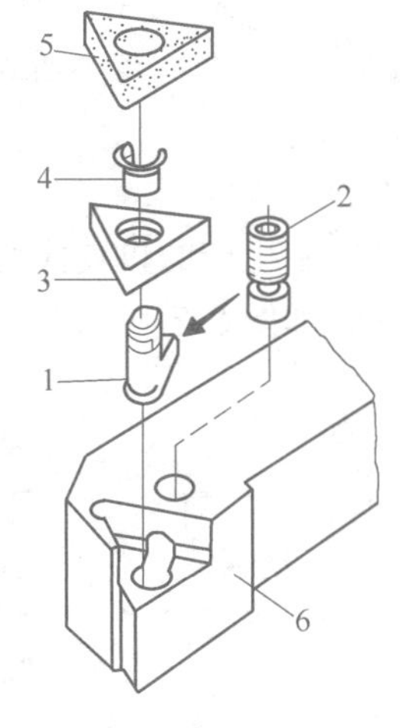

图 5-10　可转位车刀的组成
1—杠杆　2—螺杆　3—刀垫
4—卡簧　5—刀片　6—刀柄

与焊接车刀相比，可转位车刀避免了焊接、刃磨所引起的内应力，可使用涂层刀片，有合理的槽形和几何参数，刀片转位迅速，更换方便，因而具有较高寿命和生产率，并且能实现一刀多用，减少刀具储备量，简化了刀具管理工作。

一、可转位车刀片

按国标（GB/T 2076—2007）规定，可转位车刀片的型号用九个代号表征刀片尺寸及其他特性。代号 1～7 是必需的，代号 8 和 9 在需要时添加。除标准代号外，制造商可用补充代号 13 表示一个或两个刀片特征，例不同槽型。该代号应用短横线“－”与标准代号隔开。型号示例如图 5-11 所示。

号位 1 表示刀片形状，边数多的刀片，刀尖角大，耐冲击，可利用切削刃多，因此刀具寿命长。但刀尖角越大，车削时背向力越大，越易引起振动。单从刀具寿命来考虑，在机床、工件刚性和功率允许的情况下，粗车时应尽量选用刀尖角较大的刀片；反之选用刀尖角较小的刀片。刀片形状的选择往往主要取决于被加工零件形状。

常用的几种刀片中，三角形刀片可用于 90°台阶外圆车削、端面车削、内孔车削和 60°螺纹车削。80°菱形（C 型）、凸三角形（W 型）和偏 8°三角形（F 型）刀片，刀尖角增大至 82°和 80°，提高了刀具寿命，并且减小了已加工表面的表面粗糙度值，应用甚广。正四边形刀片适用于主偏角为 45°、60°、75°的外圆、端面及内孔车刀。菱形刀片（V、D 型）适用于仿形车削加工。

号位 2 表示刀片法后角。国家标准规定可转位刀片的法后角有 9 种。0°法后角刀片的代号为 N，由于它正反两面都能使用，故得到广泛应用。法后角为 5°、7°、11°的刀片的代号分别为 B、C、P，它们用于半精车、精车、仿形加工和内孔加工。

(尺寸单位：mm)

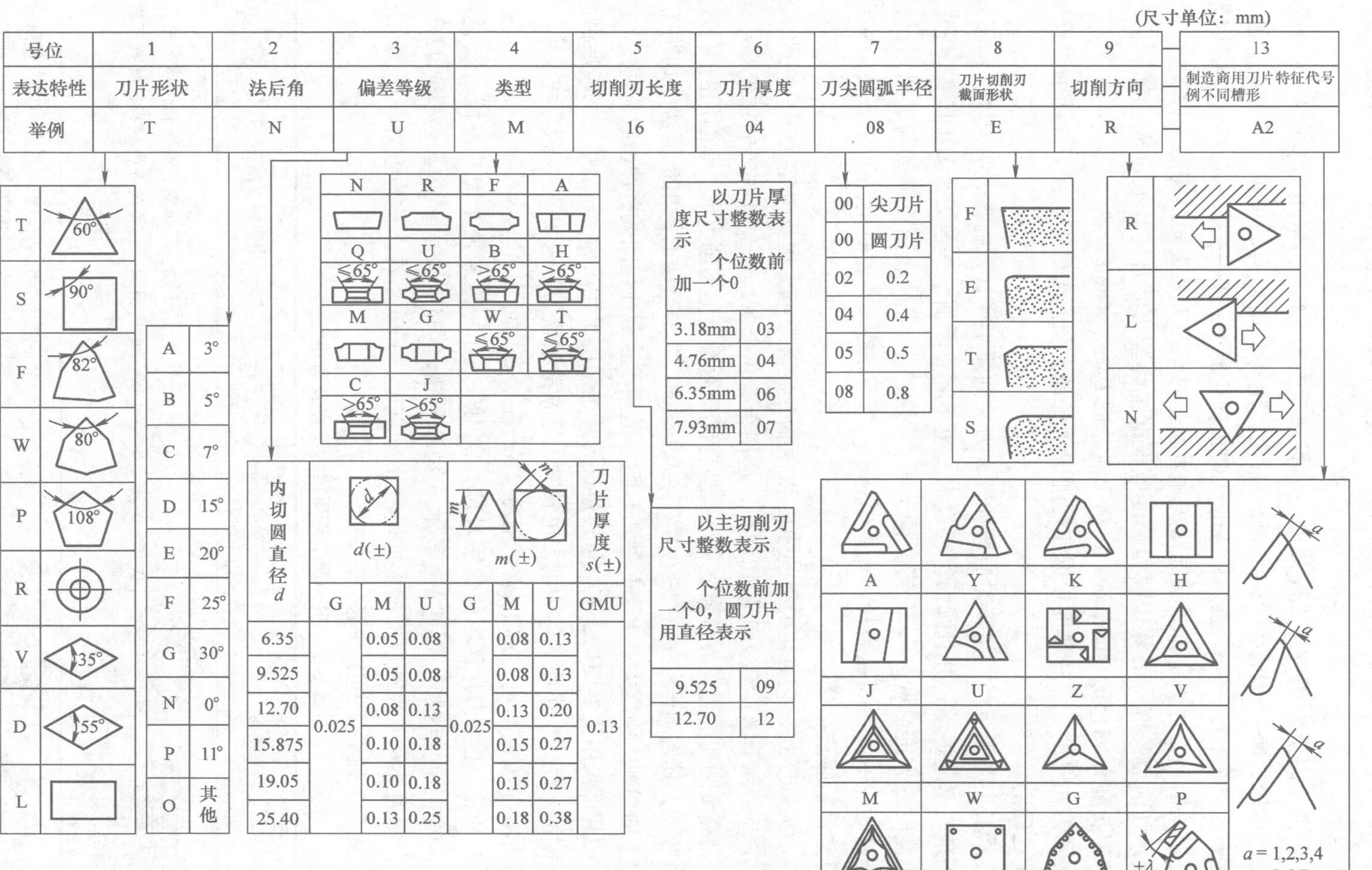

图 5-11　可转位车刀刀片标记方法示例

号位3表示刀片尺寸公差等级。可转位刀片有12种偏差等级，车削类刀片常用等级为G、M、U。普通车床粗、半精车用U级，对刀尖位置要求较高或数控车床用的刀片选M级，要求更高时选G级。

号位4表示刀片固定方式及有无断屑槽。国标规定共有14种，常用的有：A——有圆形固定孔，无断屑槽；N——无孔平面型；R——无固定孔，单面有断屑槽；M——有圆形固定孔，单面有断屑槽；G——有圆形固定孔，双面有断屑槽；T——单面有40°～60°固定沉孔，单面有断屑槽。刀片固定方式的选择实际上就是对车刀刀片夹固结构的选择。

号位5表示切削刃长度。刀片切削刃长度应根据主切削刃参加工作长度来选择。粗车时，可取切削刃长度$L \geqslant 1.5a_p/\sin\kappa_r\cos\lambda_s$；精车时，取$L \geqslant 3a_p/\sin\kappa_r\cos\lambda_s$。

号位6表示刀片厚度。刀片厚度根据在切削中承受最大载荷来确定。在刀片切削刃长度选定后，它就已确定。

号位7表示刀尖圆弧半径。粗车时应选择较大刀尖圆弧半径，以提高刀尖强度；但不宜过大，以免切削时引起振动，并且圆弧半径过大，也不利于断屑。一般刀片刀尖圆弧半径应等于或大于车削时最大进给量的1.25倍。精车时，当被加工零件表面粗糙度与进给量已设定后，就可选择相应的刀尖圆弧半径（$r_\varepsilon \geqslant f^2/8R_{max}$）。反之，当表面粗糙度和刀尖圆弧半径已定，则可选择相应进给量。

号位8表示刃口形式，它对切削刃的强度和寿命有显著影响。国标规定为E、F、T、S等六种形式。F型表示具有尖锐刃口的切削刃，适用于有色金属、非金属材料的加工和小余量精加工。E型是倒圆切削刃，刃口强度和耐磨性皆优于F型，但切削力大。车削用的可转位刀片基本上是E型，其倒圆半径r_n一般在0.03～0.08mm。T型是前面做出负倒棱的切削刃。作用在切削刃上的切削力为压力，大于F型和E型，适用于重载荷切削或有冲击载荷切削。陶瓷系列可转位刀片都采用T型刃口；多数可转位铣刀片也采用T型刃口。S型是先倒棱后倒圆的刃口形式，耐冲击性优于T型，但切削力也较大，通常涂层铣刀片采用S型刃口。

号位9表示切削方向。R—右切，L—左切，N—左、右均可切。

号位13是国家标准给刀片厂家的备用号位，常用来表示一个或两个刀片特征，以更好地描述其产品（如不同槽型）。例“A”表示A型断屑槽，“3”表示断屑槽，宽度为3.2～3.5mm。目前，国内外对刀片断屑槽槽形的研究十分重视，开发了许多适应性好，断屑可靠的断屑槽形，表5-3列举了其中一部分。

表5-3　国外典型断屑槽的特点及适用场合

槽形代号	断屑槽形	切削用量		槽形特点及适用场合
		f/（mm/r）	a_p/mm	
UR		0.10～0.50	0.5～4.00	用于钢、不锈钢、铸铁和优质耐热合金的粗加工。切削各种材料，有宽广的断屑范围
UM		0.10～0.30	0.3～4.0	用于钢、不锈钢、铸铁和优质耐热合金半精加工。切削各种材料，有宽广的断屑范围，切削刃变化有助于排屑控制，而且也可作为精磨切削刃使用

（续）

槽形代号	断屑槽形	切削用量		槽形特点及适用场合
		f/（mm/r）	a_p/mm	
UF	6° 6°	0.05～0.15	0.2～1.5	加工所有钢、不锈钢和铸铁时都具有良好的切屑控制。正前角的轻型断屑槽形可产生低切削力，适合于加工细长、薄壁和夹紧不稳定的零件
AL	20° 25°	0.05	0.1～7	精加工铝和其他有色金属。开放的正前角槽形在高切削速度下切削轻快
WR	0.3 6° 7° 0.3 14° 7°	0.3～1.3	0.8～6.7	用于半精加工至粗加工的高进给车削钢和铸铁。坚固的单面刀片槽形，具有高金属去除率和高稳定性刀片定位。经常可以省略半精加工甚至精加工
WM	0.27 20° 0.27 20°	0.15～0.7	0.5～6.5	使用高进给率半精加工钢、铸铁和不锈钢。两倍于传统进给率且表面质量保持不变
WF	0.1 18° 4° 0.1 19° 4°	0.05～0.6	0.3～4.0	使用高进给率精加工钢、铸铁和不锈钢。两倍于传统进给率且表面质量保持不变

刀片标记方法如图 5-11 所示。

二、可转位车刀的选用

可转位车刀已标准化。国家标准规定，可转位车刀的型号由按顺序排列的一组字母和数字组成，共有 10 位代号，分别表示各项特征。任何一个车刀的型号必须使用前 9 位代号，第 10 位在必要时才使用，是表示特殊公差的符号，如图 5-12 所示。

可转位车刀选择包括车刀型号选择和刀片型号选择，其主要内容如下。

1. 确定刀柄形状和尺寸

根据机床结构参数、机床刀架形式和尺寸，选择车刀刀柄形状和尺寸。

2. 选择车刀头部形式

可转位车刀已标准化，根据车刀用途、加工工艺要求和具体加工条件等，参照国家标准和有关工厂样本，选择车刀头部形式。

3. 可转位车刀夹紧结构的选择

刀片的夹紧结构很多，常用的夹紧结构及特征见表 5-4，供选择时参考。

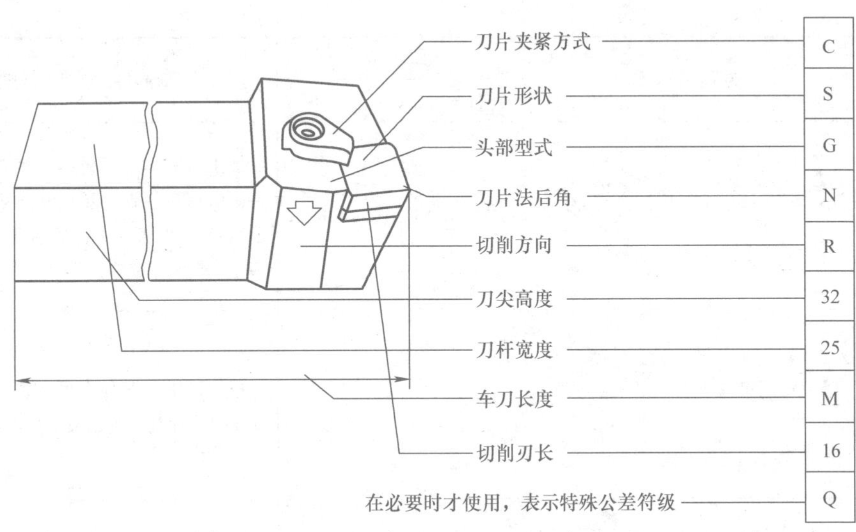

图 5-12　可转位车刀型号表示方法

表 5-4　可转位车刀夹紧结构及其特点

名称	结构示意图	示例	主要特点
杠杆式			定位精度高，调节余量大，夹紧可靠，拆卸方便。卧式车床、数控车床均能使用
楔钩式			是楔压和上压的组合式。夹紧可靠，装卸方便。重复定位精度低。适用于卧式车床断续切削车刀
楔销式			刀片尺寸变化较大时也可夹紧。装卸方便。重复定位精度低，适用于卧式车床进行连续车削车刀
上压式			夹紧元件小，夹紧可靠，装卸容易，排屑受一定影响。卧式车床、数控车床均能使用

（续）

名称	结构示意图	示例	主要特点
双重夹紧式			最新开发的双重夹紧结构，拥有高夹紧刚性，高定位精度，实现了刀片的轻松稳固装夹，是直孔负角刀片装夹的最佳选择
螺钉上压式			是偏心和上压式的组合式。螺钉旋入时上端圆柱将刀片推向定位面，压板从上面压紧刀片，夹紧可靠，重复定位精度高。用于数控车床用的车刀
压孔式			结构简单，零件少。定位精度高，容屑空间大。对螺钉质量要求高。适用于数控车床上使用的内孔车刀和仿形车刀

4. 可转位刀片的选择

可转位刀片的选择包括刀片材料、形状、尺寸、精度、槽形和刀尖圆弧半径等的选择。

5. 必要时对可转位车刀的几何角度进行验算

如图 5-13 所示，可转位车刀的几何角度由刀片角度与刀槽角度综合形成。

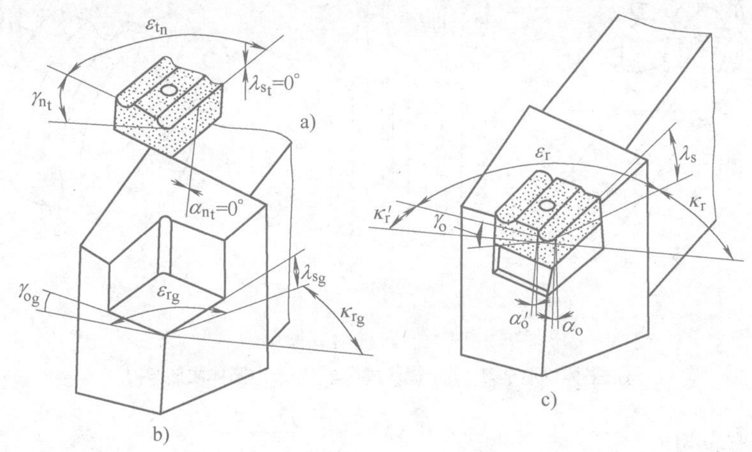

图 5-13　可转位车刀几何角度的形成

a）刀片角度　b）刀槽角度　c）车刀角度

刀片角度是以刀片底面为基准度量的，安装到车刀上相当于法平面系角度。刀片的独立角度有刀片法前角 γ_{n_t}、刀片法后角 α_{n_t}、刀片刃倾角 λ_{s_t}、刀片刀尖角 ε_{t_n}。常用的刀片 $\alpha_{n_t}=0°$，$\lambda_{s_t}=0°$。

刀槽角度以刀柄底面为基面度量，相当于正交平面参考系角度。刀槽的独立角度有刀槽前角 γ_{o_g}、刀槽刃倾角 λ_{s_g}、刀槽主偏角 κ_{r_g}、刀槽刀尖角 ε_{r_g}。通常刀柄设计成 $\varepsilon_{r_g}=\varepsilon_r$，$\kappa_{r_g}=\kappa_r$。

选用可转位车刀时需按选定的刀片角度和刀槽角度来验算刀具几何参数的合理性。验算公式如下

$$\gamma_o \approx \gamma_{o_g} + \gamma_{n_t} \tag{5-1}$$

$$\alpha_o \approx \alpha_{n_t} + \gamma_{o_g} \tag{5-2}$$

$$\kappa_r \approx \kappa_{r_g} \tag{5-3}$$

$$\kappa_r' \approx 180° - \kappa_r - \varepsilon_r \tag{5-4}$$

$$\tan\alpha_o' \approx \tan\gamma_{o_g}\cos\varepsilon_r - \tan\lambda_{s_g}\sin\varepsilon_r \tag{5-5}$$

第四节 成形车刀

成形车刀是在普通车床、自动车床上加工内外回转成形表面的专用刀具，其刃形根据工件廓形设计。工件廓形直接由成形车刀切削刃形成，因此易保证工件形状和尺寸的一致性和互换性，一般公差等级可达 IT8～IT10，表面粗糙度值可达 $Ra3.2\sim6.3\mu m$。由于成形车刀参加切削的切削刃较长，操作简单，因此生产率较高。此外，成形车刀可重磨的次数多，总的使用寿命比较长，但制造成本高，切削时切削力较大，易引起振动，故适宜于大批量生产中加工尺寸较小的零件。

一、成形车刀的类型

生产中常用的有图5-14所示的三种沿工件径向进给的成形车刀。

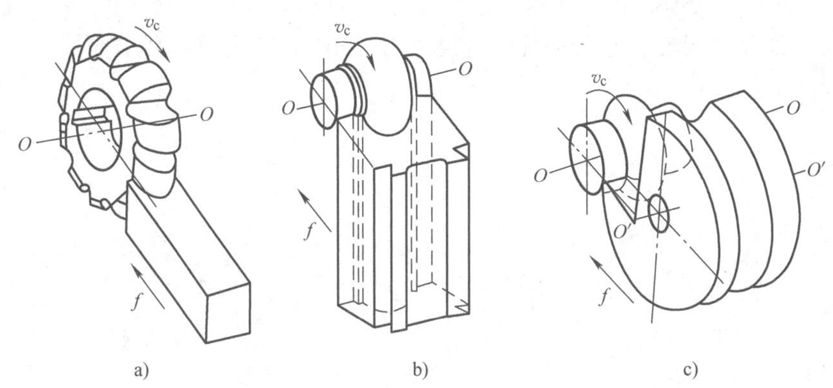

图5-14 径向进给成形车刀

a）平体成形车刀 b）棱体成形车刀 c）圆体成形车刀

1. 平体成形车刀

平体成形车刀除切削刃具有较复杂的形状外，刀体结构与普通车刀相似，但重磨次数较少，刚性差，常用于加工简单的成形表面，如铲齿、车螺纹和车圆弧等。

2. 棱体成形车刀

棱体成形车刀的刀体为棱柱体，它的可重磨次数多，刀具刚性好，用线切割加工制造方便，但受结构限制，只能用于加工外成形表面。

3. 圆体成形车刀

圆体成形车刀的刀体外形呈回转体，它允许的重磨次数最多，可用于加工内、外成形表面。

二、成形车刀的前角和后角

成形车刀的刃形复杂，切削刃上各点的主偏角随刃形变化而改变，切削刃上各点的正交平面 P_o 的方向也随之而改变，因此切削刃上各点的前角 γ_o 和后角 α_o 也不一定相同。但假定工作平面 P_f 的方向并不随刃形的变化而变化。因此，规定成形车刀的前角和后角均在假定工作平面内表示，并将加工工件上半径最小处的切削刃上点的侧前角 γ_f 和侧后角 α_f 定义为成形车刀的名义前角和后角，如图 5-15 所示。

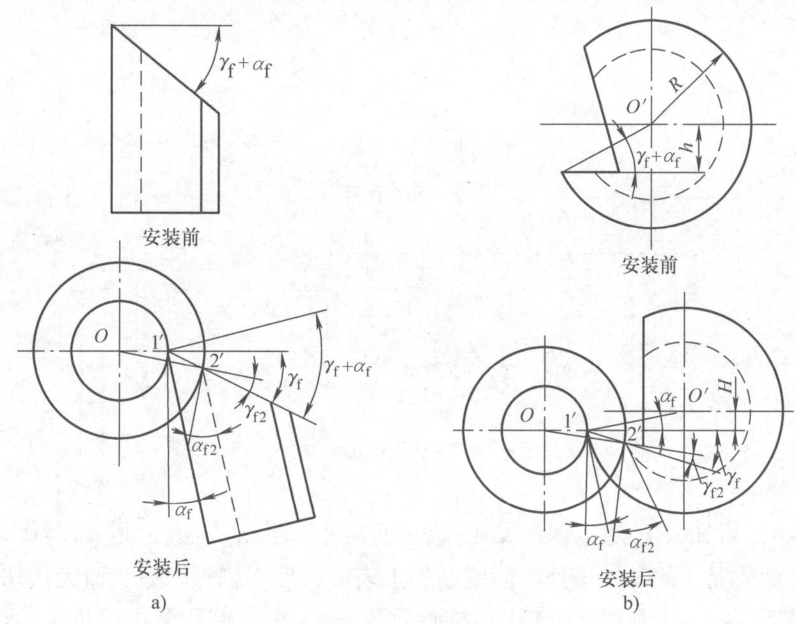

图 5-15　成形车刀前角和后角的形成

a）棱体成形车刀　b）圆体成形车刀

1. 前角和后角的形成

成形车刀的前角和后角是经安装后形成的。在制造棱体成形车刀时，前面与后面的夹角磨成 $90° - (\gamma_f + \alpha_f)$，安装时，将刀体斜装 α_f 角，即能形成所需的 γ_f 和 α_f，如图 5-15a 所示。在制造圆体成形车刀时，把前面磨成低于车刀中心 h 距离的平面。安装时，使切削刃最外一点与工件中心等高，而将车刀中心 O' 比工件中心 O 装高 H 距离，就形成了所需的 γ_f 和 α_f，如图 5-15b 所示。h 和 H 值可由下列公式求出

$$h = R\sin(\alpha_f + \gamma_f) \tag{5-6}$$

$$H = R\sin\alpha_f \tag{5-7}$$

式中　R——圆体成形车刀最大外圆半径。

由图5-15可知，成形车刀切削刃除1′点外，其余各点皆低于工件中心，因此这些点的主运动方向不同，而使这些点的基面和切削平面位置不同，因而其前角、后角也都不同。离工件中心越远的点，前角越小，后角越大，即 $\gamma_f > \gamma_{f2}$，$\alpha_f < \alpha_{f2}$……

2. 切削刃上任意点的后角 α_o

成形车刀后面与加工表面之间的摩擦大小与 α_o 有关。为了使车刀顺利地切削，需进一步分析切削刃形状对 α_o 的影响。

成形车刀切削刃上各点后角 α_o 与侧后角 α_f 的换算方法与普通车刀相同。由图5-16可知，任意取切削刃上一点 x，其主偏角为 κ_{r_x}，侧后角为 α_{f_x}，则其后角 α_{o_x} 可按下式计算

$$\tan\alpha_{o_x} = \frac{h_o}{H} = \frac{h_f \sin\kappa_{r_x}}{H} = \tan\alpha_{f_x}\sin\kappa_{r_x} \tag{5-8}$$

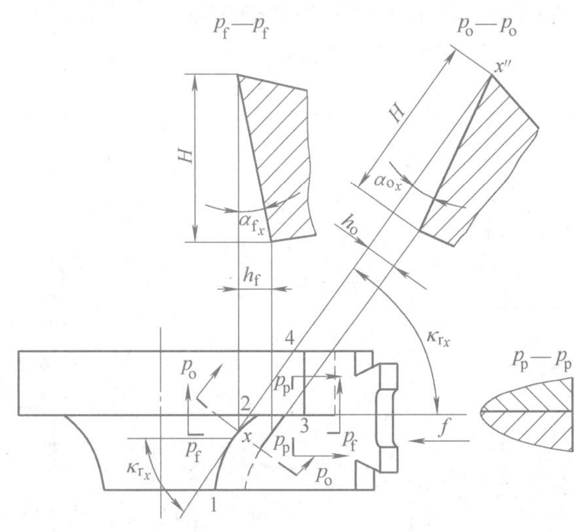

图5-16　正交平面后角 α_{o_x} 的换算

由式（5-8）可知，α_{o_x} 随主偏角 κ_{r_x} 的减小而减小。若 $\kappa_{r_x}=0°$，则 $\alpha_{o_x}=0°$。图中2－3段切削刃属此种情况。此时，该处后面紧贴加工表面，发生剧烈摩擦，而无法切削。所以在确定成形车刀后角时，应利用式（5-8）校验后角 α_{o_x} 大小，保证最小后角 $\alpha_{o_x} \geqslant 2° \sim 3°$，否则必须采取改善措施。常用的措施有下列三种：

1）在不影响零件使用性能的前提下，改变零件廓形，使 $\kappa_{r_x} > 0°$，从而保证后角 $\alpha_{o_x} > 2° \sim 3°$（图5-17a）。

2）在 $\kappa_{r_x}=0°$ 的切削刃处，磨出凹槽，只保留0.3～0.5mm的一段狭窄面（图5-17b），以减少摩擦面积。

3）在 $\kappa_{r_x}=0°$ 处磨出副偏角（图5-17c），一般取 $\kappa_{r_x}=2° \sim 3°$。

成形车刀的侧前角 γ_f 的大小，可根据工件材料的性能来选择。通常，加工钢时取 $\gamma_f = 5° \sim 20°$，加工铸铁时取 $\gamma_f = 0° \sim 10°$。加工材料的强度或硬度越小时，γ_f 取值越大。成形车刀应选较大的侧后角 α_f，但受到刀具结构限制，一般 α_f 可按刀具类型来选择。圆体成形车刀取 $\alpha_f = 10° \sim 15°$，而棱体成形车刀取 $\alpha_f = 12° \sim 17°$。

三、成形车刀的廓形设计

（一）成形车刀廓形设计的必要性

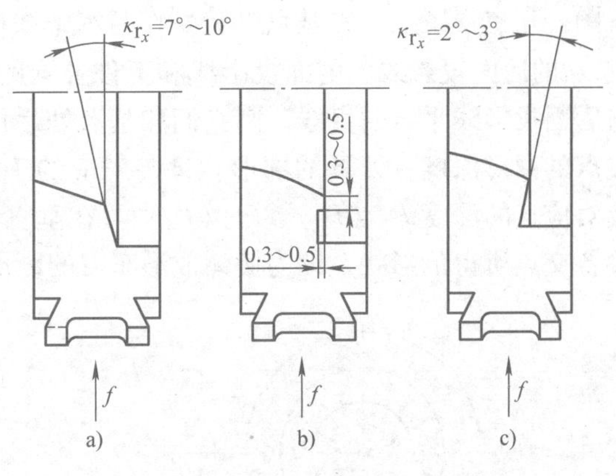

图 5-17　α_{o_x} =0°时的改善措施

a）改变廓形　b）磨出凹槽　c）磨出副偏角

成形车刀的廓形设计是指根据工件廓形来确定刀具廓形。为了便于设计、制造和测量，回转体成形工件的廓形是规定在轴向平面内测量。其中包括廓形宽度、深度、角度和圆弧等。而成形车刀的廓形规定在与后面垂直的法剖面内测量。对圆体成形车刀来说，垂直于后面的法剖面也就是其轴向平面。

当成形车刀的前角 $\gamma_f \geqslant 0°$、后角 $\alpha_f > 0°$ 时，由图 5-18 可知，此时刀具廓形深度 P 小于工件上相应的廓形深度 T，刀具廓形宽度等于对应工件廓形宽度。为了保证车刀能切出正确的工件廓形，所以在设计成形车刀时，必须对车刀廓形进行计算。计算的目的，对于棱体成形车刀而言，在于决定车刀廓形各组成点相对于基点在法剖面内垂直距离，对于圆体成形车刀而言在于决定刀具廓形上各组成点半径。

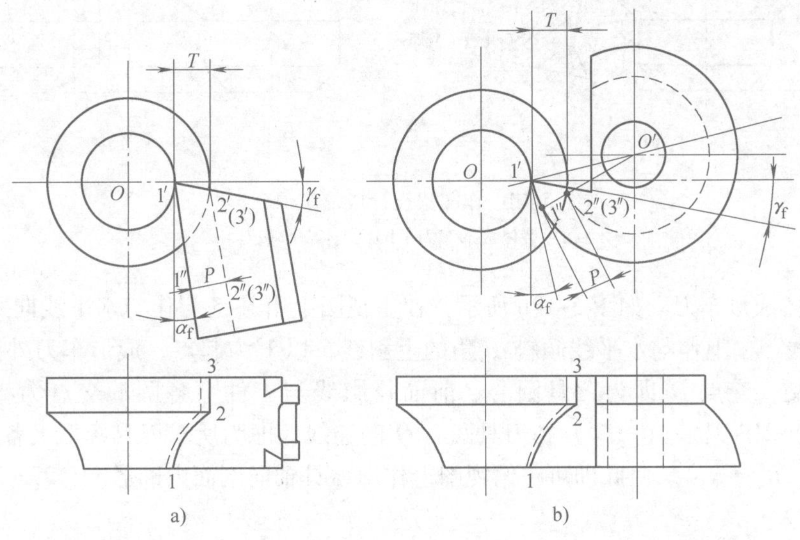

图 5-18　$\gamma_f \geqslant 0°$、$\alpha_f > 0°$时刀具廓形与工件廓形的关系

a）棱体成形车刀　b）圆体成形车刀

（二）成形车刀的廓形设计方法

成形车刀廓形设计方法主要有作图法和计算法。作图法简单、清晰、精度较低；计算法精度高，但较繁杂，若利用计算机编程运算则方便快捷。

1. 作图法

（1）棱体成形车刀　如图 5-19a 所示，先按放大比例，用平均尺寸画出工件的主、俯视图。在主视图上，由基点1′分别作与水平线向下倾斜γ_f角的前面投影线，以及与垂直线成α_f的后面投影线。前面投影线和工件各圆的交点为2′（3′），4′（5）′。过这些点分别作与后面投影线平行的直线，则它们和基点处后面的垂直距离P_2（P_3）、P_4（P_5）即为各组成点的廓形深度。刀具的廓形宽度与对应的工件的廓形宽度相等。因此由L_2、L_3、L_4、L_5及对应点的深度P_2（P_3）、P_4（P_5）可在垂直于后面的剖面内作出交点2″、3″、4″、5″。连接各交点所得的形状，即为棱体成形车刀的廓形。

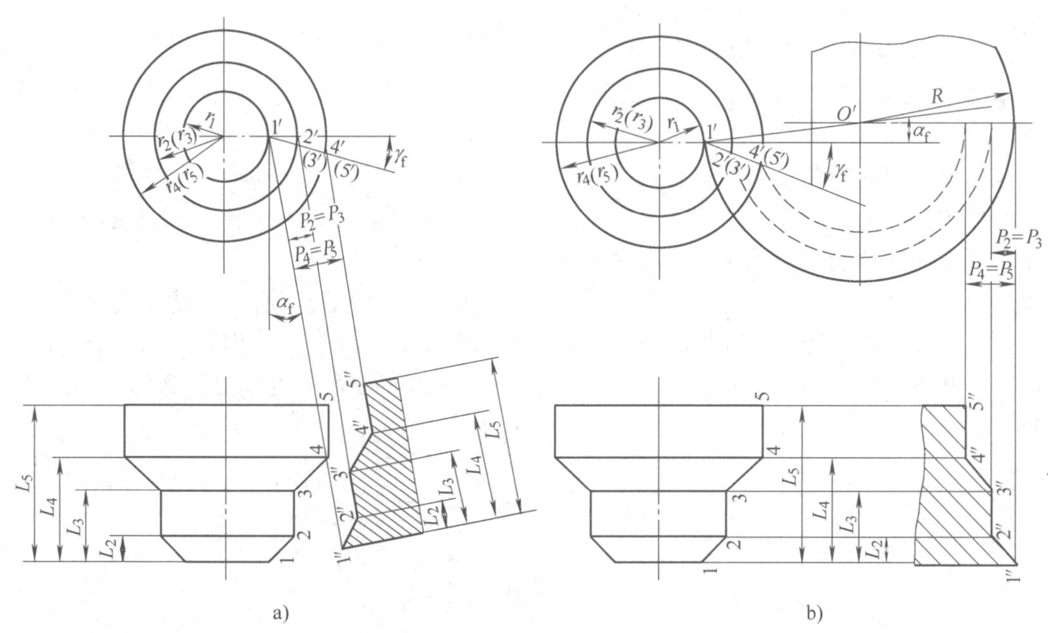

图5-19　作图法设计成形车刀廓形
a）棱体成形车刀　b）圆体成形车刀

（2）圆体成形车刀　如图5-19b所示，在主视图上由基点1′作与水平线向下倾斜γ_f角的前面投影线，向上作与水平线倾斜α_f角的上斜线，以1′为起点，成形车刀外圆半径R在上斜线上截交，交点O'即为刀具圆心。前面投影线与工件上各圆的交点为2′（3′）、4′（5′），各交点2′（3′）、4′（5′）与刀具圆心O'的连线，即为所求刀具廓形上各组成点的半径R_2（R_3）、R_4（R_5）。由此即可在俯视图上作出刀具轴向剖面内廓形1″、2″、3″、4″、5″。

2. 计算法

计算法设计的主要内容是：已知零件廓形上各组成点的坐标（r_x、L_x）、刀具前角γ_f和后角α_f、圆体成形车刀廓形的最大半径$R=D/2$，利用三角公式推导出来的计算公式，算出车刀廓形各组成点的坐标（P_x、L_x）。一般在计算过程中尺寸精度取0.001mm、最终精度取0.01mm、角度取1′。

（1）棱体成形车刀　由图5-20a可求得

$$P_x = [\sqrt{r_x^2 - (r_1\sin\gamma_f)^2} - r_1\cos\gamma_f]\cos(\gamma_f + \alpha_f) \tag{5-9}$$

式中　P_x——刀具廓形上第x点至第1点的垂直距离；

r_1和r_x——工件廓形上第1点和第x点的半径；

γ_f 和 α_f——刀具前角和后角。

（2）圆体成形车刀　由图5-20b可求得

$$C_x = \sqrt{r_x^2 - (r_1\sin\gamma_f)^2} - r_1\cos\gamma_f$$

$$R_x = \sqrt{R^2 + C_x^2 - 2RC_x\cos(\alpha_f + \gamma_f)} \tag{5-10}$$

式中　r_1 和 r_x——工件廓形上第1点和第 x 点的半径；

γ_f 和 α_f——刀具前角和后角；

R_x 和 R_1——刀具廓形上第 x 点和第1点的半径。

根据式（5-9）和式（5-10）计算出刀具切削刃上各点的廓形深度 P_x 或半径 R_x 和已知零件上对应的廓形宽度 L_x，可画出刀具廓形设计图。

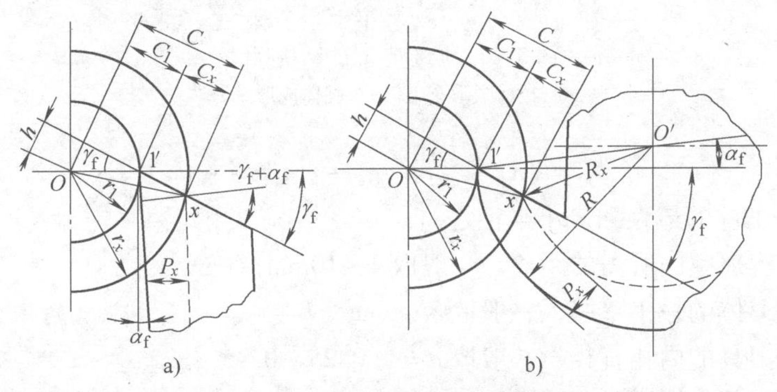

图5-20　计算法设计成形车刀廓形

a）棱体成形车刀　b）圆体成形车刀

（三）成形车刀的附加切削刃

成形车刀主要用于在半自动和自动车床上加工棒料。为了减轻下一工序切断刀的载荷，并对工件端面倒角或修光，成形车刀的两侧还配置了附加切削刃，其尺寸如图5-21所示。必须指出，包括附加切削刃在内的切削刃的总宽度 L_o 与工件最小直径 d_{min} 之间应有一定的比例，以免背向力过大而引起振动。通常要求 L_o/d_{min} 为：粗车2～3，半精车1.8～2.5，精车1.5～2。

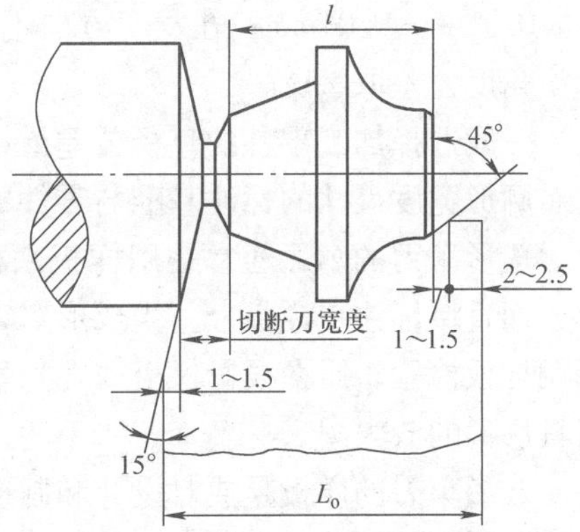

图5-21　成形车刀附加切削刃

四、成形车刀的结构尺寸、公差和样板

（一）成形车刀的结构尺寸

棱体成形车刀的结构尺寸除廓形部分外，主要有棱柱体的高度、宽度、厚度和燕尾尺寸，如图5-22a所示。棱柱体高度 H，在机床刀架尺寸允许范围内应尽可能选得大些，以增加刀具重磨次数，一般取75～100mm。刀具宽度可按图5-21确定。刀体厚度 T 应保证刀具有足够的强度，一般可取5～25mm。燕尾尺寸可按有关标准选取。

圆体成形车刀的结构尺寸，除廓形部分外，主要有外径、孔径和宽度。刀具宽度也可按图5-21确定。外径 d_0 和孔径 d 如图5-22b所示，可按下式确定。

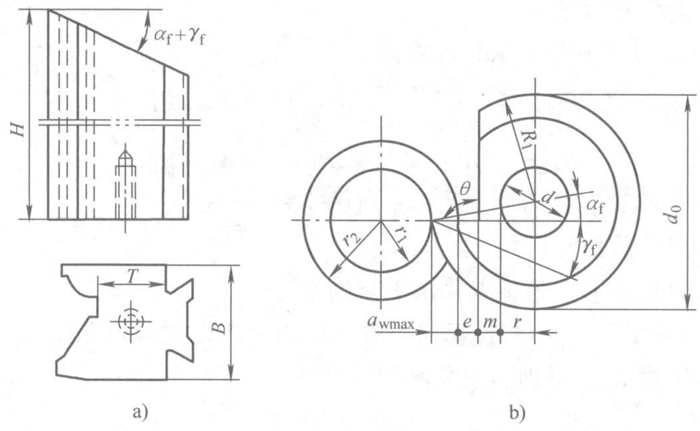

图 5-22　成形车刀的结构尺寸

a）棱体成形车刀　b）圆体成形车刀

$$d_0 = 2R_1 \geqslant 2(a_{wmax} + e + m) + d$$

式中　a_{wmax}——工件的最大和最小半径之差；

e——容屑空间所需的距离，一般取 4 ~ 10mm；

m——刀体的最小壁厚，一般取 5 ~ 6mm；

d——刀具的内孔直径，一般取 d = （0.25 ~ 0.45）d_0。

外径确定后，其余结构尺寸可按标准选取。

（二）成形车刀的公差和样板

在通常情况下，刀具成形部分的制造公差可取为工件的$\frac{1}{2}$ ~ $\frac{1}{3}$，但廓形深度一般不得超过 ±0.01 ~ ±0.04mm；在宽度方向不超过 ±0.02 ~ ±0.1mm。未注尺寸公差取 ±0.10mm，未注角度公差取 ±1°。

一般选择加工零件的直径公差最小处作为车刀廓形深度尺寸的标注基准，以提高加工精度。廓形宽度尺寸的标注基准与零件廓形宽度尺寸的标注基准一致。

成形车刀的廓形通常是用样板来检验，故成形车刀的廓形尺寸可不标注在刀具制造图上，而直接标注在样板上。当成形车刀的尺寸要求较严，或者成形车刀制造数量较少时，可不用样板检验，而在投影仪上或在光学曲线磨床上利用光学投影系统直接检验，此时需绘制刀具廓形的放大图。

成形车刀的样板是成对设计和制造的。其中一块是工作样板，用来检验刀具的廓形；另一块是校验样板，用于检验工作样板的磨损程度。样板的工作表面形状须和刀具廓形完全相同，其尺寸的标注基准须和刀具廓形尺寸的标注基准一致。样板工作表面公差通常取为刀具廓形公差的$\frac{1}{2}$ ~ $\frac{1}{3}$，并呈对称分布，一般不应小于 ±0.01mm。样板的外形尺寸、样板材料和热处理要求等可参阅有关样板设计资料。

复习思考题

5-1　简述各类车刀的主要特点及应用范围。

5-2　试述 A1、A2、A3、C1、C3 型焊接式刀片的主要用途及其相应的刀片槽型。

5-3　试述卧式车床上使用的可转位车刀和数控车床上使用的可转位车刀有何差别。

5-4　试分析比较各种可转位车刀的夹紧结构。

5-5　机夹车刀结构形式有哪几种？它们各有哪些特点？

5-6　可转位车刀的几何角度如何获得，如何进行验算？

5-7　成形车刀有何特点，不同类型的成形车刀各应用在什么场合？

5-8　成形车刀的前、后角规定在哪个平面内测量？为什么？

5-9　成形车刀的前、后角在制造和使用时是怎样形成的？

5-10　成形车刀切削刃上各点的前角和后角是否相同？为什么？

5-11　试述切削刃在正交剖面内主后角的变化特征及避免其过小的措施。

5-12　简述作图法求成形车刀廓形的步骤。

5-13　试述计算法求成形车刀廓形的步骤。

第六章

孔加工刀具

孔加工刀具使用广泛，孔加工约占机械加工总量的1/3，其中钻孔约占25%。孔加工刀具的结构尺寸受工件孔径尺寸、长度和形状的限制，故在其设计和使用时，对孔加工刀具的强度、刚性、容屑、排屑和冷却润滑均有不同的要求。

孔加工刀具按用途分为两类：一类是在实体材料上加工孔的刀具，如麻花钻、扁钻和深孔钻等；另一类是对已有孔进行再加工的刀具，如扩孔钻、镗刀、铰刀、圆拉刀等。

本章主要介绍常用孔加工刀具的结构特点及其使用。

第一节　麻　花　钻

麻花钻用于在实体材料上钻出低精度的孔。钻孔直径范围为 $\phi0.1 \sim 100$mm，公差等级能达到 IT11 ~ IT13，表面粗糙度值能达到 $Ra6.3 \sim 25\mu m$。麻花钻也可用于扩孔。

一、麻花钻的组成

如图 6-1a 所示，标准麻花钻由刀柄、空刀和工作部分组成。

（1）刀柄　刀柄是钻头的夹持部分，用于与机床连接并传递转矩。小直径钻头用圆柱形直柄，直径大于 $\phi12$mm 时做成莫氏锥柄。锥柄后端的扁尾供使用楔铁将钻头从钻套中取出时用。

（2）空刀　空刀是刀体和刀柄间的过渡部分，供磨削时砂轮退刀和打印标记用。小直径的直柄钻没有空刀。

（3）工作部分　工作部分由切削部分和导向部分组成。切削部分很像由两反向车孔刀组成，主要起钻孔作用。导向部分上有两条通向切削部分的螺旋槽（刃沟），它是容屑和排屑通道。螺旋槽与外圆柱交接处做成两条螺旋形棱边，称为刃带，起钻头导向和保持孔形作用。导向部分也是切削部分的后备部分。

二、麻花钻的结构参数

麻花钻的结构参数是指钻头在制造时控制的尺寸和有关的角度，包括直径 d、钻芯直径 d_0 和螺旋角 β 等。

（1）直径 d　d 是指导向部分与切削部分交界处的直径。为了减少刃带与孔壁的摩擦，将麻花钻的切削部分做成倒锥状，以形成副偏角 κ_r'（图 6-1c），其倒锥度一般取（0.03 ~ 0.12）mm/100mm。对于标准麻花钻的直径系列，国家标准已有规定。

（2）钻芯直径 d_0　钻芯直径直接影响钻头的刚性与容屑空间。通常 $d_0 = 0.22d^{0.87}$。钻芯由钻尖向刀柄方向做成正锥形，每 100mm 长度上钻芯直径增大 1.4 ~ 2.0mm，以增加钻头

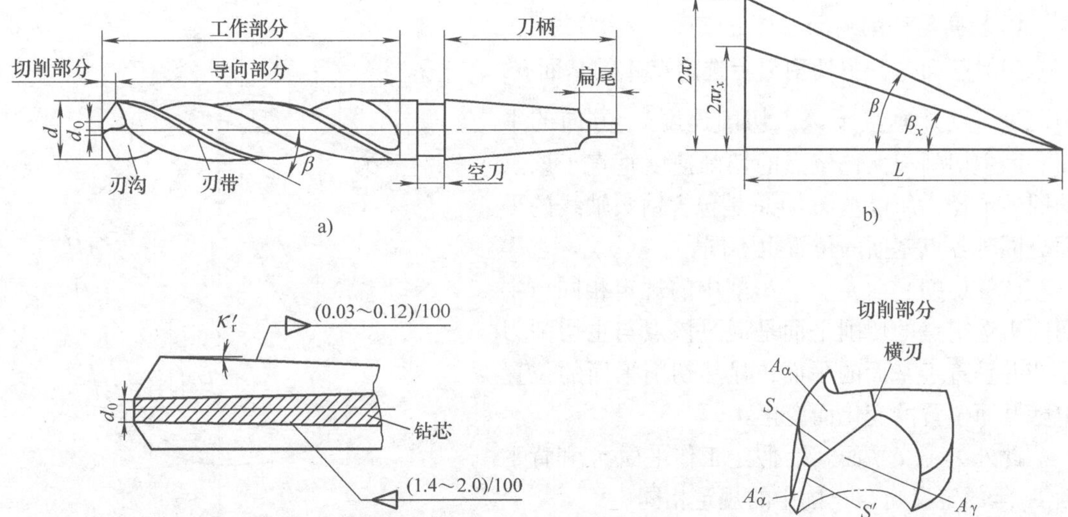

图 6-1　麻花钻的结构和参数

a）麻花钻的组成　b）麻花钻的螺旋角　c）钻芯直径由钻尖向刀柄方向递增　d）麻花钻的切削部分

的刚度。

（3）螺旋角 β　β 指钻头刃带棱边螺旋线展开成的直线与钻头轴线的夹角。如图 6-1b 所示，主切削刃上选定点 x 的螺旋角 β_x 可由下式计算

$$\tan\beta_x = \frac{2\pi r_x}{L}$$

式中　r_x——钻头主切削刃上选定点的半径；

L——螺旋槽导程，其值在切削刃各点上是相同的。

由上式可知，钻头在外径处的螺旋角最大，离钻头中心越近，螺旋角越小。螺旋角实际上就是钻头假定工作平面内的前角。增大螺旋角，可使前角增大，有利于排屑，并使切削轻快，但钻头刚性变差。通常钻头外缘处螺旋角 $\beta = 25° \sim 32°$。

三、麻花钻切削部分组成及几何参数

（一）麻花钻切削部分组成（图 6-1d）

（1）前面 A_γ　前面是由切削刃形成的螺旋面。

（2）后面 A_α　后面是刃磨得到的。对于很小的钻头常磨成平面，一般钻头为锥面或螺旋面的一部分。

（3）主切削刃 S　前面与后面的交线。

（4）横刃　两个后面的交线。

（5）刃带 A_α'　在外圆柱上两侧螺旋槽的棱边。

（6）副切削刃 S'　螺旋槽面与外圆柱面交线，亦即与刃带的交线。

因此，麻花钻有两条主切削 S、两条副切削刃 S'和一条横刃。主切削刃和横刃起切削作用，副切削刃起导向和修光作用。

（二）麻花钻的几何参数

1. 基面与切削平面（图6-2）

（1）基面 p_r　主切削刃上选定点 A 的基面 p_{r_A} 是通过该点并垂直于该点切削速度 v_{c_A} 方向的平面。因主切削刃上选定点的切削速度垂直于该点的回转半径，所以基面 p_r 总是包含钻头轴线的平面。同时各点基面的位置也不同。

（2）切削平面 p_s　与车削中的规定相同，主切削刃选定点的切削平面是通过该点与主切削刃相切并垂直于基面的平面，显然切削平面的位置也随基面位置的变化而变化。

此外，正交平面 p_o、假定工作平面 p_f 和背平面 p_p 等的定义也与车削中的规定相同。

副切削刃和横刃的基面、切削平面和正交平面如图6-2所示。

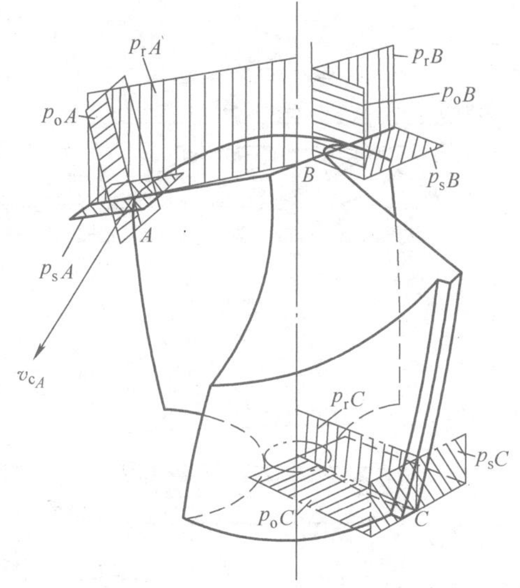

图6-2　麻花钻的基面与切削平面

2. 钻头的几何角度

麻花钻主要的切削角度如图6-3所示。

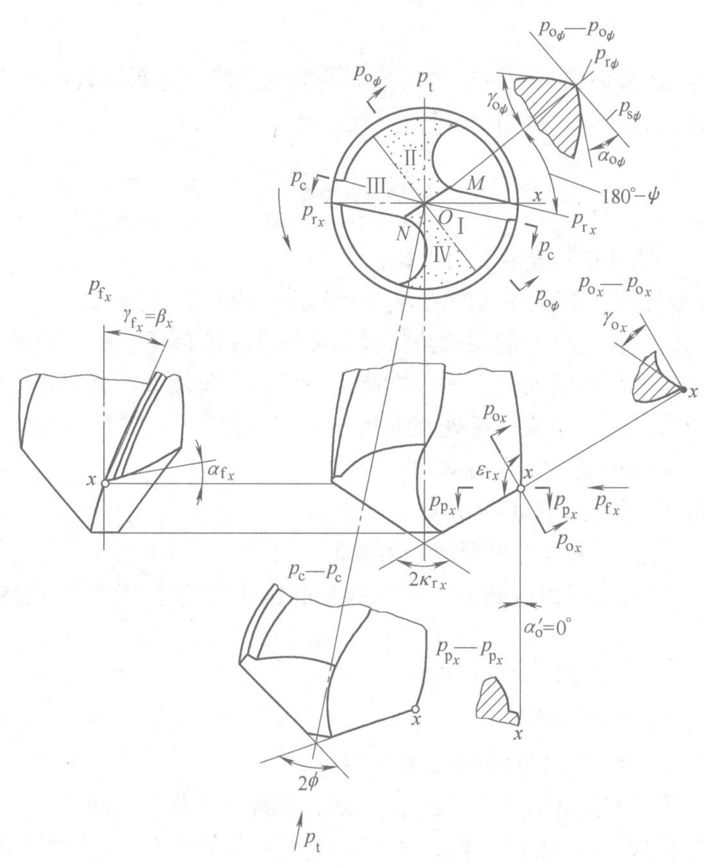

图6-3　麻花钻的几何角度

（1）顶角 2ϕ　两主切削刃在与其平行的轴向平面（p_c-p_c）内投影的夹角。标准钻头的 $2\phi=116°\sim118°$，刃口呈直线。加工材料不同，选用的顶角也不同，如钻削难加工材料时可取 $2\phi=125°\sim150°$。通常，$2\phi>118°$，刃口呈内凹状；$2\phi<118°$，刃口呈外凸状。

（2）主偏角 κ_r　任一点主偏角 κ_{r_x} 是主切削刃在该点基面（$p_{r_x}-p_{r_x}$）中投影与进给方向的夹角。

顶角 2ϕ 与外径处主偏角 κ_r 的大小较接近，故常用顶角 2ϕ 大小来分析对钻削过程影响。

（3）前角 γ_o　主切削刃上任一点的前角 γ_{o_x} 是在正交平面内表示的前面与基面夹角。在假定工作平面 p_{f_x} 内，前角 γ_{f_x} 也是螺旋角 β_x，它与主偏角 κ_{r_x} 有关。由于螺旋角 β_x 越靠近钻芯越小，故在切削刃上各点的前角 γ_{o_x} 也是变化的。如图 6-4 所示，钻头外径处前角大，近钻芯处前角小。对于标准麻花钻，从外径处到钻芯，前角 γ_{o_x} 由 30°到 −30°变化，因此，近中心处切削条件很差。

（4）后角 α_f　主切削刃上任一点的后角 α_{f_x} 是在假定工作平面内表示的后面与切削平面夹角。后角影响摩擦。后角 α_f 在刃磨后面时应满足外径处小，越近钻芯越大，通常从 8°～14°增大到 20°～27°，这是因为：①减少进给运动对主切削刃上各点工作后角而产生的影响。减小的后角为 $\Delta\alpha_{f_x}=\arctan\dfrac{f}{\pi d_x}$，即越近中心越大。②横刃处前、后角是钻头上两侧后面自然形成的，加大钻芯处后角可改善横刃处切削条件。③ 使主切削刃上各点的楔角相差较小。

（5）副后角 α_o'　钻头的副后面（刃带）是一条狭窄的圆柱面，因此副后角 $\alpha_o'=0°$。

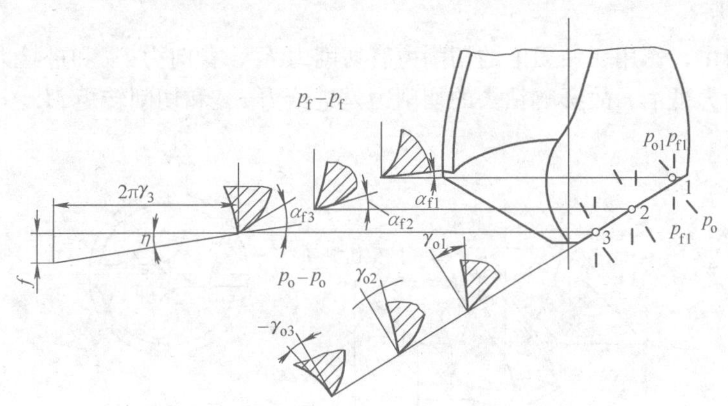

图 6-4　麻花钻主切削刃上各点前后角变化示意图

（6）横刃角度　横刃角度在端平面 p_t 上表示，其中有横刃斜角 ψ、前角 γ_{o_ψ} 和后角 α_{o_ψ}。ψ 是横刃与主切削刃间钝夹角，一般 $\psi=125°\sim130°$（其补角为 50°～55°）。横刃是钻头的两后面交线，因此可通过检验 ψ 来控制钻芯处后角大小。在横刃的正交平面 $p_{o_\psi}-p_{o_\psi}$ 中表示的横刃前角 γ_{o_ψ} 为负值，横刃后角 $\alpha_{o_\psi}=90°-|\gamma_{o_\psi}|$，标准麻花钻的 $\gamma_{o_\psi}=-(54°\sim60°)$，故 $\alpha_{o_\psi}=36°\sim30°$。由于横刃上负前角很大，故横刃的切削条件很差，会产生严重挤压，增大进给力，影响钻削精度。

综上所述，麻花钻几何角度分为下列三类：

1）结构角度，即在刀具制造时已定的角度，刃磨使用时无法改变其大小，如螺旋角 β、副偏角 κ_r' 和副后角 α_o' 等。

2）刃磨角度，刀具刃磨时形成的角度，其大小可由刃磨者控制，如顶角 2ϕ、钻头后角 α_f 和横刃斜角 ψ。

3）派生角度，如前角 γ_o、主偏角 κ_r 等，其大小可从其他角度间的几何关系中推算而得。

四、钻削过程

（一）钻削要素

麻花钻钻孔时如同车孔，因此钻削用量和切削层参数定义、符号及单位等与车削相似，但其特点是各参数与钻头直径 d 有关，如图 6-5 所示。

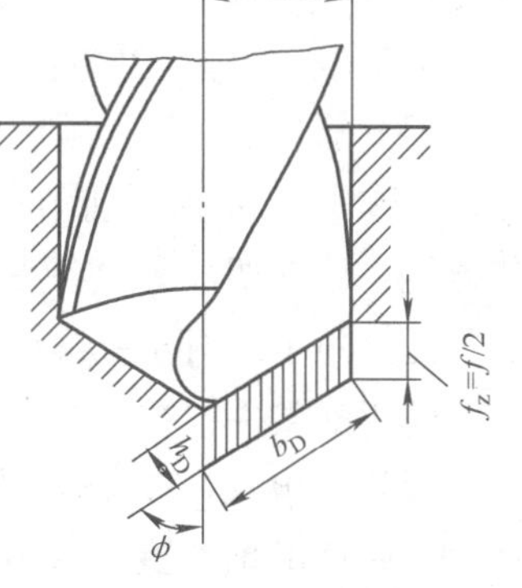

图 6-5 钻削要素

钻削速度 $v_c=\pi dn/1000$ 单位 m/min；

背吃刀量 $a_p=d/2$ 单位 mm；

每刃进给量 $f_z=f/2$ 单位 mm/刃；

钻削宽度 $b_D=d/(2\sin\phi)$ 单位 mm；

钻削厚宽 $h_D=f\sin\phi/2$ 单位 mm。

钻头直径由加工孔径要求决定，如需扩孔时，钻初始孔的钻头直径 d_1 是孔径 d 的（50～70）%。钻头进给量由于受钻头的强度和刚性的限制，一般为 $f=(0.01\sim0.02)d$。

高速钢钻头的切削速度：切钢，$v_c=15\sim30$m/min；切铸铁，$v_c=20\sim25$m/min。

（二）钻削力

如图 6-6 所示，作用在钻刃上的切削力有切削力 F_c、背向力 F_p 和进给力 F_f，其中两对称切削刃上背向力抵消，故影响钻头的切削力是进给力 F_{f_Σ} 和切削转矩 M_c。

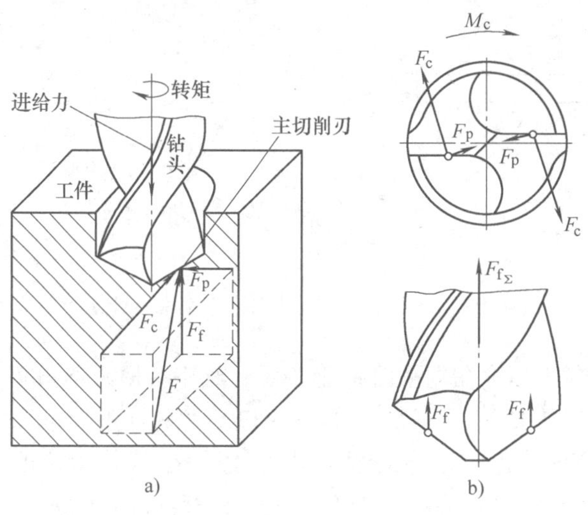

图 6-6 钻削力

a）钻头上作用力分解 b）钻削力和转矩组成

作用在钻头各切削刃上的切削力比例列于表 6-1 中。由表可知，横刃上进给力约占 57%，主切削刃上的转矩占 80%。

表 6-1　钻削力的分配

钻削力	主切削刃	横刃	刃带
进给力 $F_{f\Sigma}$	40%	57%	3%
转矩 M_c	80%	8%	12%

（三）钻削过程特点

1）麻花钻有五个切削刃，各刃的几何角度和切削条件各不相同，与车削相比，钻削切削变形更为剧烈、复杂。

2）钻头刚性、导向性差，轴向阻力大。

3）钻孔是半封闭式切削，因此排屑、热量传散、切削液浇注都较困难。

4）经手工重磨后的钻头，两切削刃难以对称，因此钻削时易产生摆动，引偏。

由于麻花钻的结构及钻削不利的特点，因此钻出孔的质量较差，钻头寿命较低。

五、麻花钻的改进

标准麻花钻结构和几何参数上存在如下问题：排屑不畅，注入切削液困难；主切削刃上前角变化大，近外径处可达 +30°，而近中心处却为 -30°，且横刃上负前角达 -54° ~ -60°，故切削条件差；刃带上 $\alpha_o'=0°$，产生的摩擦大；转角处热量集中，强度差；钻芯处呈正锥，减小了容屑空间等。为此，在生产中采取了改进措施，①对标准麻花钻进行修磨。②在设计和制造时改变结构和材料。

（一）麻花钻的修磨

常用的修磨形式有以下几种。

1. 修磨主切削刃

（1）修磨钻头外圆转角（图 6-7a）　在外圆转角处磨出 $2\phi_1 = 70° \sim 90°$、$b_\varepsilon = (0.18 \sim 0.22)d$ 的双重顶角，或者磨出外凸圆弧。其优点是：增大转角处强度；改善散热条件；减轻单位长度切削刃载荷。此法主要用于较大直径钻头和对铸件钻孔用钻头。

（2）磨出内凹的圆弧刃（图 6-7b）　主要是为达到钻头定心、分屑和断屑目的。

（3）磨出分屑槽（图 6-7c）　在两主切削刃上磨出交错分布的分屑槽，以减小切削变形，起断屑、卷屑和排屑作用。此法主要适用于中等以上直径钻头钻钢时。

2. 修磨横刃

图 6-8a 所示为磨成十字形横刃，横刃长度 b_ψ 不变，$\gamma_\psi=0°$，避免了横刃处负前角切削，可减小进给力，但钻芯强度有所减弱。

图 6-8b 所示为将横刃磨成两条内直刃和一条窄横刃，缩短横刃，降低进给力，并能保持横刃强度；磨出了近钻芯处前面，增大了内直刃前角（$\gamma_\tau=0° \sim -15°$），并能增大容屑空间。

上述修磨横刃方法在生产中得到了广泛应用。

3. 修磨刃带

如图 6-8c 所示，直径 $d>12$mm 的钻头可在刃带前端磨出副后角 $\alpha_o'=6° \sim 8°$，以减少摩擦和磨损。此法适用于钻削韧性高的软材料。

（二）群钻

群钻是在长期的钻孔实践中，经过不断总结，综合运用了多种形式的修磨方法变革而成

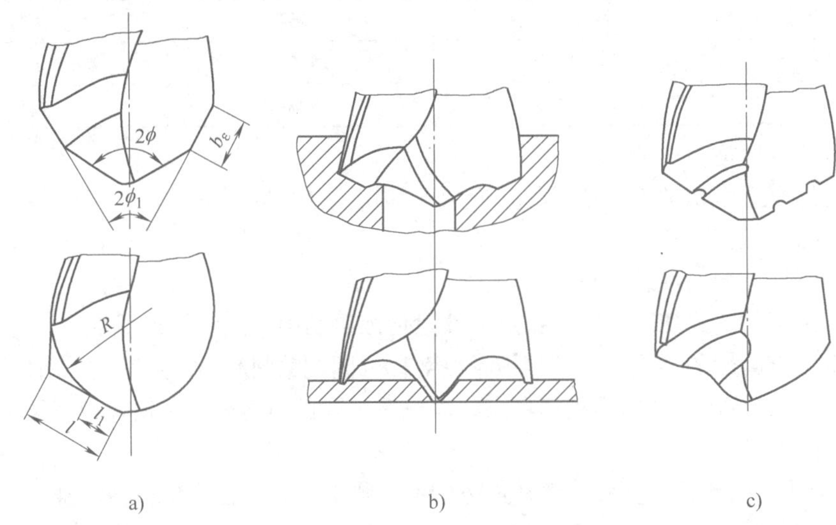

图 6-7　主切削刃修磨形式

a）修磨外圆转角　b）修磨内凹圆弧刃　c）磨出分屑槽

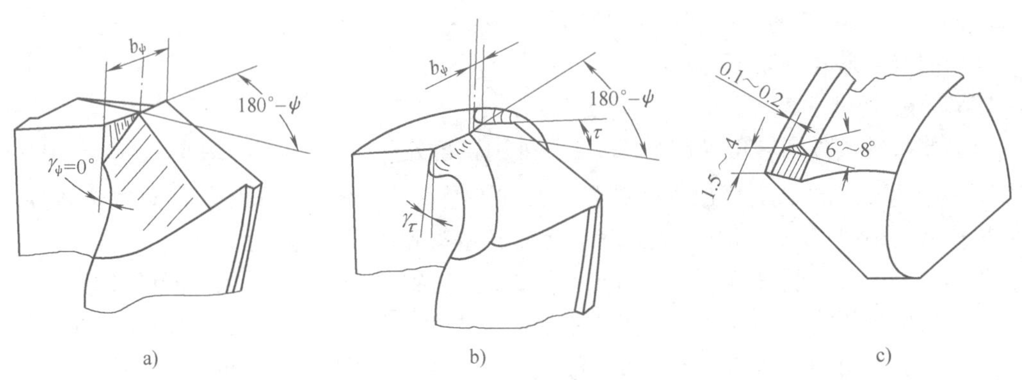

图 6-8　横刃和刃带的修磨

a）十字形横刃　b）两条内直刃及一条窄横刃　c）修磨刃带

的系列钻型，适于加工不同材料。图 6-9 所示为基本型群钻几何形状。

群钻共有七条切削刃，钻刃两侧有两个新的尖点，与横刃处中心尖点构成三尖点，起定心作用。中心尖点比两旁尖点高 $h=0.03d$。外缘处磨出 125°的顶角，形成两条外直刃 AB，中段磨出内凹圆弧刃 BC，钻芯处修磨横刃，形成两条内直刃 CD 及一条窄横刃（$b_ψ=0.03d$）。直径 $d>15$mm 的钻头在一侧外刃上再开分屑槽。因此，群钻的刃形特点是：

三尖七刃锐当先，月牙弧槽分两边，一侧外刃开屑槽，横刃磨低窄又尖。

群钻由于有合理的切削角度，特别是有效地改善了横刃处切削条件，所以钻削轻快，切钢时群钻的进给力可降低 35% ~50%，转矩下降 10% ~30%，钻头寿命可提高 2 ~4 倍。由于钻头定心性好，钻孔精度提高，表面粗糙度值也较小。

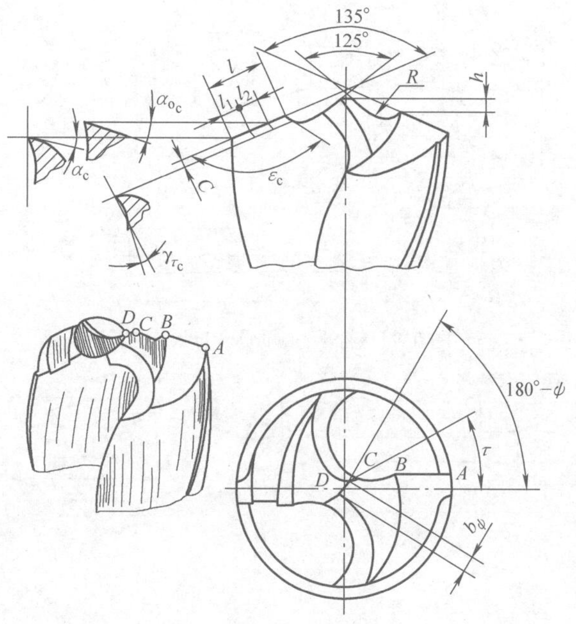

图 6-9　基本型群钻几何形状

（三）其他钻头简介

1. 蜗杆形麻花钻

图 6-10 所示为在普通机床上能一次钻出孔深与直径之比达 20 的深孔蜗杆形麻花钻。其特点是：采用厚钻芯；刃沟截面形状为抛物线或近似抛物线；45°大螺旋角既增大了钻头刚性和容屑空间，又提高了排屑能力；采用了十字形修磨横刃，减少横刃处切削阻力；大顶角，开分屑槽能较好地分屑、排屑。

2. 硬质合金麻花钻

小尺寸硬质合金麻花钻（图 6-11）一般用于高转速加工印制电路板上的插件焊前孔、仪表和精密机械上的小孔。因直径小，强度差，所以小尺寸硬质合金麻花钻的螺旋角、后角比高速钢钻头小，钻芯较厚。

近几年来，株洲硬质合金工具厂开发了一系列整体硬质合金钻头。其产品分成四大系列，即 SU、ST、SH 和 SC 系列。

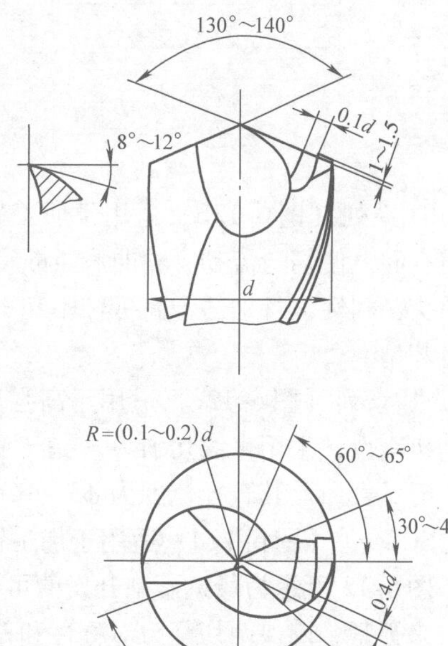

图 6-10　蜗杆形麻花钻

SU 系列硬质合金钻头为通用加工系列（图 6-12a），适用范围广，能实现对钢、不锈钢、铸铁、耐热合金等多种材料的高效加工。其结构的主要特点是：优化了槽形和波形切削刃，提高了切削刃锋利性和强度，使切屑排出更加流畅；140°顶角降低了钻孔初始阶段的进给力，提高了钻头自定心能力；纳米结构的 TiAlN 涂层，提高了热硬性。钻头直径范围是：ϕ2 ~ 20mm。直径 ϕ3mm 开始为内冷却型。

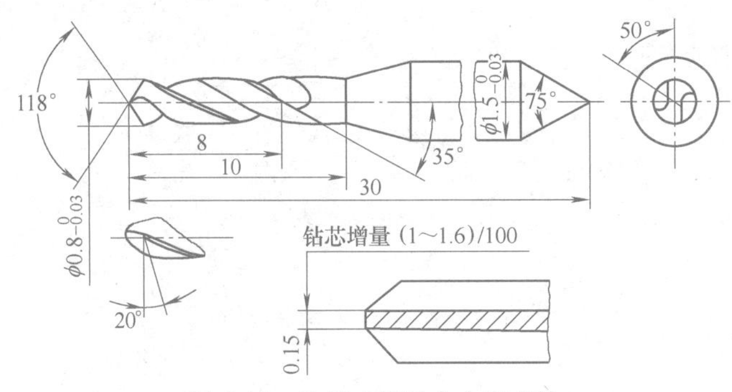

图 6-11 小尺寸硬质合金麻花钻

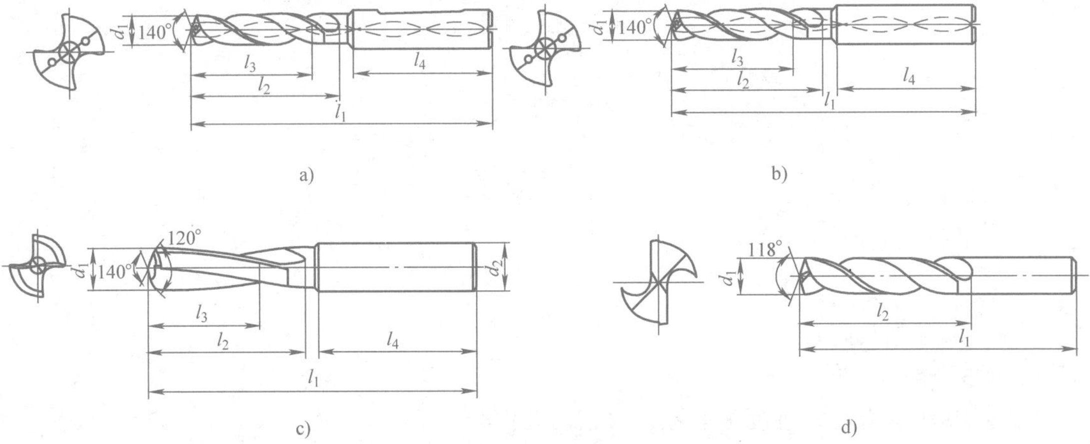

图 6-12 整体硬质合金钻头

a) SU 系列 b) ST 系列 c) SH 系列 d) SC 系列

ST 系列（图 6-12b）适用于加工软钢、不锈钢。其特点是：特殊的槽形设计和较大的容屑空间，使切屑流动、卷曲和折断得到有效控制；波形切削刃配合较大的切削角度，提高了钻头锋利性，特别适合高延伸率和奥氏体不锈钢加工。钻头直径范围为 $\phi3 \sim 20$mm，均为内冷却型。

SH 系列（图 6-12c）适用于高强度钢加工。其特点是：小螺旋角与厚钻芯设计，提高了钻头刚性；采用直线切削刃，提高了切削刃强度；表面经过硬度高 TiAlN 涂层，大幅度提高了刀具寿命。其直径范围为 $\phi3 \sim 16$mm，均为外冷却型。

SC 系列（图 6-12d）适用于加工铸铁、铝合金。

图 6-13 所示为最近研制开发的可换刀头硬质合金钻头。可换刀头以圆柱定位，并通过螺钉来锁紧，确保两切削刃对称性和钻头可靠性。这种钻头易于装卸，无须从机床上拆下刀具即可更换刀头，由此缩短了停机时间。钻头槽形和螺旋角经过优化设计，可确保安全排屑和刀具的稳定性。其钻孔直径范围为 $\phi10 \sim 25$mm，公差等级为 H9 ~ H10，钻孔深度为 8 倍钻头直径。加工高合金钢时，推荐切削速度 $v_c = 60 \sim 100$m/min；进给量 $f = 0.19 \sim 0.33$mm/r。

3. 可转位浅孔钻

图 6-14 所示为内冷却型硬质合金可转位浅孔钻，目前在数控机床和加工中心上使用广泛。其两侧刀片错开并用锥形螺钉夹紧在刀体上，一个位于钻头中心的刀片称为内刀片，另

一个刀片位于外缘，称为外刀片。内、外刀片不对称交错排列，分段切削，利于排屑。内刀片的切削刃一般低于钻头中心 0.1～0.3mm，以消除钻头中心处的切削刃的切削速度为零。为了使内、外刀片的径向切削分力基本平衡，外刀片偏转一个角度 ω，通常取 $\omega=5^\circ\sim6^\circ$。该钻头直径范围为 ϕ16～50mm，用于钻削孔深与孔径比小于 3 的浅孔。该钻头采用内冷却型，切削速度达 $v_c=50\sim150$m/min，进给量达 $f=0.08\sim0.3$mm/r，其切削效率比高速钢钻提高 3～10 倍。

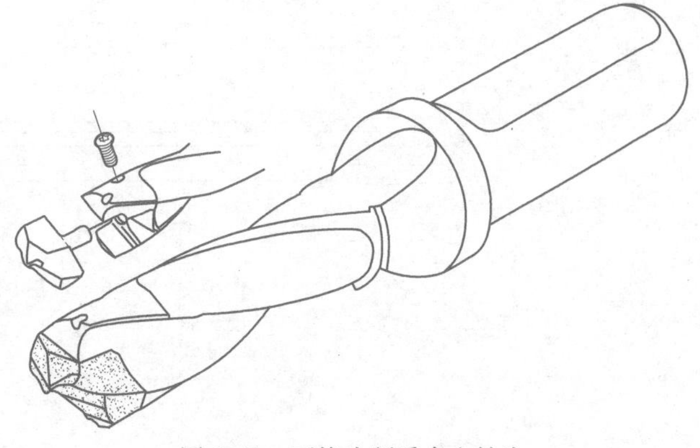

图 6-13　可换头硬质合金钻头

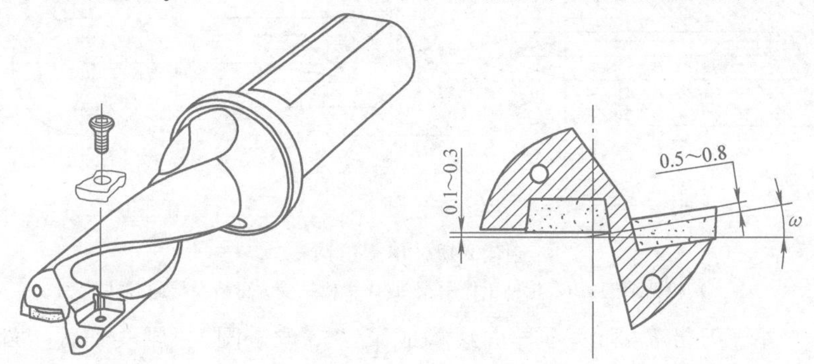

图 6-14　可转位浅孔钻

第二节　深　孔　钻

深孔是指孔深与孔径之比超过 5 的孔。对孔深与孔径之比为 5～20 的一般深孔，可用直柄和锥柄超长麻花钻或蜗杆形麻花钻加工。但对孔深与孔径之比大于 20 的深孔，则需使用深孔刀具才能加工，包括深孔钻及镗、铰、滚压和珩磨工具等。

深孔加工要妥善解决排屑、冷却润滑和导向等问题，常需采用专门装置。下面介绍几种典型的深孔加工刀具。

一、枪钻

枪钻常用来加工直径 ϕ1～35mm、孔深与孔径之比达 100～250 的深孔。目前加工小直径 ϕ1～6mm 的深孔全部采用枪钻。

枪钻的典型结构如图 6-15 所示。它的切削部分用高速钢或硬质合金制成，工作部分用无缝钢管压制成形。工作时工件旋转，钻头进给，高压切削液（2～10MPa）由钻杆后端的内孔注入，经月牙形孔和切削部分的进液小孔被输送到切削区，以冷却钻头，随后连同切屑沿钻杆外表面上的 V 形凹槽中排出。这种排屑方式常称为外排屑。排出的切削液经过滤后再流回液池，循环使用。

枪钻结构的最大特点是将切削与导向两部分分开，一般设两个导向块。在径向截面 A—

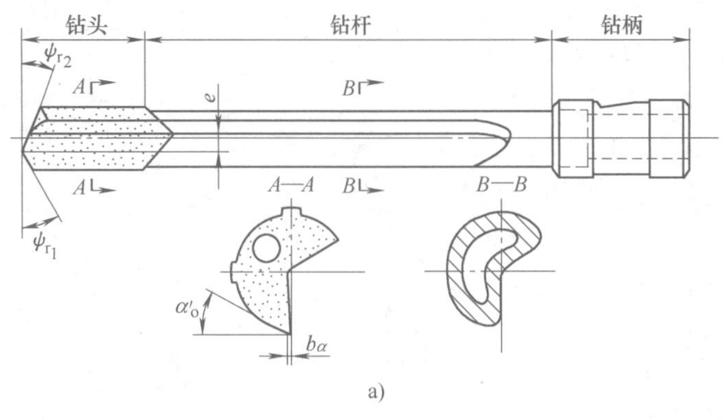

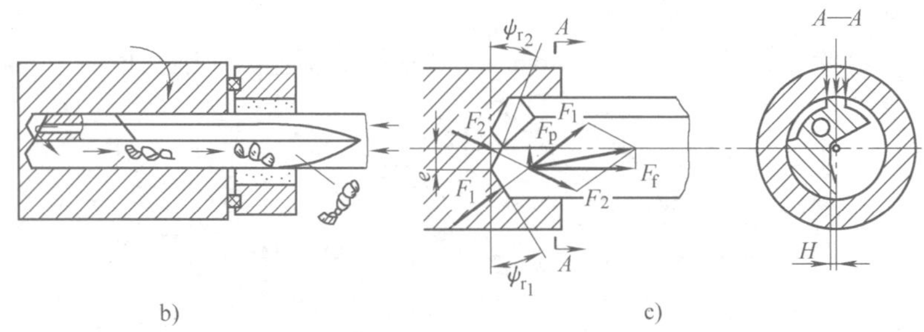

图 6-15　单刃枪钻

a）枪钻结构　b）枪钻工作示意图　c）枪钻受力分析及导向芯柱

A 内，切削刃的外缘刃带 b_{α} 和两个导向块构成了“三点定圆”，钻头切入工件后能自行导向，因而能加工出 IT8 ~ IT10、$Ra0.8 \sim 3.2\mu m$、直线度达 0.05mm/1000mm 高精度的深孔。

枪钻几何参数的特点是：仅在轴线一侧有切削刃，没有横刃。使用时重磨内、外刃后刀面，形成外刃余偏角 $\psi_{r_1}=30° \sim 40°$，内刃余偏角 $\psi_{r_2}=20° \sim 25°$，钻尖偏距 $e=d/4$。钻尖偏移轴线的作用是：解决钻尖处切削速度为零的问题；孔底形成小圆锥面给钻头以定心作用；保证作用在内、外刃上背向合力 F_p 始终压向导向块，以保证孔的直线度要求。为避免钻芯处切削刃工作后角为负值，内切削刃前面要稍低于轴线一个距离 H，常取 $H=(0.01 \sim 0.015)d$，这样在切削时会形成一个 $2H$ 的残留芯柱，也起附加定心导向作用。当芯柱达到一定长度后会自行折断。

枪钻加工时，宜用高转速和低的每转进给量。高速钢枪钻的 $v_c=35 \sim 70$m/min，$f=0.013 \sim 0.032$mm/r；硬质合金枪钻的 $v_c=65 \sim 180$m/min，$f=0.01 \sim 0.18$mm/r。使用枪钻加工时，常用极压乳化液冷却，切削液流量为 5 ~ 90L/min，孔大而深时切削液流量取大值，反之取小值。

二、喷吸钻

喷吸钻是一种内排屑深孔钻，它利用切削液的喷吸效应来排屑，故切削液的供液压力可降低（仅为 1 ~ 2MPa），工作时不需要专门的高压密封装置，只要附加一套连接装置，就可在卧式车床、钻床、镗铣床上使用。喷吸钻适于加工直径 ϕ18 ~ 180mm、孔深与孔径之比为 16 ~ 50（可达 100）的深孔，公差等级为 IT7 ~ IT10，表面粗糙度值达 $Ra0.8 \sim 3.2\mu m$，孔的直线度可达 0.1mm/1000mm。

图 6-16a 所示为喷吸钻削系统的加工示意图，它由支架 1、导向套 2、钻头 3、内钻管

4、外钻管5、连接装置6和夹紧装置7组成。外钻管尾端与连接装置相连，前端安装钻头。内钻管尾部有两排月牙形喷嘴，每排（相隔约5mm）上有3~4个槽。具有一定压力的切削液由进液口进入连接装置，其中1/3切削液由月牙槽口高速向后喷出，使喷射口周围形成一个负压区，对切削区产生一股强大的吸力；另2/3切削液经钻头颈部上的6个小孔和导向套与钻体间的间隙到达切削区，冲刷切屑，经钻头内腔排屑孔进入内钻管后流回集屑油箱。与枪钻工作时相比，喷吸钻所需切削液压力不高，但压力稳定，不会外泄，排屑顺利，可采用较大的切削用量。用喷吸钻加工钢料时，切削速度可达60~100m/min，进给量为0.15~0.30mm/r，切削液常用1:100乳化液，流量大于35L/min。

焊接式喷吸钻的结构如图6-16b所示。钻头上除焊有相互间成110°的两个硬质合金导向块外，每个钻头均焊有3~4块硬质合金刀片，这些刀片在锥面上交错排列，起分屑作用；并在刀片上磨断屑台。当孔径较大时，可采用可转位刀片结构（图6-16c）。国家标准中列出了直径为ϕ18.4~65mm硬质合金喷吸钻的形式和尺寸。

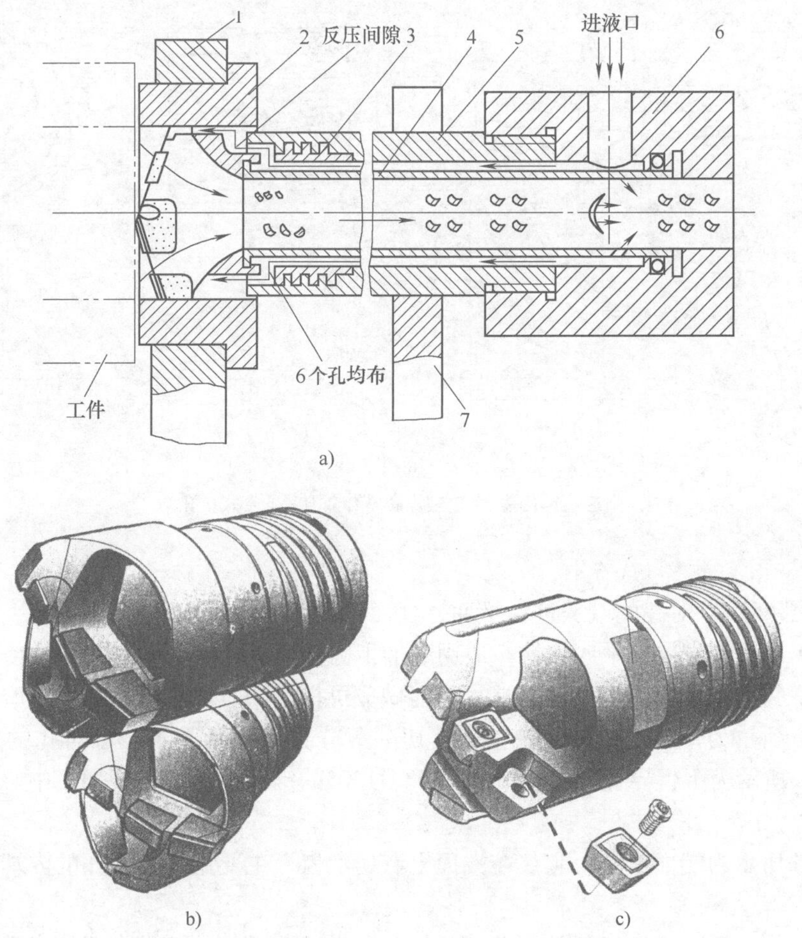

图6-16 喷吸钻工作原理及钻头结构

a）喷吸钻削系统 b）焊接式喷吸钻 c）可转位喷吸钻

1—支架 2—导向套 3—钻头 4—内钻管 5—外钻管 6—连接装置 7—夹紧装置

第三节　扩孔钻、锪钻和镗刀

一、扩孔钻

扩孔钻一般用于孔的半精加工或终加工，扩孔钻加工能达到的公差等级通常为 IT9 ~ IT10，表面粗糙度值为 Ra3.2 ~6.3μm。

如图 6-17 所示，扩孔钻与麻花钻相比，它的齿数较多，一般有 3 ~4 个齿，导向性好；扩孔钻无横刃，切削条件好，扩孔余量较小；扩孔钻的容屑槽较浅，钻芯较厚，其强度和刚性较高，可采用较大切削用量。国家标准规定，直径 ϕ7.8 ~50mm 扩孔钻做成带锥柄的；直径 ϕ25 ~100mm 做成套式的。套式扩孔钻使用前需先装在具有 1∶30 锥度的专用心轴上，心轴的尾部具有莫氏自锁圆锥，然后再插入机床主轴锥孔内使用。为了提高生产率，生产中也常使用镶焊硬质合金刀片的扩孔钻（图 6-17b）和可转位扩孔钻。

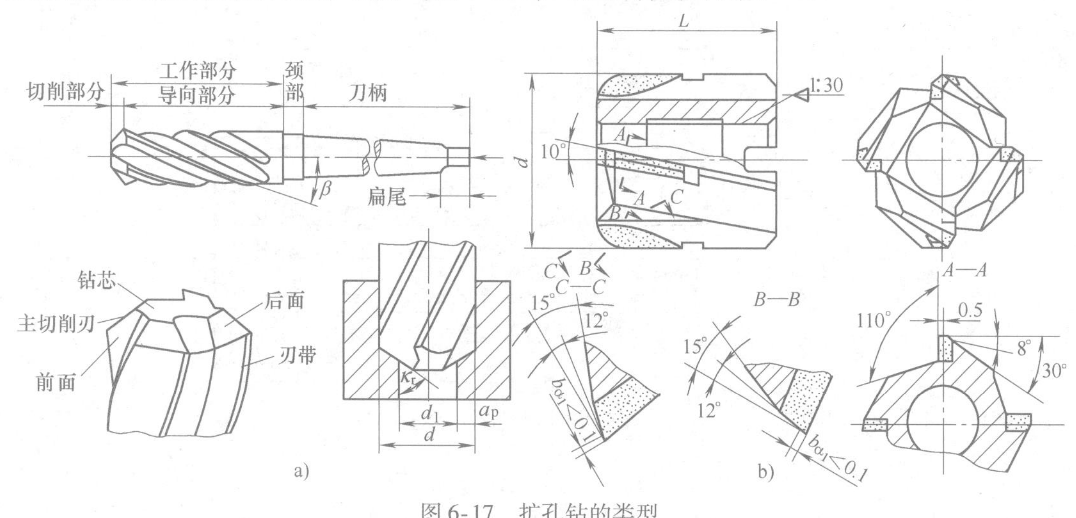

图 6-17　扩孔钻的类型

a）高速钢扩孔钻　b）镶焊硬质合金刀片的套式扩孔钻

二、锪钻

锪钻（图 6-18）对孔的端头进行平面、柱面、锥面及其他型面加工。

图 6-18a 所示为带导柱平底锪钻，适用于加工圆柱形沉孔。锪钻上的导柱使沉孔及其端面和圆柱孔保持同轴度及垂直度。导柱尽可能做成可拆卸的，以利于制造和重磨。

图 6-18b 所示为带导柱的锥面锪钻，其切削刃分布在圆锥面上，可对孔的锥面进行加工。图 6-18c 所示为不带导柱的 $2\phi=60°$、90°、120°的锥面锪钻，用于加工中心孔或孔口倒角。

图 6-18d 所示为端面锪钻，它仅在端面上有切削齿，主要用于加工孔的内端面。

三、镗刀

镗刀是应用广泛的孔加工刀具，尤其是加工大直径孔时，镗刀是常用的刀具。镗孔加工能达到的公差等级可达 IT7 ~ IT8。精细镗孔时能达到 IT6，表面粗糙度值为 Ra0.8 ~1.6μm。镗孔加工能纠正孔的直线度误差，获得高的位置精度，特别适于箱体零件的孔系加工。

镗刀的种类很多，一般分为单刃镗刀和多刃镗刀两类。

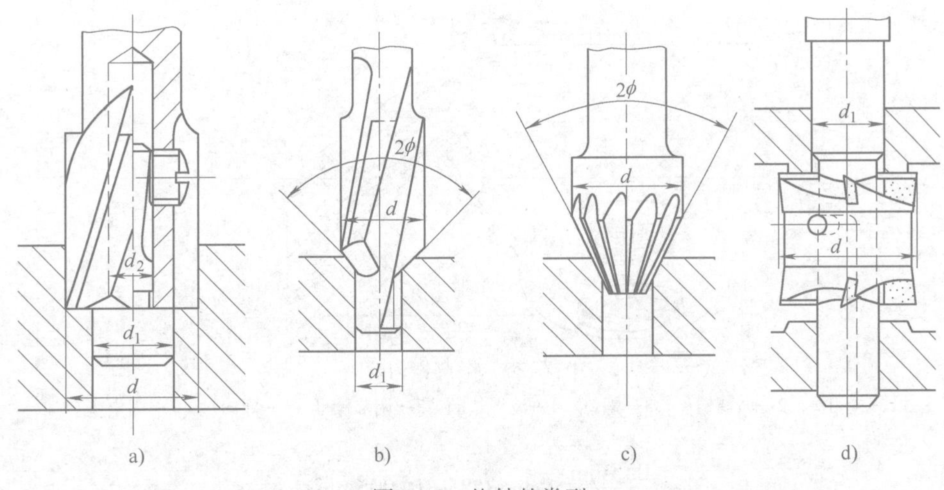

图 6-18　锪钻的类型

a）带导柱平底锪钻　b）带导柱锥面锪钻　c）不带导柱锥面锪钻　d）端面锪钻

（一）单刃镗刀

1. 机夹式单刃镗刀

图 6-19 所示为镗床上使用的机夹式单刃镗刀。它具有结构简单、制造方便、通用性好等优点。加工不通孔时，$\delta=10°\sim45°$安装，以便于安装夹紧螺钉和调节螺钉。镗杆上的装刀孔一般都对称于轴线配置，因而刀头装入刀孔后，切削刃将高于工件中心而使切削时工作前角减小、后角增大。因此，在刃磨刀头时应适当增大前角、减小后角。

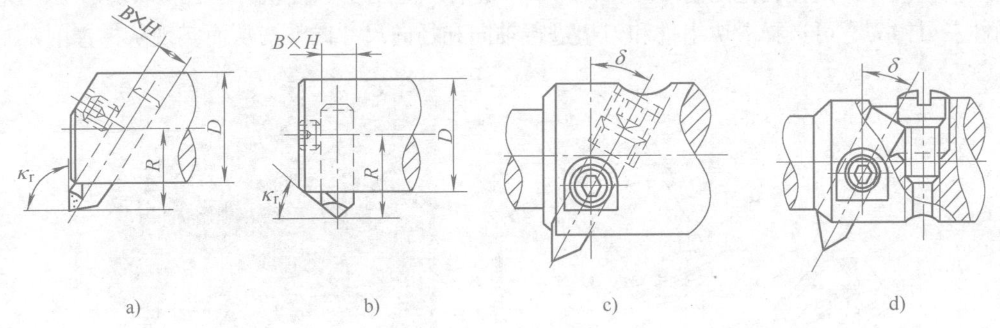

图 6-19　单刃镗刀

2. 微调镗刀

图 6-20 所示为在坐标镗床和数控机床上使用的一种微调镗刀。它具有调节尺寸容易、调节精度高等优点，主要用于精镗孔。

微调镗刀是首先用调节螺母 5、波形垫圈 4 将微调螺母 2 连同镗刀头 1 一起固定在固定座套 7 上，然后用螺钉 3 将固定座套固定在镗杆上。调节尺寸时，只需转动带刻度的微调螺母，使镗刀头径向移动即可达到预定尺寸。镗不通孔时，镗刀头在镗杆上倾斜 53°8′。微调螺母的螺距为 0.5mm，微调螺母上刻线 80 格，故微调螺母转动一格，镗刀头的径向移动量为

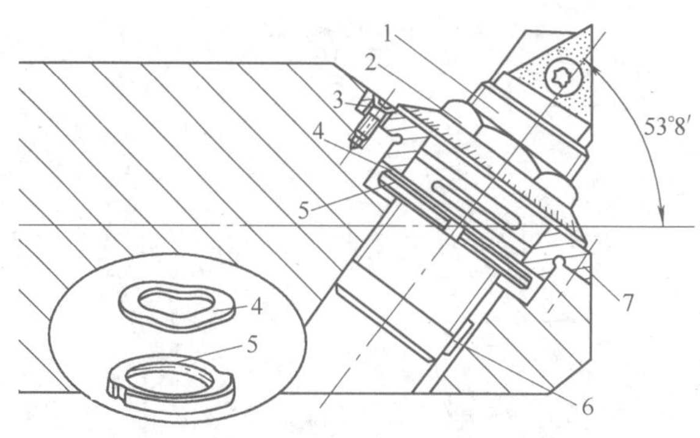

图6-20 微调镗刀

1—镗刀头 2—微调螺母 3—螺钉 4—波形垫圈 5—调节螺母 6—导向键 7—固定座套

$$\frac{0.5\text{mm}}{80}\times\sin53°8'=0.005\text{mm}$$

旋转调节螺母，使波形垫圈和微调螺母产生变形，用以产生预紧力和消除螺纹副的轴向间隙。刀头体上的导向键6与镗杆孔中键槽相配合，可使镗刀头不产生转动。

（二）多刃镗刀

多刃镗刀为定直径尺寸刀具。它在对称方向上同时有切削刃参加切削，因而可消除镗孔时因背向力对镗杆的作用而产生的加工误差。

图6-21a所示为滑槽式双刃镗刀，镗刀头3凸肩置于刀体4凹槽中，用螺钉1将它压紧在刀体上。调整尺寸时，稍微松开螺钉1，拧动调整螺钉5，推动镗刀头上的销6，使镗刀头沿槽移动来调整尺寸。其镗孔范围为$\phi25\sim250$mm，目前广泛用于数控机床。图6-21b所示为短式高刚性三刃镗刀，可选择滑块组件和刀垫进行轴向和径向尺寸调整，从而实现阶梯镗削。

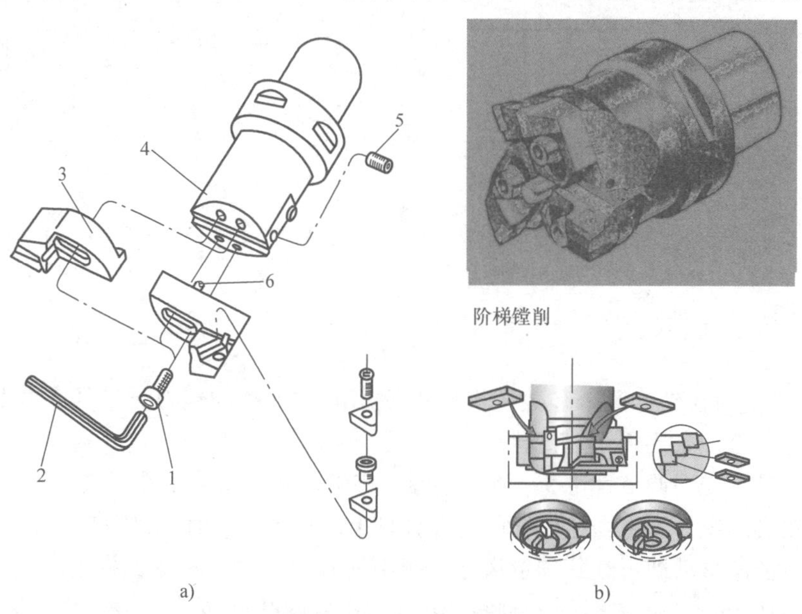

图6-21 多刃镗刀

a）滑槽式双刃镗刀 b）短式高刚性三刃镗刀

1—螺钉 2—内六角扳手 3—镗刀头 4—刀体 5—调整螺钉 6—销

（三）多功能镗刀

如图 6-22 所示，每把多功能镗刀配有 8 把镗刀杆，加工时可根据镗孔直径、更换不同的镗刀杆。多功能镗刀的镗孔直径范围为 ϕ8～280mm。调整尺寸时，旋转与螺杆连在一起的尺寸调整刻度环，从而推动与螺母固定在一起的滑座移动，来实现尺寸调整。调整刻度环每调一格，孔径尺寸调整 0.01mm。多功能镗刀特别适合在加工中心上使用。

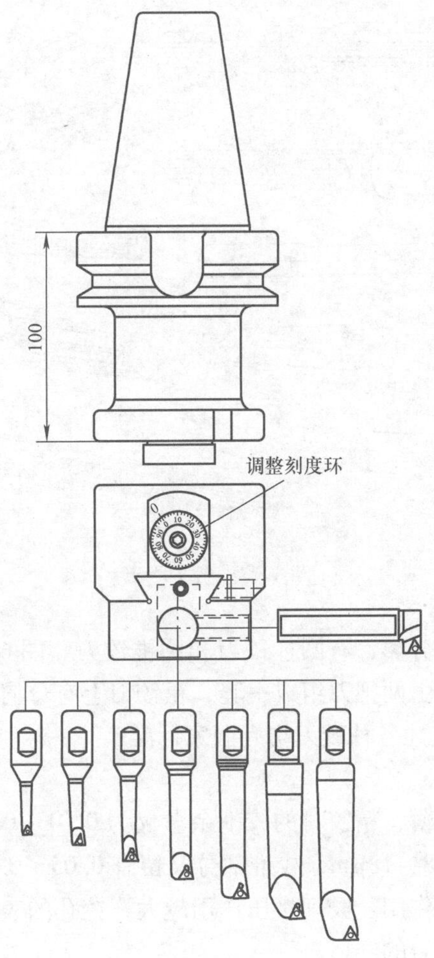

图 6-22 多功能镗刀

第四节 铰 刀

铰刀用于中小直径孔的半精加工和精加工。铰刀的加工余量小，齿数多（4～16 个），刚性和导向性好，所以加工时公差等级可达 IT6～IT7，甚至 IT5，表面粗糙度值可达 Ra0.2～1.6μm。

一、铰刀的分类和铰削特点

（一）铰刀的分类（图 6-23）

铰刀按精度分为三级，分别适用于铰削 H7、H8、H9 孔。

铰刀按使用方式可分为手用铰刀和机用铰刀两大类。手用铰刀有整体式的手用铰刀（图6-23a）和可调节式的手用铰刀（图6-23b）。在单件小批生产和修配工作中，常用尺寸可调节的手用铰刀。机用铰刀又分为高速钢机用铰刀（图6-23c，d）和硬质合金机用铰刀（图6-23e）。直径小的机用铰刀做成柄式的（直柄或锥柄），直径较大的机用铰刀做成套式的（图6-23f）。

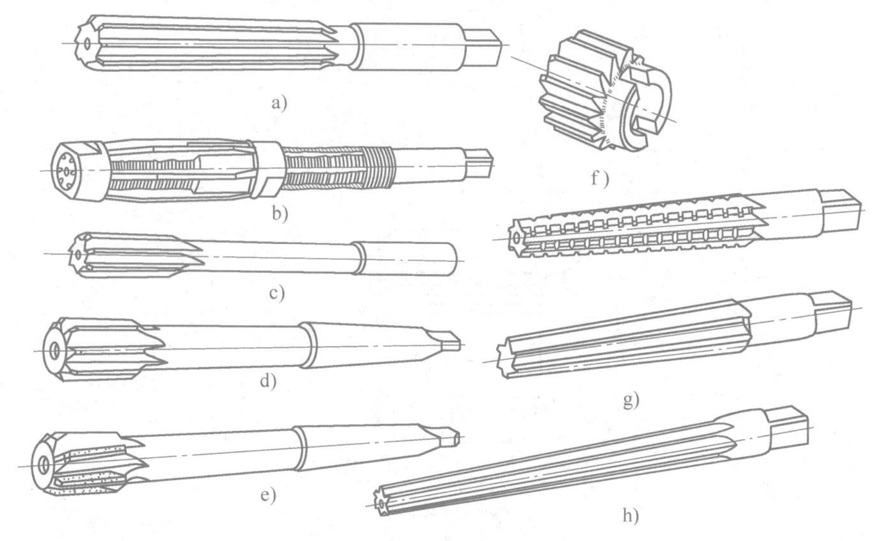

图6-23 铰刀类型

铰刀按加工孔的形状来分类，有圆柱铰刀和圆锥铰刀。图6-23g所示为铰削0~6号莫氏锥孔的圆锥铰刀，它通常由两把刀组成一套，粗铰刀上有分屑槽。图6-23h所示为用于铰1∶50锥度的销子孔铰刀。上述各种铰刀均有国家标准。

（二）铰削特点

铰削余量小，切削厚度薄，精铰时的铰削余量仅为0.01~0.03mm，且铰刀切削刃存在钝圆半径，高速钢铰刀r_n=8~18μm，校准部分又留有0.05~0.64mm圆柱刃带，故在铰孔时既起切削作用，又有挤压作用。铰削挤压作用越大，铰孔的表面粗糙度值越小，但使孔壁的弹性恢复越大，并加速铰刀的磨损。

铰削速度较低（v_c<15m/min），易产生积屑瘤，使孔径扩大并增大表面粗糙度值。

由于铰刀切削量小，为提高铰孔尺寸精度，铰刀与机床主轴常采用浮动联接，故铰削时不易纠正孔轴线偏斜等位置误差，因此，对预制孔的精度应具有较高要求。

二、铰刀的结构参数

图6-24所示为铰刀的组成及结构，其主要结构参数简介如下。

（一）铰刀的直径和公差

铰刀的直径和公差对铰孔精度、铰刀制造成本和使用寿命有直接影响。铰孔时，由于刀齿的径向圆跳动误差、工件与刀具的安装偏差、切削时的颤动以及积屑瘤等因素的作用，常会使铰出的孔径扩大；另外，由于铰孔时的挤压作用和热变形恢复等原因又会使孔径缩小。通常铰出的孔会产生扩大量，但在铰削薄壁的韧性材料或用硬质合金铰刀铰孔时，常会产生

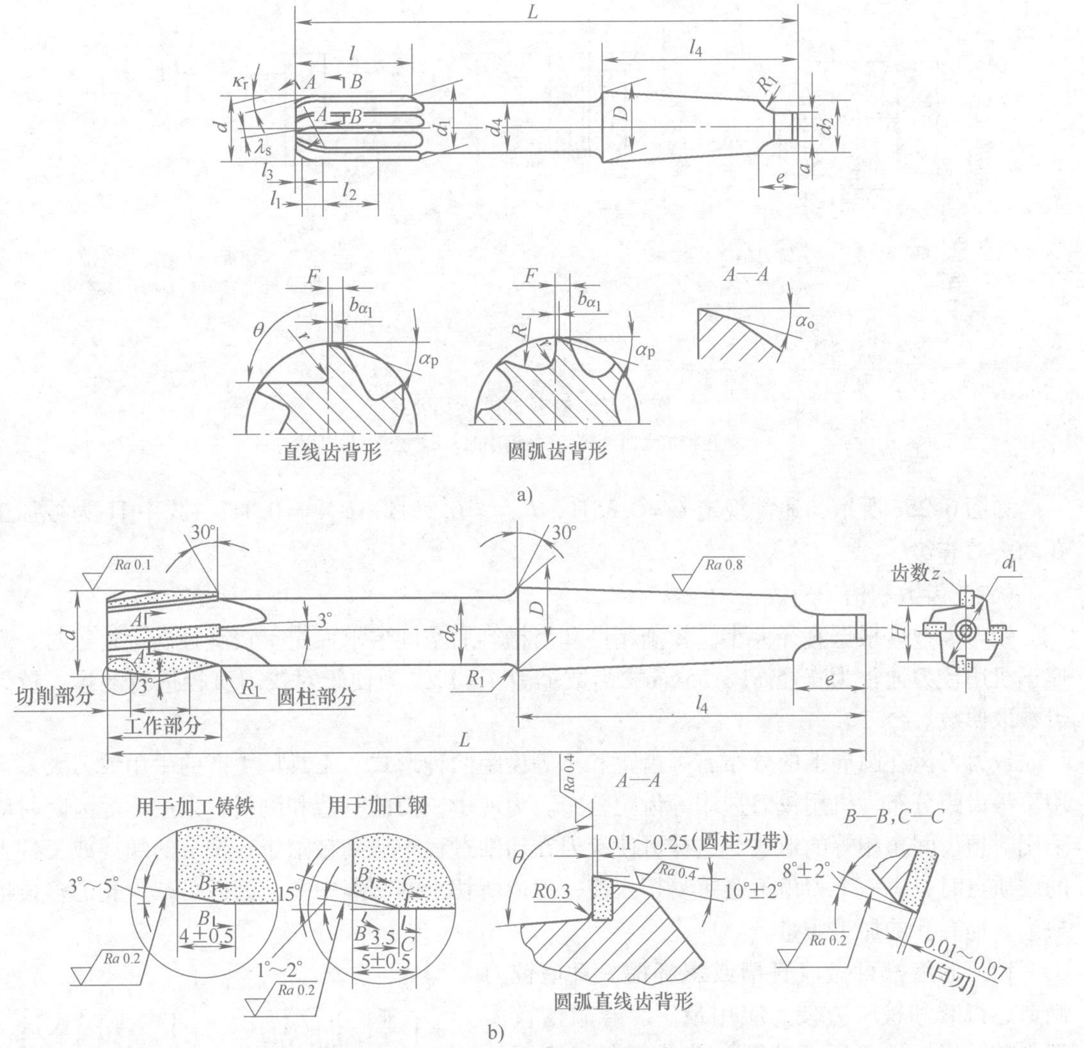

图6-24　铰刀的组成及结构

a）高速钢机用铰刀　b）硬质合金铰刀

l_1—切削部分　l_2—校准部分　l_3—导入部分　l_4—柄部　l—工作部分

收缩量。扩大量或收缩量的数值应由试验确定。一般扩大量或收缩量为 0.003～0.02mm。图 6-25a 所示为产生孔扩大量时的铰刀直径及其公差分布图。被加工孔的最大直径和最小直径分别为 $d_{w_{max}}$ 和 $d_{w_{min}}$，若已知铰孔时产生的最大和最小扩大量分别为 P_{max} 和 P_{min}，铰刀制造公差为 G，则铰刀制造时的上极限尺寸和下极限尺寸应分别为

$$d_{max} = d_{w_{max}} - P_{max} \tag{6-1}$$

$$d_{min} = d_{w_{max}} - P_{max} - G \tag{6-2}$$

若铰后孔径收缩，其最大和最小收缩量分别为 $P_{a_{max}}$ 和 $P_{a_{min}}$，则由图 6-25b 可得

$$d_{max} = d_{w_{max}} + P_{a_{min}} \tag{6-3}$$

$$d_{min} = d_{w_{max}} + P_{a_{min}} - G \tag{6-4}$$

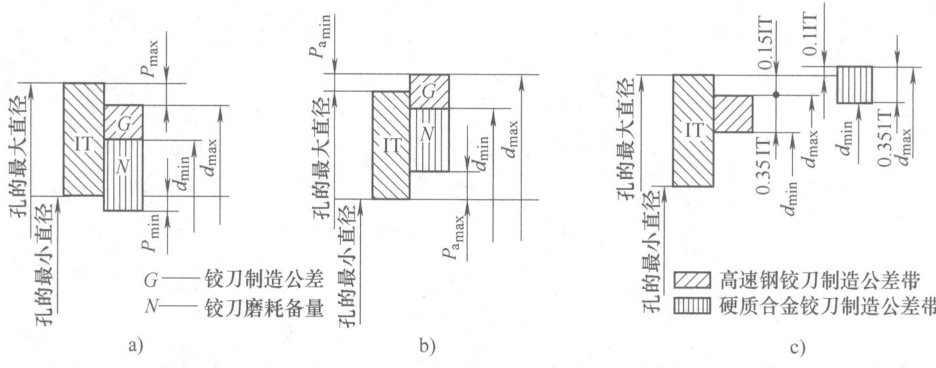

图 6-25　铰刀直径及其公差

a）孔径扩大时　b）孔径缩小时　c）公差分配图

如图 6-25c 所示，通常规定 $G=0.35\mathrm{IT}$，$P_{max}=0.15\mathrm{IT}$，$P_{a_{min}}=0.1\mathrm{IT}$，式中 IT 为被加工孔的公差等级。

（二）齿数和槽形

铰刀齿数应根据直径大小、铰削精度和齿槽容屑空间要求而定。按直径确定齿数时，高速钢机用铰刀通常为直径 $\phi 1 \sim 55\mathrm{mm}$，齿数范围 4～12。为便于对铰刀直径进行测量，铰刀齿数取偶数。

铰刀刀齿在圆周上的分布有等齿距和不等齿距两种形式。工具厂生产的手用铰刀大多采用不等齿距分布，机用铰刀采用等齿距分布。为便于铰刀的制造和测量，采用不等齿距时应采用对顶齿间角相等的形式。这样可使铰刀在切削过程中遇到粘附于孔壁上的切屑或工件上的硬质点时，每一个刀齿不会重复切入前一刀齿所切出的凹痕中去，因而可减少孔的多棱形缺陷，提高孔的加工质量。

铰刀的齿槽可做成直槽或螺旋槽。直槽铰刀制造、刃磨和检验方便，应用最广。螺旋槽铰刀切削较平稳，主要用于铰削深孔或带断续表面的孔。如图 6-26 所示，铰不通孔时，应选用右旋铰刀，以使切屑向后排出，但工作时进给力和进给方向一致，容易发生“自动进刀”现象。铰通孔时选用左旋铰刀，可使铰刀装夹牢固。铰刀的螺旋角：加工灰铸铁和硬钢时，可取 $\beta=7°\sim8°$；加工软钢、中硬钢、可锻铸铁时，取 $\beta=12°\sim20°$；加工铝等轻金属时，$\beta=35°\sim45°$。

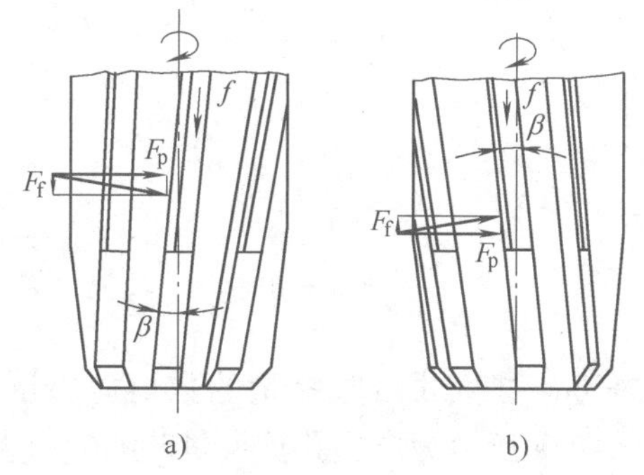

图 6-26　铰刀螺旋槽方向

a）右旋　b）左旋

（三）铰刀几何角度

1. 主偏角 κ_r

手用铰刀的主偏角较小，$\kappa_r=1°\sim1°30'$，以减小进给力和使导向性好；机用铰刀切削钢件时，取 $\kappa_r=15°$，可减小切削变形；切削铸铁件时，取 $\kappa_r=3°\sim5°$；铰不通孔时铰刀的 $\kappa_r=45°$，能增加被铰孔长度。图 6-24b 中，硬质合金铰刀的切削部分磨出 1～2mm 过渡锥，

以提高转角处强度和热量传散。

2. 前角 γ_p 和后角 α_o

铰刀前角常取 $\gamma_p=0°\sim5°$，后角 $\alpha_o=8°\sim15°$。通常校准部分上留有圆柱刃带，在孔中起挤压、导向和修光作用，同时也便于铰刀的制造和测量。高速钢铰刀的 $b_{\alpha_1}=0.05\sim0.4$mm，硬质合金铰刀的 $b_{\alpha_1}=0.1\sim0.25$mm。为防止硬质合金铰刀的刃口崩损，常在切削部分切削刃上留有0.01~0.07mm窄刃带。

3. 刃倾角 λ_s

如图6-24a所示，高速钢机用铰刀可在切削部分的刀齿上磨出与轴线倾斜一个 λ_s 的刃倾角，一般取 $\lambda_s=15°\sim20°$。它有螺旋槽铰刀的作用，适于铰削余量大、塑性材料的通孔。硬质合金铰刀一般取 $\lambda_s=0°\sim3°$。

三、铰刀新结构

（一）大螺旋角推铰刀

图6-27所示为大螺旋角推铰刀，其主要特点是具有很小的主偏角和很大的螺旋角，使切削刃工作长度显著增加，从而降低了单位切削刃长度上的切削力和切削温度，使刀具寿命延长3~5倍。铰孔时，由于螺旋角大，切屑沿前面产生很大的滑动速度，使切屑不易粘结在前面上，抑制了积屑瘤的形成，铰削时不产生沟痕，并且使扭丝状切屑流向待加工表面，不会出现切屑挤伤孔壁现象。此外，推铰刀切削过程平稳，不易引起振动，因此加工出的表面粗糙度值能稳定地达到 $Ra0.8\sim1.6\mu m$，但铰刀制造困难。用推铰刀铰削钢孔时，其切削用量为：$a_p=0.1\sim0.2$mm；$v_c=10\sim20$m/min；$f=0.15\sim0.8$mm/r。

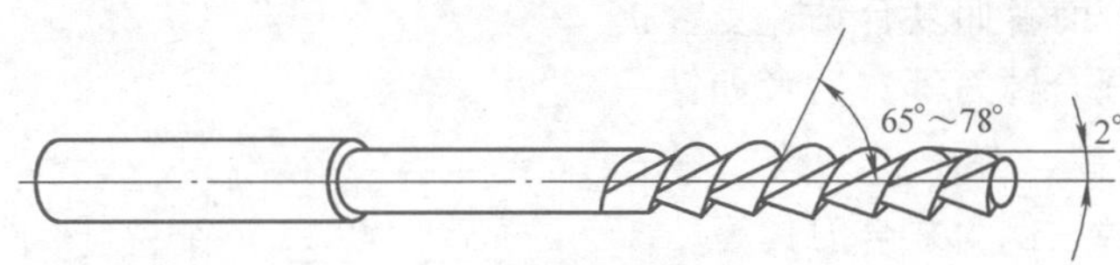

图6-27　大螺旋角推铰刀

（二）可转位单刃铰刀

图6-28所示为可转位单刃铰刀。刀片3通过双头螺栓1和压板4固定在刀体5上，用两个调节螺钉6和顶销7调节铰刀的尺寸，件8为刀片轴向限位销，刃长为1~2mm的切削刃切去大部分余量。$\kappa_r=3°$的斜刃和圆柱校准部分作精铰。导向块2起导向、支承和挤压作用。两块导向块相对刀齿位置角为84°、180°或45°、180°；三块时为84°、180°、276°。导向块尖端相对于切削刃尖端沿轴向滞后0.3~0.6mm，导向块直径应与铰刀直径有一差值，以保证有充足的挤压量。可转位单刃铰刀不但可调整直径尺寸，也可调整其锥度。刀片可转位一次，刀体可重复使用。它不仅能获得高的加工精度、小的表面粗糙度值，更主要的是能消除孔的多边形缺陷，提高孔的质量。用可转位单刃铰刀铰出孔的圆度为0.003~0.008mm，圆柱度为0.005mm/100mm。

目前可转位单刃铰刀加工孔径范围为 $\phi5\sim80$mm。加工45钢时，$a_p=0.15$mm，$f=0.1\sim0.4$mm/r，$v_c=12$m/min，采用体积浓度为1∶9的乳化切削液进行冷却。可转位单刃铰

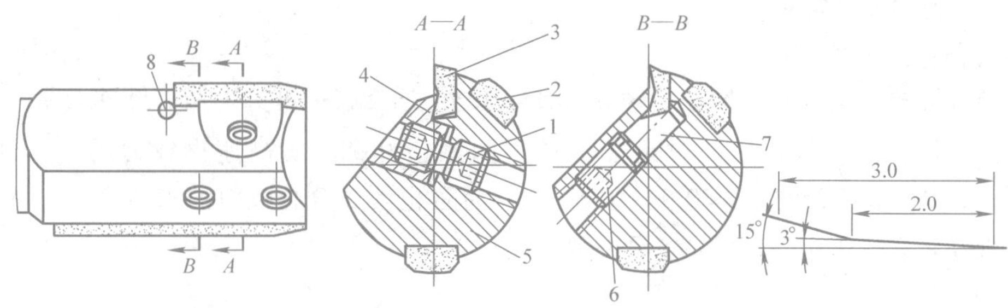

图 6-28　可转位单刃铰刀

1—双头螺栓　2—导向块　3—刀片　4—压板　5—刀体　6—调节螺钉　7—顶销　8—轴向限位销

刀结构复杂，制造困难，价格很昂贵。

第五节　孔加工复合刀具

孔加工复合刀具是由两个或两个以上同类或不同类孔加工刀具组合而成的刀具。它可以集中工序，减少机床台数，提高生产率，并能保证各加工表面间的相互位置精度。但复合刀具制造复杂，重磨和调整尺寸困难，故多用于数控机床和组合机床上，在汽车和拖拉机制造厂中应用广泛。

按零件工艺类型，复合刀具可分为同类工艺复合刀具（图 6-29）和不同类工艺复合刀具（图 6-30）。前者如复合钻、复合扩孔钻、复合铰刀和复合镗刀等；后者如钻—扩、钻—铰、钻—镗、钻—扩—铰、钻—扩—锪和扩—锪—镗—倒角复合刀具等。

复合刀具设计时须着重处理好下列问题。为保证加工质量，粗、精加工刀具不应同时参加切削。

1. 结构与重磨调整

复合刀具结构应力求简单，以使制造与重磨方便。在结构允许的前提下，应尽量采用分体装配式及可转位刀片等结构。这样既可克服整体式复合刀具刃磨困难，又可避免某一单刀损坏而导致整刀报废。例如，图 6-30f所示扩—锪—镗—倒角复合刀具中的钻锪刀体 1 与镗杆 6 采用分体装配式结构。该刀具可在一次走刀行程中粗加工出 ϕ43mm、ϕ55mm 和 ϕ57mm 三个同轴孔（坯件上已有一个 ϕ35mm 的铸造底孔），并在孔口倒出 $C2$ 倒角。利用调节螺钉 10 可使扁钻 11 重磨后其轴向尺寸不变。锪 ϕ55mm 沉孔的刀具因切削载荷重，刀具磨损快，故采用机夹可转位刀片。该刀具工效较高，但复合程度越高，刀具结构布置也越困难。为了便于控制加工尺寸，

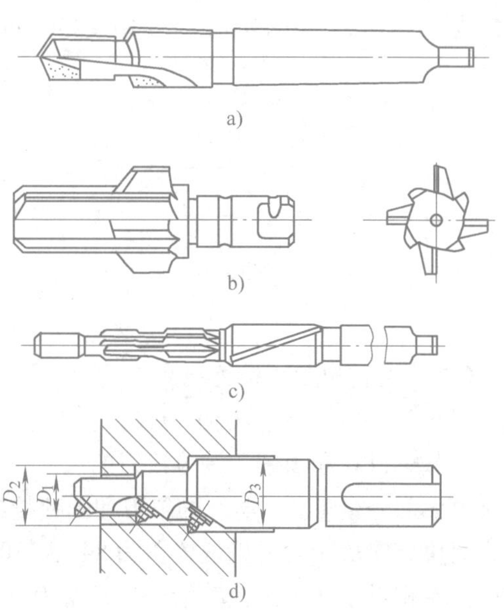

图 6-29　同类工艺复合刀具

a）复合钻　b）复合扩孔钻　c）复合铰刀　d）复合镗刀

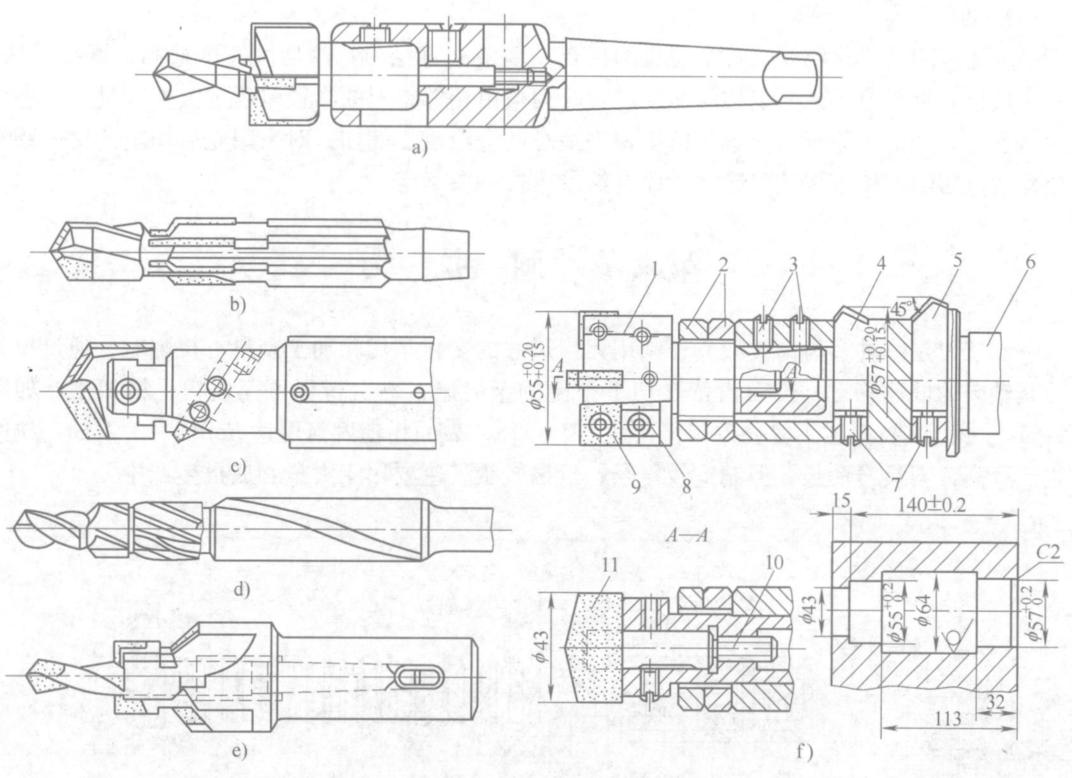

图 6-30　不同类工艺复合刀具

a）钻—扩复合　b）钻—铰复合　c）钻—镗复合　d）钻—扩—铰复合

e）钻—扩—锪复合　f）扩—锪—镗—倒角复合

1—钻锪刀体　2—调整螺母　3—紧定螺钉　4—镗刀　5—倒角刀　6—镗杆本体

7—调节螺钉　8—楔块　9—锪刀片　10—调节螺钉　11—扁钻

复合刀具常使用各种微调整装置。图 6-29d 中的复合镗刀，采用了图 6-20 中介绍的微调结构。

2. 排屑

复合刀具切削时产生切屑多，因此要有足够大的容屑槽和排屑通道。改善排屑的方法很多，如可改进槽形设计，增大容屑空间，如图 6-10 所示的蜗杆形麻花钻的排屑设计；采用交错分布的容屑槽，如图 6-29b 所示，使大小直径扩孔钻切下的切屑都有各自的排屑通道；切削刃上开分屑槽；可转位刀片选用合适的断屑槽形；使用高压切削液将切屑冲出等。

3. 导向和润滑

复合刀具通常结构细长，采用合理的导向可提高刀具工作时的刚性。导向部分可做在刀具的前端、后端、中间或前后端同时做出，如图 6-29c 所示。常用的导向有如下几种形式。

整体圆柱导向（图 6-29c 中前导向）的结构最简单，但与导套接触面大，工作时常会“咬死”。

开油槽的导向装置（图 6-30d）使用最广，但油槽的旋向须保证刀具导向部位在工作时有良好的润滑条件。

铣有齿形的导向部（图 6-30b）可将进入导套的切屑刮入槽中，使用效果较好，常用于钻—铰等复合刀具上，其导向部分的形状和尺寸与铰刀工作部位相同，但制造较麻烦。

4. 切削用量的选择

选择切削用量时要兼顾各个刀具的特点。因最大直径刀具的切削速度最高，磨损最快，故应按最大直径刀具来确定切削速度。背吃刀量由相邻单刀的半径差确定，不宜过大。进给量是各刀共用的，原则上应选各把单刀中最小的进给量。例如，对采用先后切削的钻—铰复合刀具，切削速度应按铰刀确定，而进给量应按钻头确定。

第六节　圆　拉　刀

圆拉刀是一种多齿高效刀具，利用刀齿尺寸的变化来切除加工余量。拉削时，通过拉刀沿其轴向的低速移动，使刀齿依次切下很薄的金属层，一次行程可完成粗、精加工，如图 6-31 所示。其拉削加工的公差等级可达 IT7 ~ IT8，表面粗糙度值可达 $Ra0.8 \sim 3.2\mu m$。拉削生产率高，刀具寿命长，但制造较复杂，价格较贵，主要用于大量和成批生产中。

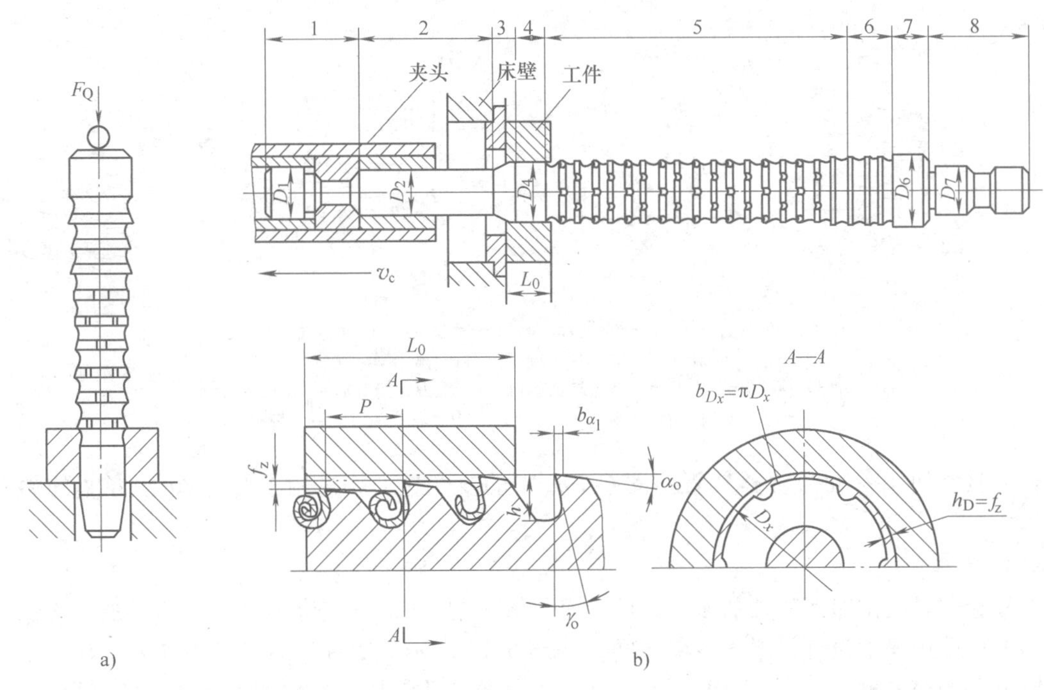

图 6-31　圆推刀和圆拉刀

a) 圆推刀工作示意图　b) 圆拉刀工作示意图

1—前柄　2—颈部　3—过渡锥　4—前导部　5—切削齿　6—校准齿　7—后导部　8—后柄

根据使用方法不同，刀具在拉伸状态下工作的称为圆拉刀；在压缩状态下工作的称圆推刀。如图 6-31a 所示，圆推刀的齿数少、长度短，主要用于修光或校正热处理后硬度 <45HRC、变形量 <0.1mm 的已加工孔。

下面主要介绍圆拉刀结构及其合理使用。

一、拉刀结构与拉削方式

（一）拉刀组成和结构

如图 6-31b 所示，拉刀由前柄 1、颈部 2、过渡锥 3、前导部 4、切削齿 5、校准齿 6 和

后导部7组成。当拉刀过重或用于实现工作行程和返回行程的自动循环时，还需做出后柄8。切削齿又分为粗切齿、过渡齿和精切齿，其上做有齿升量f_z，它是相邻刀齿半径差，用以达到每齿切除金属层的作用。

粗切齿的f_z较大，一般取0.015～0.2mm，用以切除大部分拉削余量（80%以上）。

精切齿的f_z很小，一般为0.005～0.02mm。精切齿的齿数可取3～7个。

过渡齿的齿升量在粗切齿和精切齿之间逐渐减小。

校准齿上$f_z=0$，仅起校准作用，其齿数通常为3～7个。

切削齿和校准齿的每个刀齿上都具有前角γ_o（$\gamma_o=5°\sim18°$）、后角α_o（$\alpha_o=1°\sim3°$）及后角为0°的刃带宽b_{α_1}，通常$b_{\alpha_1}=0.1\sim0.4$mm。刃带起支承刀齿、保持重磨后拉刀直径尺寸不变和便于检测、控制刀齿径向圆跳动的作用。

相邻刀齿之间的轴向距离称为齿距P，一般$P=(1.25\sim1.9)\sqrt{L_0}$，式中$L_0$为拉削长度。齿距大小直接影响刀齿容屑空间和同时工作齿数z_e。为保证拉削过程平稳，应取$z_e=3\sim8$，$z_e=\dfrac{L_0}{P}+1$。

相邻齿间做出容屑槽，以确保卷屑、断屑和防止切屑堵塞在槽中。在前后刀齿上磨的分屑槽要相互错开。

（二）拉削方式

拉削方式是指拉刀逐齿把加工余量从工件表面上切下来的方式。它决定每个刀齿切削层横截面形状，所以也称拉削图形。

拉削方式有同廓分层式、分块式和组合式三种，如图6-32所示。

1. 同廓分层式（图6-32a）

拉刀上各个刀齿的廓形都与加工孔的最终廓形相似，每层加工余量各由一个刀齿切除，切削层是一层层平行切去的，孔的最终形状是由最后一个切削齿切削后形成的。

同廓分层式拉刀的特点是齿升量小，切削层薄，拉削质量高，但切除相同加工余量所需刀齿数较多，拉刀较长，生产率低，主要用于拉削精度高、余量小的工件。

2. 分块式（轮切式）

分块式拉刀是将每层加工余量各用一组刀齿切除，每个刀齿切去该层金属中相互间隔的几块金属。图6-32b所示为一层

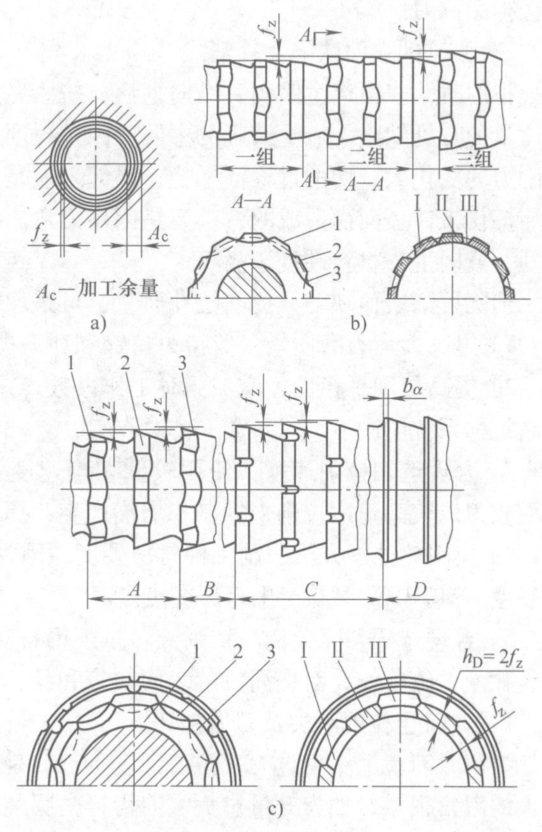

图6-32　拉削方式

a）同廓分层式　b）分块式　c）组合式

1—第一齿　2—第二齿　3—第三齿　A—粗切齿

B—过渡齿　C—精切齿　D—校准齿

Ⅰ、Ⅱ、Ⅲ—分别为第一、二、三齿切除的余量

加工余量被三个刀齿切除，前两个刀齿上磨出交错的圆弧形分屑槽，切除Ⅰ、Ⅱ块金属；剩下的部分由第三个圆形刀齿切除，圆形刀齿的直径比前两个刀齿略小，以防止切下难以清除整圈切屑。此外，也可不分齿组，每个刀齿均有较大的齿升量，相邻刀齿上切削刃交错分布，以进行交错分块切削。

分块式拉刀的特点是切削厚度 h_D 大，切削宽度 b_D 小，切除一定加工余量所需刀齿数少，可缩短拉刀长度，但拉削质量差，适用于拉削大尺寸、大余量的工件。

3. 组合式

组合式拉刀是指在同一把拉刀上采用了同廓分层与分块式两种拉削方式的组合，如图6-32c 所示。其粗切齿采用不分组的轮切式刀齿结构，每个刀齿上都有齿升量 f_z，第一个刀齿1切除第一层加工余量的一半，其余留给下一个刀齿，所以从第二个刀齿2开始，切削厚度 h_D 就增大了一倍（$h_D=2f_z$），以后的刀齿都如此交错排列；精切齿采用同廓分层式结构。组合式拉刀兼有同廓分层和分块拉削的优点，所以工具厂生产的圆拉刀大多采用这种拉削方式。

二、拉刀的合理使用

生产中常因拉刀结构和使用方面存在问题，而影响拉削表面质量和拉刀使用寿命，严重时会损坏拉刀。

（一）拉削表面缺陷及其消除

拉削时，表面产生鳞刺、纵向划痕、挤压亮点、环状波纹和啃刀等，它们是影响拉削表面质量的常见缺陷。产生鳞刺的主要原因是拉削过程中塑性变形较严重；产生波纹的原因是拉削力的变化大，切削过程不平稳；局部划痕是因刃口粘屑，刀齿上有缺口或容屑条件差，切屑擦伤工件表面而造成的；啃刀是因拉刀弯曲；挤压亮点是因刀齿后面与工件挤压摩擦较强烈，或因工件材料硬度过高等。

消除拉削表面缺陷，提高拉孔质量，可采取以下措施：

1）提高刀齿刃磨质量，保持刃口锋利和刀齿上刃带宽一致。

2）提高拉削平稳性，增加同时工作齿数，减小精切齿和校准齿齿距或做成不等分齿距，提高拉削系统的刚性。

3）合理选用拉削速度，使用较低切削速度（<2m/min），或者用硬质合金拉刀和 TiN 涂层拉刀以较高速度拉削来抑制积屑瘤产生，提高拉削质量。

4）应用热处理方法控制工件材料硬度，因为当工件硬度小于180HBW 时最易产生鳞刺，当硬度≥240HBW 时易产生挤压亮点。

5）合理选用与充分浇注切削液。拉削钢料时，选用体积浓度为10%～20%乳化液或极压乳化液、硫化油，对提高拉削表面质量和延长拉刀使用寿命均有良好效果。

（二）防止拉刀断裂及刀齿损坏

拉削时刀齿上受力过大，拉刀强度不够，是损坏拉刀和刀齿的主要原因。影响刀齿受力过大的因素很多，如齿升量过大、刀齿径向圆跳动量过大、拉刀弯曲、工件预制孔尺寸过大或偏小、工件夹持偏斜、工件材质不均匀或硬度过高、刀齿磨损过度、拉刀容屑空间不足等。

为使拉刀顺利拉削，可采取以下措施：

1）要求预制孔的尺寸公差等级达到 IT8～IT10、表面粗糙度值≤$Ra5\mu m$；预制孔的尺寸应等于拉刀前导部直径尺寸；预制孔与定位基准端面垂直度不应超过0.05mm，定位基准端

面不应有中凸。

2）严格控制拉刀制造精度与质量。使用外购拉刀拉削应先核算拉刀容屑系数 K。如图6-31b 所示，须使拉刀容屑槽的有效面积大于切削层面积，即

$$K=(\pi h^2/4)/(L_0 h_D)>1$$

式中　h——拉刀容屑槽深度；

L_0——拉削长度；

h_D——切削厚度，同廓分层式拉刀的 $h_D=f_z$，组合式拉刀的 $h_D=2f_z$；

f_z——齿升量；

K——容屑系数，通常 $K=2\sim3.5$，加工铸件和齿升量大时 K 取小值，加工钢料和齿升量小时 K 取大值。

此外，工件的拉削长度也不能超出拉刀设计时的规定长度，以免同时参加工作齿数增多，切削力过大而使拉刀损坏。一般拉削长度都打印在拉刀的颈部上。

3）对难加工材料，可采取适当热处理改善材料的加工性；或者使用 M42、M2Al 等高性能拉刀和涂层拉刀。

4）重磨拉刀要精细操作，防止刃口发生过热退火和烧伤。

5）保管、运输拉刀时，防止拉刀弯曲变形和碰坏刀齿。

6）选用合适的拉削速度和切削液。粗拉切削速度一般为 3 ~7m/min，精拉速度一般为1 ~3m/min；工件材料强度、硬度较高时，拉削速度应取小值。

复习思考题

6-1　用图示出麻花钻的螺旋角、前角、后角、副后角、顶角、主偏角、副偏角和横刃上的前角与后角。

6-2　麻花钻的后角为什么规定在假定工作平面中测量？为什么近钻头中心处后角数值要磨得大？

6-3　麻花钻结构及几何参数上存在哪些问题？怎样改进？

6-4　麻花钻的刃磨角度及使用进给量、切削速度大致是多少？

6-5　麻花钻有哪些修磨形式？各适合什么场合下使用？

6-6　硬质合金钻和可转位浅孔钻结构上有什么特点？

6-7　何谓深孔？深孔钻有哪些类型？简述它们的结构特点与应用范围。

6-8　试分析铰刀比扩孔钻，扩孔钻比麻花钻能获得较高加工质量的原因。

6-9　图 6-33 所示为双刃镗刀，如要求工作时刀具的前角 $\gamma_{p_e}=5°$，工作后角 $\alpha_{p_e}=10°$，试问镗刀制造时标注角度（即刃磨角度）$\gamma_p=$？$\alpha_p=$？并说明两者不同的原因（需作图示出变化关系）。

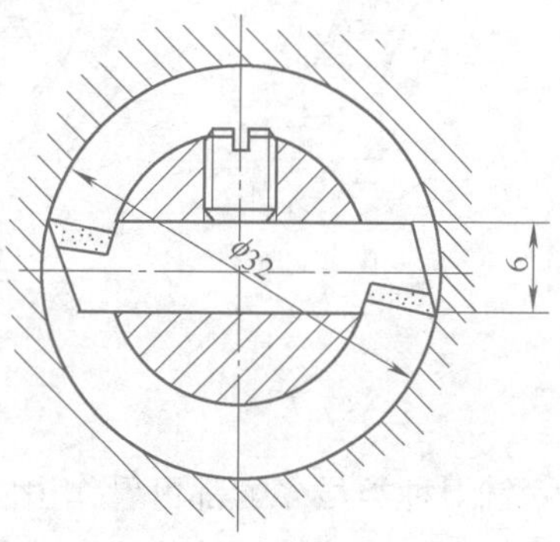

图 6-33　双刃镗刀工作示意图

6-10　为什么铰刀纠正孔的轴线歪斜等位置误差的作用小？怎样解决？

6-11　铰孔时导致孔径扩大或缩小的原因有哪些？

6-12　试分析硬质合金单刃铰刀能获得高质量孔的原因。

6-13　孔加工复合刀具有哪些类型？设计和使用时应注意哪些问题？

6-14　拉削有哪几种方式？各有何优缺点及适用范围？

6-15　从使用方面考虑，怎样延长拉刀寿命和消除拉削表面缺陷？

7

第七章

铣削与铣刀

铣削是一种应用很广的高效率的切削加工方法，可用于加工平面、台阶面、沟槽、型腔、切断以及成形表面等，如图 7-1 所示。

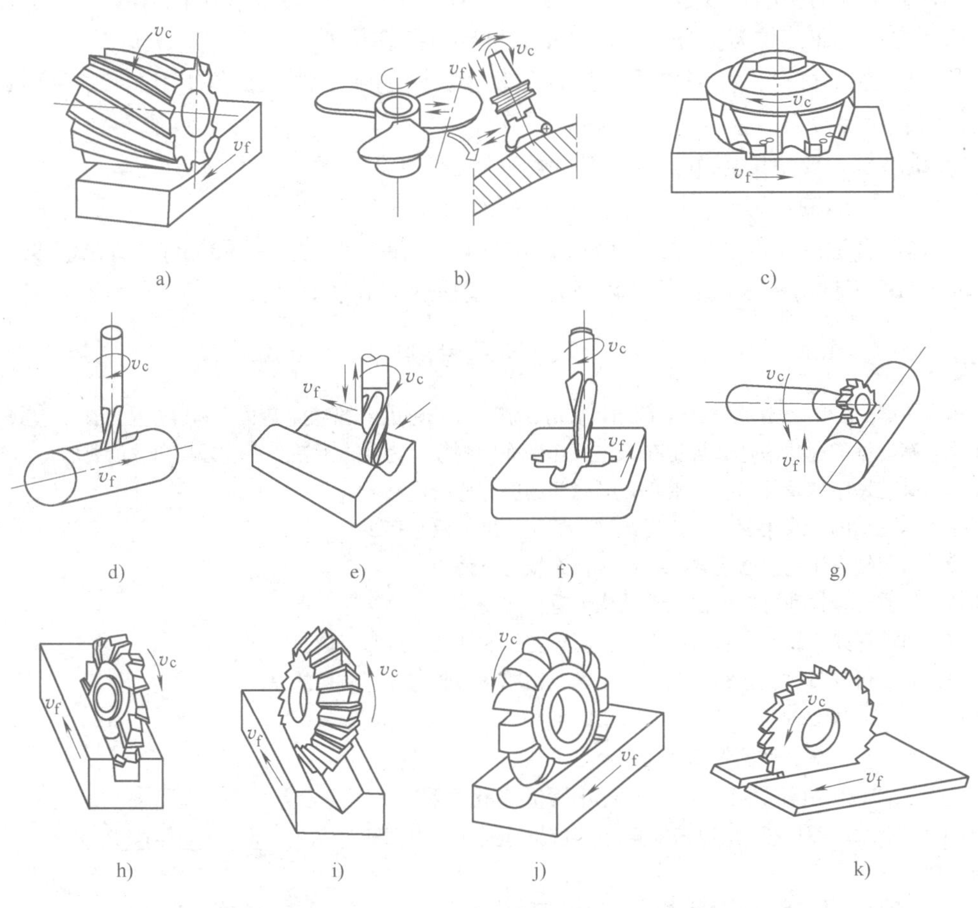

图 7-1　铣削和铣刀

铣刀种类虽多，都可看作由圆柱形铣刀或面铣刀改变而成的。本章以圆柱形铣刀和面铣刀为代表，概述铣刀的几何参数和铣削过程特点；重点分析常用铣刀的结构特点和选用；并介绍铲齿成形铣刀的设计基础知识，从而为正确选用铣刀打下初步基础。

第一节　铣刀的几何参数

圆柱形铣刀和面铣刀的每一个刀齿都可视为一把外圆车刀，故车刀的几何角度定义也适用于铣刀。

一、圆柱形铣刀的几何角度

分析铣刀的几何角度时，应首先建立铣刀的静止参考系。圆周铣削时，铣刀旋转运动是主运动，工件的直线移动是进给运动。圆柱形铣刀的正交平面参考系 p_r、p_s 和 p_o 的定义与车刀相同，如图 7-2 所示。

由于设计与制造需要，还采用法平面参考系来规定圆柱形铣刀的前角。

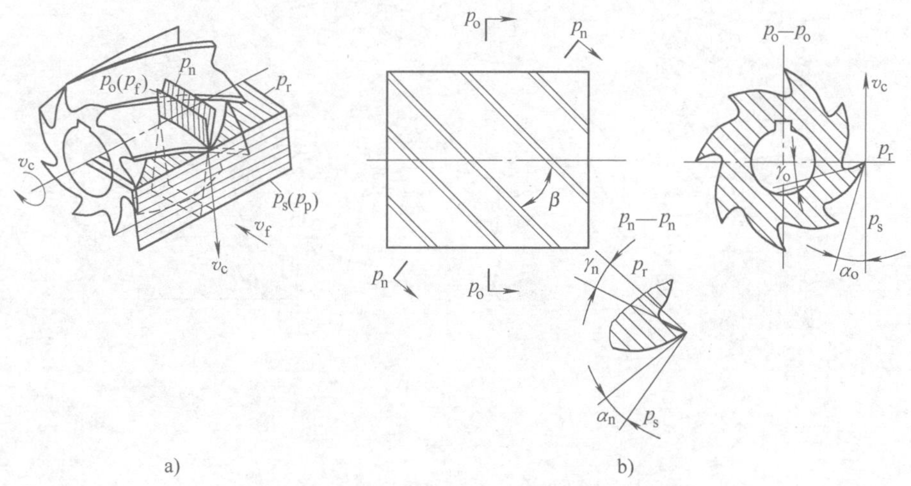

图 7-2　圆柱形铣刀的参考系及几何角度
a）圆柱形铣刀静止参考系　b）圆柱形铣刀几何角度

1. 前角

通常在图样上应标注 γ_n，以便于制造。但在检验时，一般测量正交平面内的前角 γ_o。γ_n 与 γ_o 之间可按下式进行换算

$$\tan\gamma_o = \frac{\tan\gamma_n}{\cos\beta} \tag{7-1}$$

式中　β——铣刀螺旋角（°）。

前角 γ_n 按被加工材料来选择。铣削钢时取 $\gamma_n = 10° \sim 20°$；铣削铸铁时，取 $\gamma_n = 5° \sim 15°$。

2. 后角

圆柱形铣刀后角仍在 p_o 平面内度量。铣削时，切削厚度 h_D 比车削小，磨损主要发生在后面上，故适当增大后角，可延长刀具寿命。通常取 $\alpha_o = 12° \sim 16°$，并且粗铣时取小值，精铣时取大值。

3. 螺旋角

螺旋角 β 是螺旋切削刃展开成直线后，与轴线间的夹角，即在 p_s 中测量的切削刃与基

面的夹角。显然，螺旋角β等于刃倾角λ_s。它能使刀齿逐渐切入和切离工件，并能增加实际工作前角，使切削轻快平稳；同时形成螺旋形切屑，排屑容易，防止发生切屑堵塞。一般地，粗齿圆柱形铣刀$\beta=40^\circ\sim45^\circ$；细齿圆柱形铣刀$\beta=30^\circ\sim35^\circ$。

二、面铣刀的几何角度

面铣刀的几何角度除规定在正交平面参考系内度量外，还规定在假定工作平面参考系内度量，以便于刀体设计与制造。面铣刀的静止参考系如图7-3a所示。

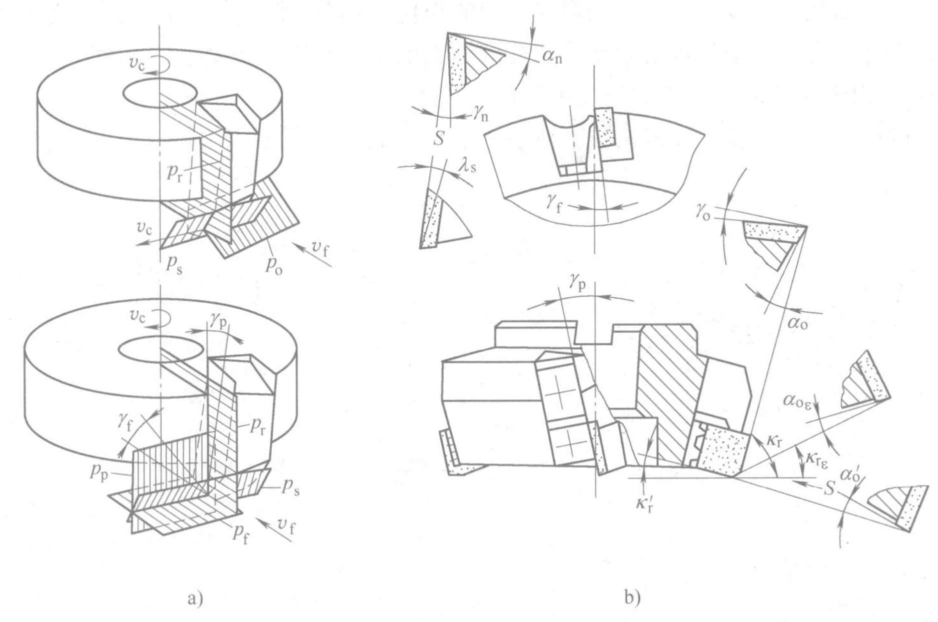

图7-3　面铣刀的几何角度

a）面铣刀的静止参考系　b）面铣刀的几何角度

在正交平面参考系中，标注几何角度有γ_o、α_o、λ_s、κ_r、κ_r'、α_o'、α_{o_ε}和κ_{r_ε}，如图7-3b所示。

机夹式面铣刀的每个刀齿都可看作一把车刀。为了获得所需的切削角度，使刀齿在刀体中径向倾斜γ_f角，轴向倾斜γ_p角，可根据所选择γ_o、λ_s和κ_r值，按照刀具几何角度换算公式换算出γ_f和γ_p，并将它们标注在制造图上，以供制造刀体时使用。

用硬质合金面铣刀铣削时，由于是断续切削，刀齿经受很大的机械冲击。在选择几何角度时，应保证刀齿具有足够的强度。一般加工钢时取$\gamma_o=-10^\circ\sim5^\circ$，加工铸铁时取$\gamma_o=-5^\circ\sim5^\circ$，通常取$\lambda_s=-15^\circ\sim-7^\circ$、$\kappa_r=10^\circ\sim90^\circ$、$\kappa_r'=5^\circ\sim15^\circ$、$\alpha_o=6^\circ\sim12^\circ$、$\alpha_o'=8^\circ\sim10^\circ$。

第二节　铣削用量和切削层参数

一、铣削用量

如图7-4所示，铣削用量有如下几个。

1. 背吃刀量 a_p

背吃刀量是指垂直于假定工作平面测量的吃刀量。端铣时，a_p 为切削层深度；圆周铣削时，a_p 为被加工表面的宽度。

2. 侧吃刀量 a_e

侧吃刀量是指平行于假定工作平面并垂直于进给运动方向测量的吃刀量。圆周铣削时，a_e 为切削层深度；端铣时，a_e 为被加工表面宽度。

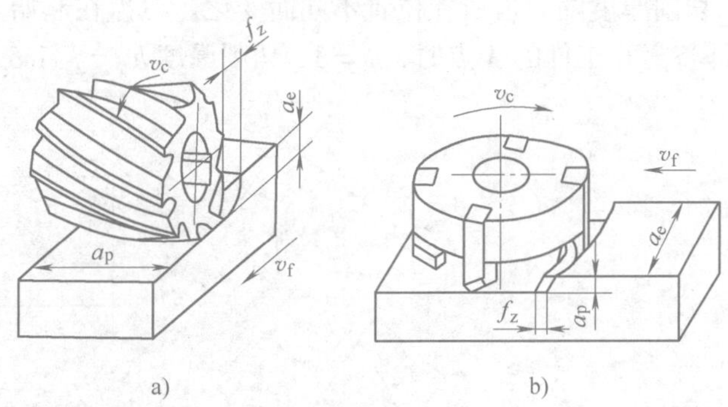

图 7-4　铣削用量

a）圆周铣削时的铣削用量　b）端铣时的铣削用量

3. 进给量

铣削时进给量有三种表示方法。

（1）每齿进给量 f_z　指铣刀每转过一齿相对工件在进给运动方向上的位移量，单位为 mm/z。

（2）进给量 f　指铣刀每转一转相对工件在进给运动方向上的位移量，单位为 mm/r。

（3）进给速度 v_f　指铣刀切削刃基点相对工件的进给运动的瞬时速度，单位为 mm/min。

三者之间关系为

$$v_f = fn = f_z zn \tag{7-2}$$

式中　v_f——进给速度（mm/min）；

f——进给量（mm/r）；

n——主轴转速（r/min）；

f_z——每齿进给量（mm/z）；

z——铣刀齿数。

4. 铣削速度 v_c

铣削速度是指铣刀切削刃基点相对于工件主运动的瞬时速度，可按下式计算

$$v_c = \frac{\pi dn}{1000} \tag{7-3}$$

式中　v_c——铣削速度（m/min 或 m/s）；

d——铣刀直径（mm）；

n——铣刀转速（r/min 或 r/s）。

二、切削层参数

切削层为铣刀相邻两个刀齿在工件上形成的过渡表面之间的金属层，如图 7-5 所示。切

削层形状和尺寸规定在基面内度量，它对铣削过程有直接影响。切削层参数有：

1. 切削层公称厚度 h_D（简称切削厚度）

切削层公称厚度是指相邻两个刀齿所形成的过渡表面间的垂直距离，在图 7-5a 中指直齿圆柱形铣刀的切削厚度。当铣刀转到 F 点时，其切削厚度为

$$h_D = f_z \sin\psi \tag{7-4}$$

式中　ψ——瞬时接触角，它是刀齿所在位置与起始切入位置间的夹角。

由图 7-5a 可知，切削厚度随刀齿所在位置不同而变化。刀齿在起始点 H 时，$\psi=0$，因此 $h_D=0$。刀齿转至即将离开工件的 A 点时，$\psi=\delta$，切削厚度 $h_D=f_z\sin\delta$，h_D 为最大值。

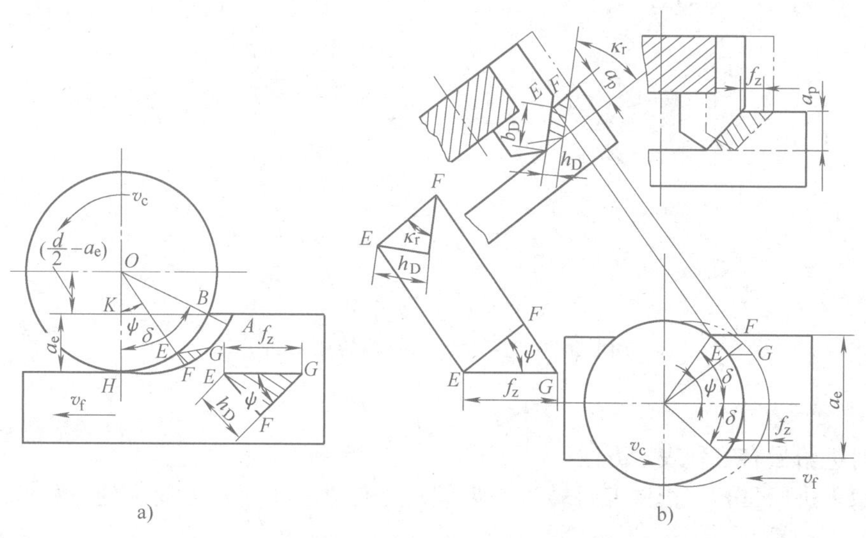

图 7-5　铣刀切削层参数

a）圆柱形铣刀　b）面铣刀

由图 7-6 可知，螺旋齿圆柱形铣刀切削刃是逐渐切入和切离工件的，切削刃上各点的瞬时接触角不相等，因此切削刃上各点的切削厚度也不相等。

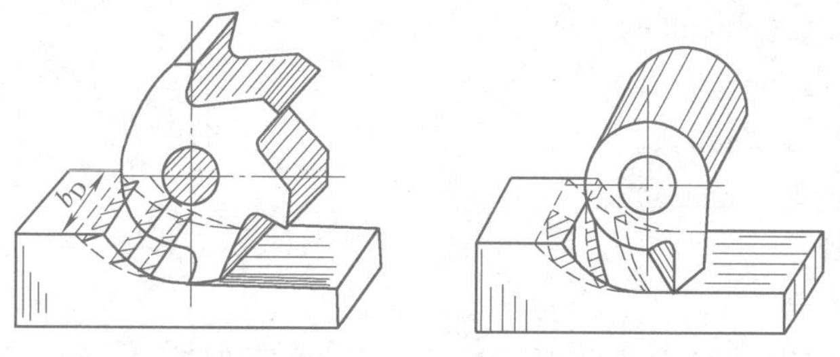

图 7-6　圆柱形铣刀切削层参数

端铣时刀齿在任意位置时的切削厚度 h_D 由图 7-5b 可知

$$h_D = \overline{EF}\sin\kappa_r = f_z\cos\psi\sin\kappa_r \tag{7-5}$$

端铣时，刀齿的瞬时接触角由最大变为零，然后由零变为最大。由式（7-5）可知，刀齿刚切入工件时，切削厚度为最小，然后逐渐增大。到中间位置时切削厚度为最大，然后逐渐减小。

2. 切削层公称宽度 b_D（简称切削宽度）

b_D 为切削刃参加切削的长度。由图 7-6 可知，直齿圆柱形铣刀的 b_D 等于 a_p；而螺旋齿圆柱形铣刀的 b_D 是随刀齿工作位置不同而变化的。刀齿切入工件后，b_D 由零逐渐增大至最大值，然后又逐渐减小至零，因而铣削过程较为平稳。

如图 7-5b 所示，端铣时每个刀齿的切削宽度始终保持不变，其值为

$$b_D = \frac{a_p}{\sin\kappa_r} \tag{7-6}$$

3. 总切削层公称横截面积 A_{Dav}（简称平均切削面积）

总切削层公称横截面积是指铣刀同时参与切削的各个刀齿的切削层公称横截面积之和。铣削时，切削厚度是变化的，而螺旋齿圆柱形铣刀的切削宽度也是随时变化的。此外铣刀的同时工作齿数也在变化，所以铣削总切削面积是变化的。

第三节　铣　削　力

一、铣削力和分力

铣削时，每个参与切削的刀齿都受到工件变形抗力和摩擦力作用，每个刀齿的切削位置和切削面积随时在变化，因此每个刀齿所承受力的大小和方向也在不断变化。各个刀齿对工件作用力的合力称为铣削力 F'，为了便于分析，假定铣削反力 F 作用在某个刀齿上，如图 7-7 所示，并根据需要将铣削力分解为三个互相垂直的分力。

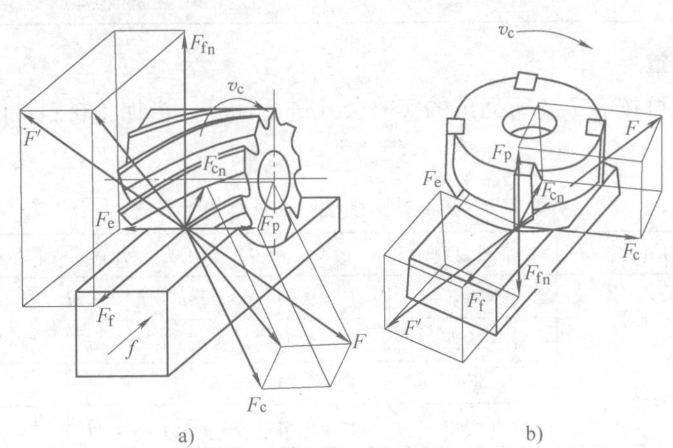

图 7-7　铣削力

a）圆柱形铣刀铣削力　b）面铣刀铣削力

切削力 F_c——铣削力在主运动方向上的分力，它是消耗机床主要功率的力。

垂直切削力 F_{c_n}——在假定工作平面内，铣削力在垂直于主运动方向上的分力，它使刀杆发生弯曲。

背向力 F_p——铣削力在垂直于假定工作平面上的分力。用大螺旋角立铣刀铣削时，F_p 较大且向下，如果立铣刀没有夹牢，很易造成打刀和工件报废。

二、作用在工件上的铣削分力

如图 7-7 所示，作用在工件上的铣削力 F' 和作用在刀齿上的 F 大小相等，方向相反。

由于机床、夹具设计的需要和测量方便，通常将铣削力 F' 沿着机床工作台运动方向分解为三个分力。

进给力 F_f——铣削力在纵向进给运动方向上的分力。它作用在铣床的纵向进给机构上，它的方向随铣削方式不同而异。

横向进给力 F_e——铣削力在横向进给运动方向上的分力。

垂直进给力 F_{f_n}——铣削力在垂直进给运动方向上的分力。

铣削时，各进给力和切削力有一定比例，见表 7-1，如果计算出 F_c，便可计算 F_f、F_e 和 F_{f_n}。

铣削力 F 为

$$F=\sqrt{F_c^2+F_{c_n}^2+F_p^2}=\sqrt{F_f^2+F_e^2+F_{f_n}^2} \tag{7-7}$$

表 7-1　各铣削力之间比值

铣削条件	比　值	对称铣削	不对称铣削	
			逆　铣	顺　铣
端铣 $a_e=(0.4\sim0.8)d$ $f_z=0.1\sim0.2$mm/z	F_f/F_c	0.3～0.4	0.6～0.9	0.15～0.30
	F_{f_n}/F_c	0.85～0.95	0.45～0.7	0.9～1.00
	F_e/F_c	0.5～0.55	0.5～0.55	0.5～0.55
圆周铣 $a_e=0.05d$ $f_z=0.1\sim0.2$mm/z	F_f/F_c	—	1.0～1.20	0.8～0.90
	F_{f_n}/F_c		0.2～0.3	0.75～0.80
	F_e/F_c		0.35～0.40	0.35～0.40

三、铣削力计算

铣削时切削力可按表 7-2 所列出的实验公式进行计算，当加工材料性能不同时，F_c需乘以修正系数 K_{F_C}。

表 7-2　圆周铣和端铣时的铣削力计算式

铣刀类型	刀具材料	工件材料	切削力 F_c 计算式（单位：N）
圆柱铣刀	高速钢	碳钢	$F_c=9.81(65.2)a_e^{0.86}f_z^{0.72}a_pzd^{-0.86}$
		灰铸铁	$F_c=9.81(30)a_e^{0.83}f_z^{0.65}a_pzd^{-0.83}$
	硬质合金	碳钢	$F_c=9.81(96.6)a_e^{0.88}f_z^{0.75}a_pzd^{-0.87}$
		灰铸铁	$F_c=9.81(58)a_e^{0.90}f_z^{0.80}a_pzd^{-0.90}$
面铣刀	高速钢	碳钢	$F_c=9.81(78.8)a_e^{1.1}f_z^{0.80}a_p^{0.95}zd^{-1.1}$
		灰铸铁	$F_c=9.81(50)a_e^{1.14}f_z^{0.72}a_p^{0.90}zd^{-1.14}$
	硬质合金	碳钢	$F_c=9.81(789.3)a_e^{1.1}f_z^{0.75}a_pzd^{-1.3}n^{-0.2}$
		灰铸铁	$F_c=9.81(54.5)a_ef_z^{0.74}a_p^{0.90}zd^{-1.0}$
被加工材料 σ_b 或硬度不同时的修正系数 K_{F_C}			加工钢料时 $K_{F_C}=\left(\dfrac{\sigma_b}{0.637}\right)^{0.30}$　（式中 σ_b 的单位为 GPa）
			加工铸铁时 $K_{F_C}=\left(\dfrac{布氏硬度值}{190}\right)^{0.55}$

第四节　铣削方式

一、圆周铣削方式

圆周铣削可分为逆铣和顺铣。如图 7-8 所示，铣刀的旋转方向和工件的进给方向相反时称为逆铣，相同时称为顺铣。

逆铣时，切削厚度从零逐渐增大。铣刀切削刃口有一钝圆半径 r_n，造成开始切削时的前角为负值，刀齿只能在过渡表面上挤压、滑行，使工件表面产生严重冷硬层，并加剧了刀齿磨损。此外，当瞬时接触角大于一定数值后，F_{f_n} 向上，有抬起工件趋势，不利于薄壁和刚度差的工件加工。顺铣时，刀齿的切削厚度从最大开始，避免了挤压、滑行现象，并且 F_{f_n} 始终压向工作台，有利于工件夹紧，可提高铣刀寿命和加工表面质量。当工件表面有硬皮层时，若采用顺铣，因刀齿首先切入表面硬皮层，会加快刀齿磨损，故不宜采用。

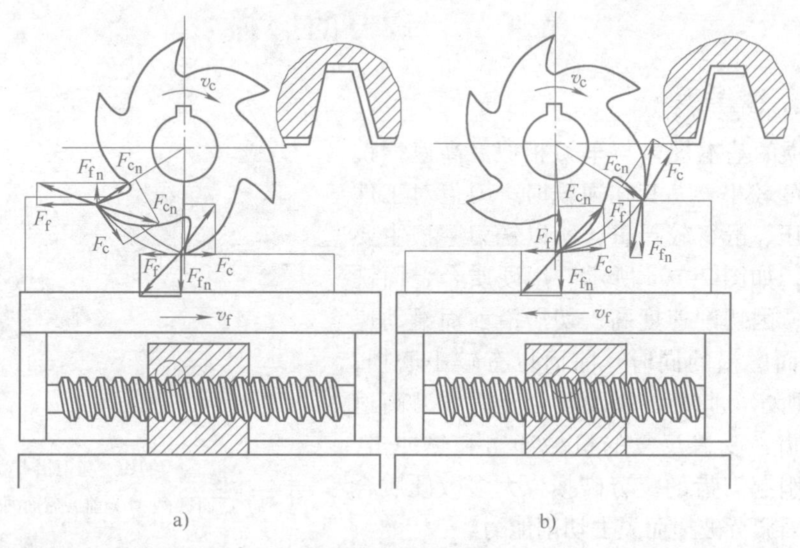

图 7-8　逆铣与顺铣

a）逆铣　b）顺铣

若在丝杠与螺母中存在间隙时采用顺铣，则丝杠和螺母的间隙在左侧，当进给力 F_f 逐渐增大，超过工作台摩擦力时，使工作台带动丝杠向左窜动，造成进给不均匀，严重时会使铣刀破损。逆铣时，由于进给力 F_f 的作用，丝杠与螺母间传动面始终贴紧，故铣削较平稳。因此，当铣床没有消除丝杠和螺母间隙装置时，宜采用逆铣。

二、端铣方式

端铣时，根据面铣刀相对于工件安装位置不同，也可分为逆铣和顺铣。如图 7-9a 所示，面铣刀轴线位于铣削弧长的中心位置，上面的顺铣部分等于下面的逆铣部分，称为对称端铣。图 7-9b 中逆铣部分大于顺铣部分，称为不对称逆铣。图 7-9c 中的顺铣部分大于逆铣部分，称为不对称顺铣。图 7-9 中的切入角 δ 和切离角 δ_1 位于逆铣一侧为正值，而位于顺铣一侧为负值。

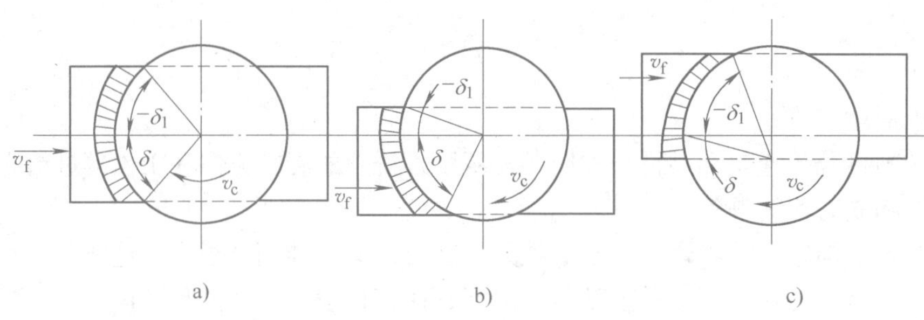

图 7-9　端铣时的顺铣与逆铣

a）对称端铣　b）不对称逆铣　c）不对称顺铣

第五节　铣刀的磨损

一、铣刀的磨损形式

铣刀磨损的基本规律与车刀相似。高速钢铣刀的切削厚度较小，尤其在逆铣时，刀齿对工件过渡表面挤压、滑行较严重，所以铣刀磨损主要发生在后面，如图 7-10a 所示。用硬质合金面铣刀铣钢件时，因切削速度高，切屑沿前面滑动速度大，故后面磨损的同时，前面也有较小磨损，如图 7-10b 所示。此外，用硬质合金面铣刀高速铣削时，刀齿经受着反复的机械冲击和热冲击，产生裂纹而引起刀齿的疲劳破损。大多数硬质合金面铣刀会因疲劳破损而失去切削能力。

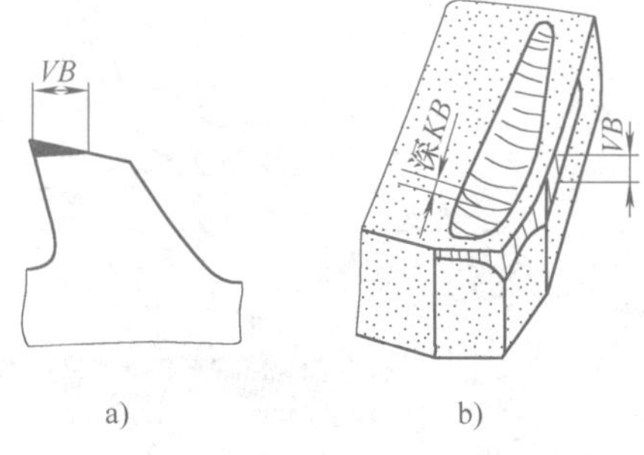

图 7-10　铣刀磨损

a）后面磨损　b）前、后面同时磨损

若铣刀的几何角度和切削用量选择不合理，刀齿承受很大的冲击力后，会产生没有裂纹的大打刀。

二、防止面铣刀破损的措施

（一）合理选择刀片牌号

应选用韧性高、抗热裂纹敏感性小且具有较好耐热性和耐磨性的刀片材料。例如铣钢时，可选用 YBM251、YBM351 等牌号的刀片；铣铸铁时，可选用 YBD152、YBD252 等牌号的刀片。

（二）合理选用铣削用量

在一定加工条件下，存在一个不产生破损的安全工作区域，如图 7-11 所示，选择安全工作区域内的 v_c 和 f_z，能保证铣刀正常工作。

（三）合理选择面铣刀直径、几何角度和工件与铣刀的相对位置

铣削时，刀齿的切削面积为 *STUV*。面铣刀切入工件时，前面与工件的最初接触点可能是 *S*、*T*、*U*、*V* 区域范围内的某一点（图 7-13a）。为了减少刀齿破损现象，希望最初接触

点是在 U 点，而不是在 S 点。这就取决于面铣刀的直径、几何角度和相对于工件的安装位置。由图 7-12 可知，当 $\gamma_f > 0$，根据 γ_p 的大小，刀齿以 S 点或 T 点或 $\overline{ST}$ 首先接触工件。当 $\gamma_f < 0°$，根据 γ_p 的大小，刀齿以 U 点或 V 点或 $\overline{SV}$ 首先接触工件。

由图 7-13c 可知，当工件与铣刀之间相对位置是 $\gamma_f > \delta$，根据 γ_p 的大小，刀齿以 S 点或

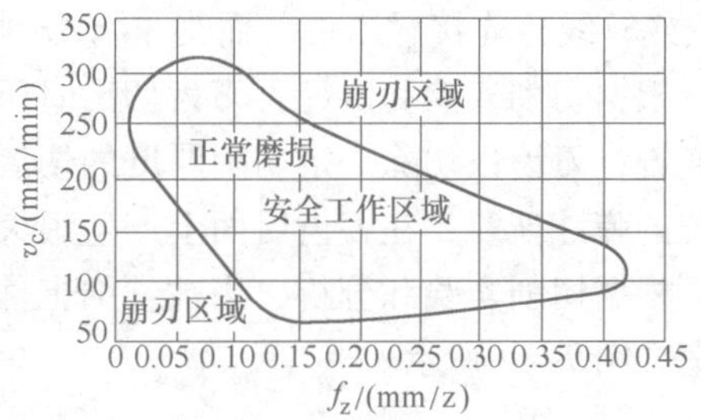

图 7-11 硬质合金面铣刀的安全工作区域

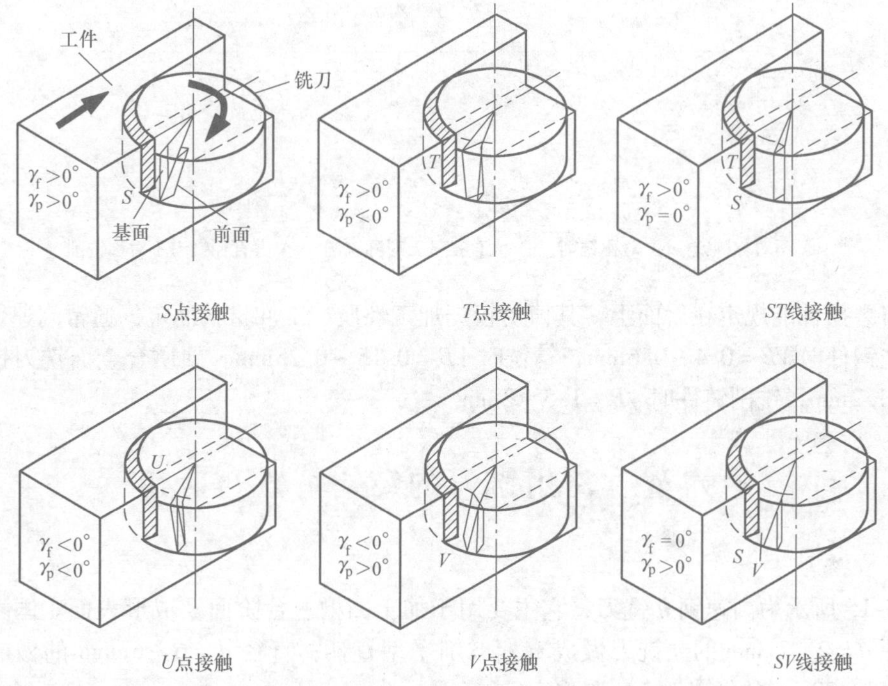

图 7-12 铣刀刀齿切入时最初接触点

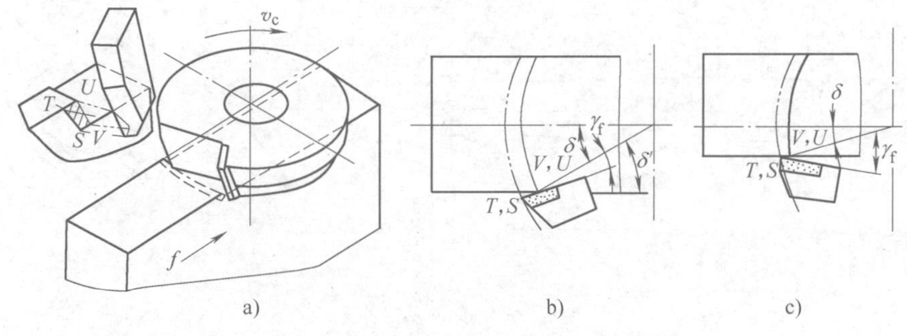

图 7-13 面铣刀安装位置对切入时接触点位置影响

a）面铣刀刀齿切削面积 b）$\gamma_f < \delta$ c）$\gamma_f > \delta$

T 点或$\overline{ST}$线首先接触工件。而当 $\gamma_f < \delta$，则刀齿以 V 点或 U 点或$\overline{UV}$线首先接触工件。

根据切削实验和研究，刀齿切出时所受冲击比切入时影响大。在切离角为正值时，此时为逆铣，刀齿以切除一定切削厚度的切屑切出工件。切出时，刀齿前面突然卸载，整个工具系统的弹性恢复，在刀齿后面上产生很大拉应力，而使刀齿破损。

根据切削实验和分析，当被铣削工件的宽度已经给定时，面铣刀直径和安装位置的选择方案如图 7-14 所示。

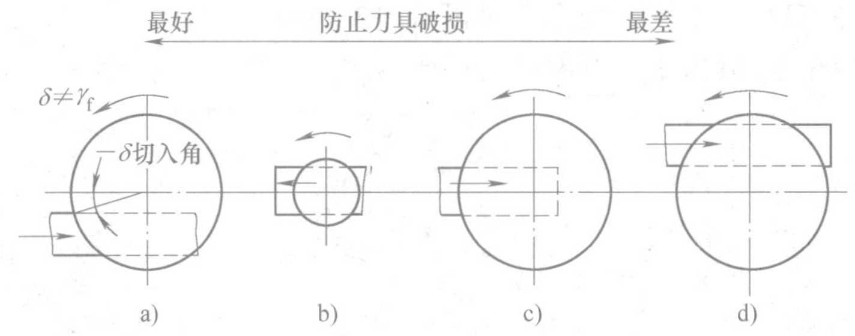

图 7-14　最佳铣刀直径与安装位置的选择

a）不对称顺铣　b）对称铣削　c）大直径铣刀对称铣削　d）大直径铣刀不对称铣削

铣刀磨损标准规定在后面上，其值要根据加工性质、工件材料而定，通常高速钢圆柱形铣刀粗铣钢件时 $VB = 0.4 \sim 0.6\text{mm}$，精铣时 $VB = 0.15 \sim 0.25\text{mm}$。硬质合金面铣刀铣钢件时 $VB = 1 \sim 1.2\text{mm}$，铣削铸件时 $VB = 1.5 \sim 2\text{mm}$。

第六节　常用铣刀的结构特点与应用

一、立铣刀

图 7-15 所示为高速钢立铣刀，它主要用于加工凹槽、台阶面及成形表面。国家标准规定：直径 $d = 2 \sim 71\text{mm}$ 的立铣刀做成直柄或削平型直柄；直径 $d = 6 \sim 63\text{mm}$ 的做成莫氏锥柄；$d = 25 \sim 80\text{mm}$ 的做成 7∶24 锥柄等。

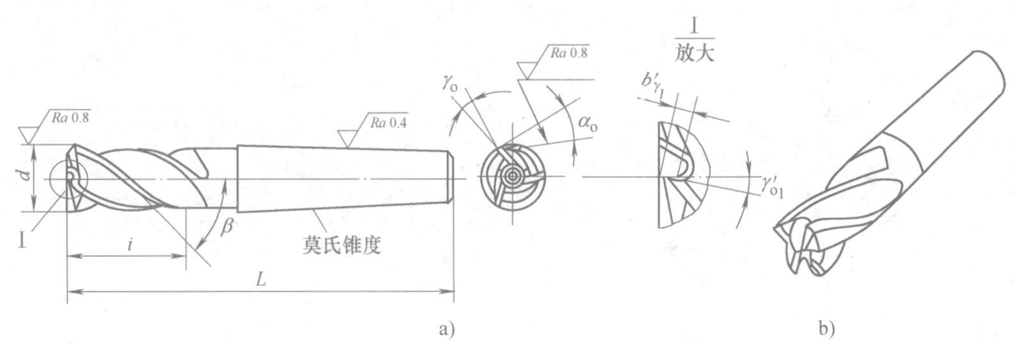

图 7-15　高速钢立铣刀

a）端面切削刃不通过中心　b）端面切削刃通过中心

如图 7-15a 所示，立铣刀圆柱切削刃是主切削刃；端面切削刃没有通过中心，是副切削刃，工作时不宜作轴向进给运动。为了保证端面切削刃具有足够的强度，在端面切削刃的前

面上磨出 $b'_{\gamma_1}=0.4\sim1.5\text{mm}$、$\gamma'_{o_1}=6°$的倒棱。

国内外许多工厂生产有 1 ~2 个端面切削刃通过中心的立铣刀（图 7-15b）。加工时，它可以进行轴向进给或钻浅孔。

硬质合金立铣刀可分为整体式立铣刀和可转位式立铣刀。通常直径 $d=3\sim20\text{mm}$ 时制成整体式，直径 $d=12\sim50\text{mm}$ 时制成可转位式。

株洲钻石刀具公司生产的整体硬质合金立铣刀根据被加工材料不同，可分为适用于通用加工 GM 系列，高硬度钢加工 HM 系列，不锈钢、耐热合金加工 SM 系列和铝合金加工 AL 系列（图 7-16）。

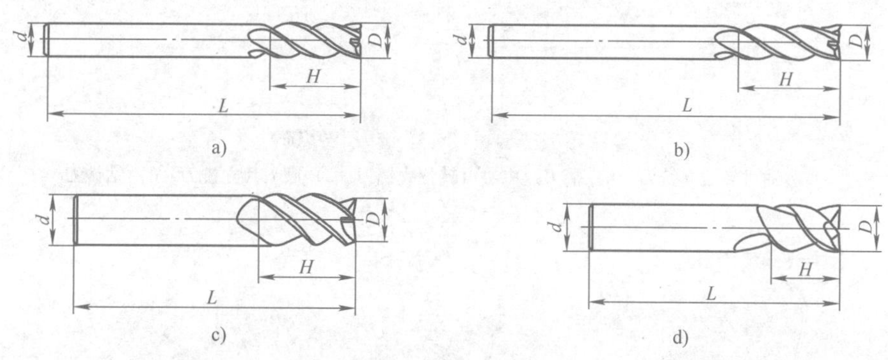

图 7-16　整体硬质合金铣刀

a）GM 系列　b）HM 系列　c）SM 系列　d）AL 系列

GM 系列是 TiAlN 涂层立铣刀。其特点是锋利的切削刃与刀具强度合理搭配，使切削轻快，刀具寿命长。应用范围十分广泛，适用于从普通钢到预硬钢的高效加工。HM 系列为 AlTiN 涂层立铣刀，用于加工 60 ~68HRC 淬硬钢。它在保证足够容屑空间的条件下，采用了大芯厚，兼顾了刀具的刚度以及排屑性能。合适的前角设计，兼顾了刀具刃口强度与锋利性，扩大了立铣刀的应用范围。SM 系列为 AlTiN 涂层立铣刀，最适合加工不锈钢、镍基高温合金等难切削材料。它选用大的螺旋角和前角，切削刃锋利；独特的切削刃形状可抑制切削热对刀尖的影响，大大提高了耐磨性以及耐熔附性。AL 系列可实现铝合金的一般加工到超速加工。

整体式硬质合金立铣刀常用螺旋角为 35°、45°和 55°，其齿数为 2、4、6 齿。35°螺旋角立铣刀齿数少，容屑空间大，适用于粗加工。45°螺旋角立铣刀齿数多，切削平稳，用于精加工。一般精加工铝合金的立铣刀选用 55°螺旋角。

可转位立铣刀按其结构和用途可分为普通型立铣刀、钻铣型立铣刀和螺旋齿型立铣刀。可转位立铣刀直径较小，夹紧刀片所占空间受到很大限制，所以一般采用压孔式。它又可分为平装刀片压孔式和立装刀片压孔式等。

普通可转位立铣刀如图 7-17a 所示，其直径 $d=12\sim63\text{mm}$，齿数为 1 ~6 齿，广泛用于铣削平面、台阶面和沟槽等。一般选 88°平行四边形刀片。刀片前面为正径向前角和轴向前角的波纹形曲面，因而切削轻快。采用负倒棱来增强切削刃强度，如图 7-18 所示，刀片后角为 11°。国内外许多工厂都生产端刃过中心可转位立铣刀（图 7-17b），它有一端刃过中心，特别适宜轴向进给。

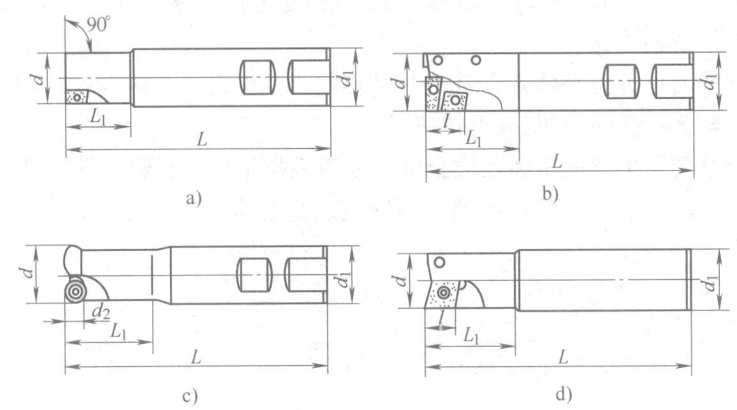

图 7-17　普通可转位立铣刀和钻铣刀

a）普通可转位立铣刀　b）端刃过中心可转位立铣刀　c）圆刀片立铣刀　d）钻铣刀

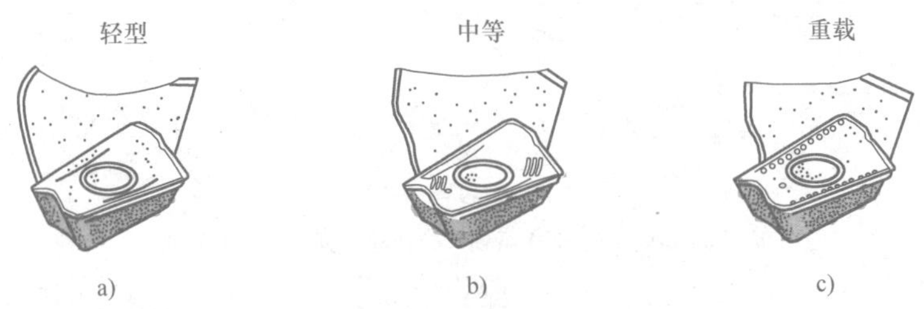

图 7-18　前面为波纹形曲面的立铣刀刀片

a）轻型切削刀片　b）大多数材料普通加工用刀片　c）重载切削刀片

圆刀片立铣刀（图 7-17c）主要用于铣削根部有内圆角的凸台、肋条、型腔以及曲面的加工。圆刀片具有可多次转位的非常坚固的切削刃，背吃刀量不应超过刀片半径。圆刀片立铣刀有直柄和莫氏锥柄两种。当铣刀直径 $d>40$mm 时，制成套装式。

可转位钻铣刀（图 7-17d）和普通立铣刀结构上有区别，它有一个刀片的切削刃在径向超过中心，而又稍低于中心线 0.15 ~ 0.3mm，通常取 $\gamma_p=+2°\sim+3°$，$\gamma_f=-4°\sim-10°$，$\kappa_r=90°\sim100°$。它不仅可以铣台阶面和开口槽，还可以钻浅孔、铣封闭槽和坡铣斜槽，如图 7-19 所示。

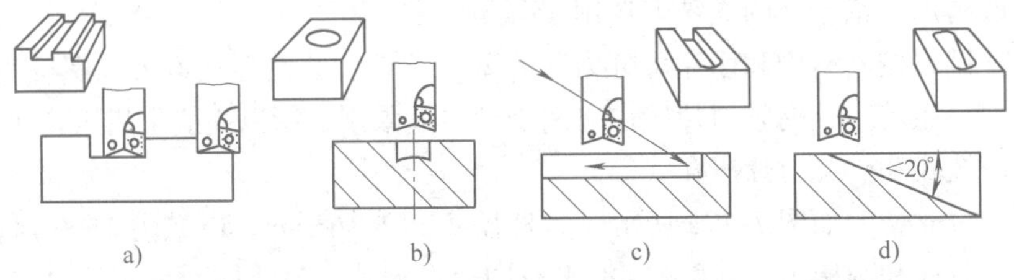

图 7-19　钻铣刀用途

a）铣台阶面和开口槽　b）钻浅孔　c）铣封闭槽　d）坡铣斜槽

可转位螺旋立铣刀（图 7-20）的每个螺旋刀齿上装上若干硬质合金可转位刀片，相邻两个刀齿上的硬质合金刀片相互错开，切削刃呈玉米状分布，减小了切削宽度。在保持切削功率不变的情况下，可较大地提高进给速度 v_f。为了减小切削力，可选用正前角或有断屑槽的刀片。通常直径 $d=32\sim50$mm 的螺旋立铣刀制成直柄或莫氏锥柄，直径 $d=50\sim80$mm 的制成 7:24 锥柄。可转位螺旋齿立铣刀的头部磨损快，容易损坏，可以做成模块式（图 7-21），以便于更换头部，比整体式立铣刀更经济。

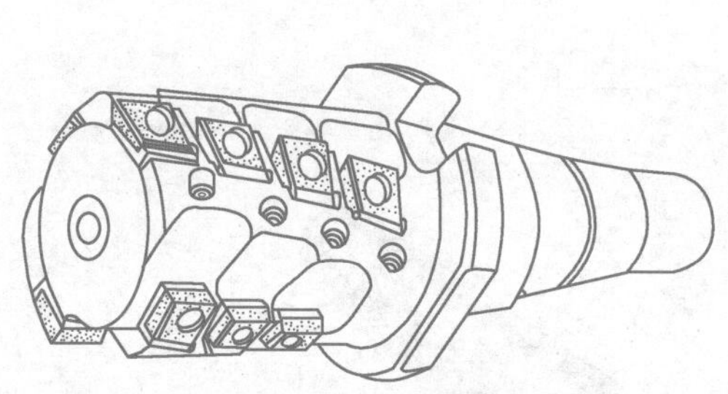

图 7-20　可转位螺旋立铣刀

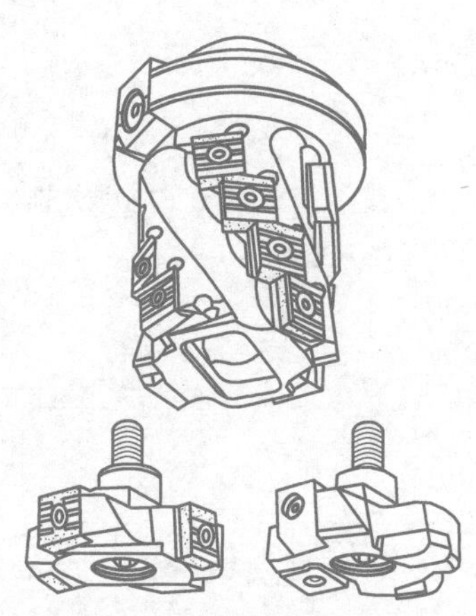

图 7-21　模块式螺旋齿立铣刀

用普通可转位立铣刀加工表面形状复杂的凹窝和型腔时，为了高效切除腔内材料而形成加工表面，铣刀的进给运动较复杂，进给方式和路线的选择是十分重要的。坡走铣是加工凹窝、型腔的一种常用有效方法。坡走进给时，铣削力是逐渐加大的，因此对刀具和主轴的冲击比垂直下刀小，可明显减少下刀崩刃现象。在 $X-Y$ 和 Z 方向进行线性坡走铣的最大坡走角由刀具直径所决定。进给路线的选择主要考虑如何最通畅地排出切屑。通常应采用顺铣。例如图 7-22a 所示的二轴坡走铣，坡走角的计算式为 $\tan\alpha=a_p/l_m$。坡走角与刀具直径、刀体与工件间的间隙、刀片尺寸和背吃刀量有关，可以从样本根据直径查得。对于大直径孔，螺旋插补铣是一种高效铣削方法（图 7-22b），铣刀直径约为工件孔径的$\frac{1}{2}$，确定加工参数时，应参考刀具允许的最大坡走角。螺旋插补铣加工时仅用一把刀具便可完成，一般不会产生断屑、排屑和振动等问题。圆弧插补铣可用于大型凹窝的铣削加工，先进行钻削，然后进行圆弧插补铣（图 7-22c）。

最近各国多个工具厂推出可换头式立铣刀，如图 7-23 所示。一般它由 8 种可换式刀头和硬质合金抗振刀杆组成。广泛用于汽车、航空航天、模具、能源风电等行业各种铣削的粗、精加工。它能实现一杆多用；硬质合金刀杆在大悬伸、大进给、高速条件下表现出优良的抗振性能，提高了工件表面质量和刀具寿命；可在机床上在线换刀，大大减少机床停机时间；8 种可换刀头的自由组合，可满足从粗加工到精加工的需求，可有效减少使用的刀具品种，有效降低刀具管理难度。

二、键槽铣刀

图 7-24 所示为键槽铣刀，主要用于加工圆头封闭键槽。它有 2 个刀齿，圆柱面和端面

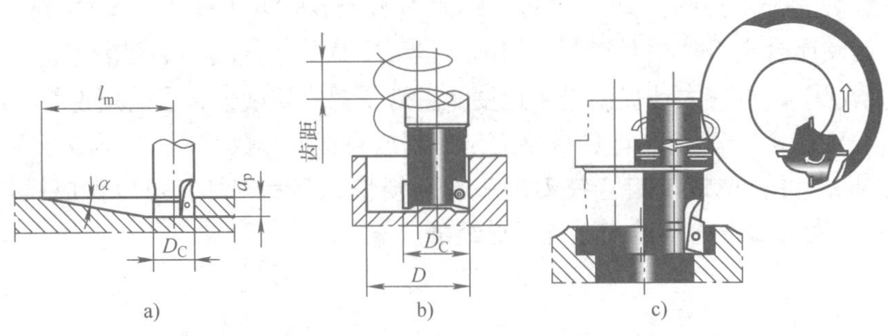

图 7-22　加工凹窝、型腔的常用方法

a）二轴坡走铣　b）螺旋插补铣/三轴坡走铣　c）凹窝圆弧插补铣

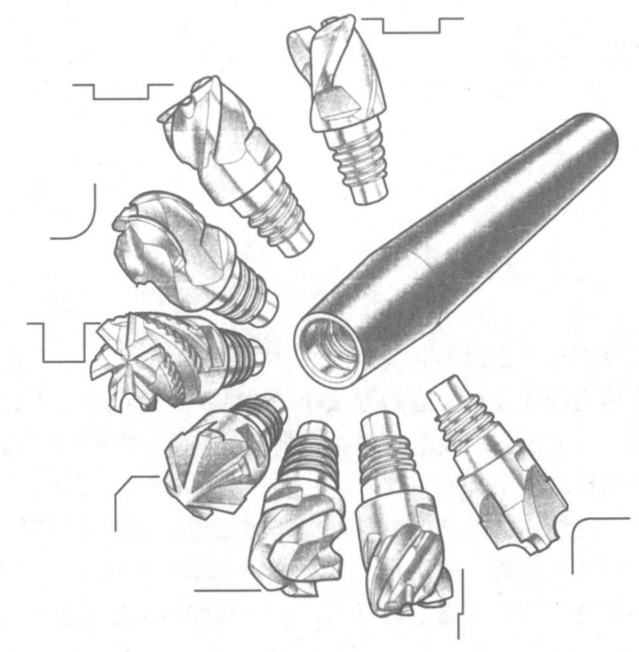

图 7-23　可换头式立铣刀

上都有切削刃。端面切削刃延至中心，工作时能沿轴向作进给运动。按国家标准规定，直柄键槽铣刀直径 $d=2\sim22$mm，锥柄键槽铣刀直径 $d=14\sim50$mm。键槽铣刀直径的公差等级有 e8 和 d8 两种，通常分别加工 H9 和 N9 键槽。

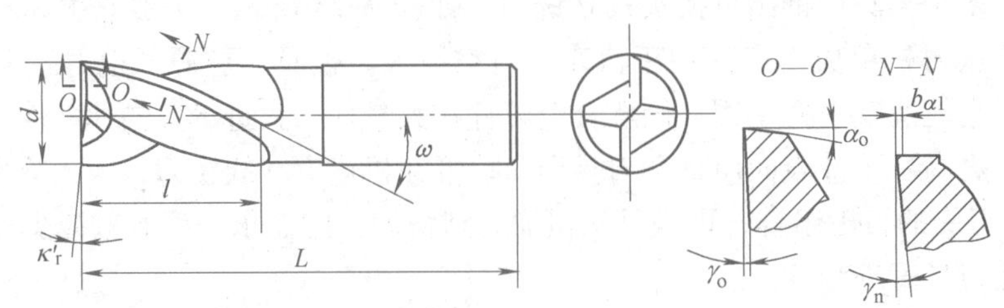

图 7-24　键槽铣刀

键槽铣刀的圆周切削刃仅在靠近端面的一小段长度内发生磨损，重磨时只需刃磨端面切削刃，铣刀直径不变。

三、三面刃铣刀

三面刃铣刀适用于加工凹槽和台阶面。三面刃铣刀除圆周具有切削刃外，两侧也有副切削刃，从而改善了切削条件，提高了切削效率和减小了表面粗糙度值，但重磨后厚度尺寸变化较大。三面刃铣刀可分为直齿、错齿和硬质合金可转位三面刃铣刀。

图 7-25 所示为直齿三面刃铣刀。按国家标准规定，铣刀直径 $d=50\sim200$mm，厚度 $L=4\sim40$mm。厚度尺寸公差等级为 K11、K8 级。它的主要特点是圆周齿与端齿前面是一个平面，可一次铣成和刃磨，使工序简化；圆周齿和端齿均留有凸出刃带，便于重磨，且重磨后能保持刃带宽度不变，但侧刃前角 $\gamma_o'=0°$，切削条件差。

错齿三面刃铣刀（图 7-26）的 γ_o'近似等于 λ_s，与直齿三面刃铣刀相比，它具有切削平稳，切削力小，排屑容易和容屑槽大等优点。

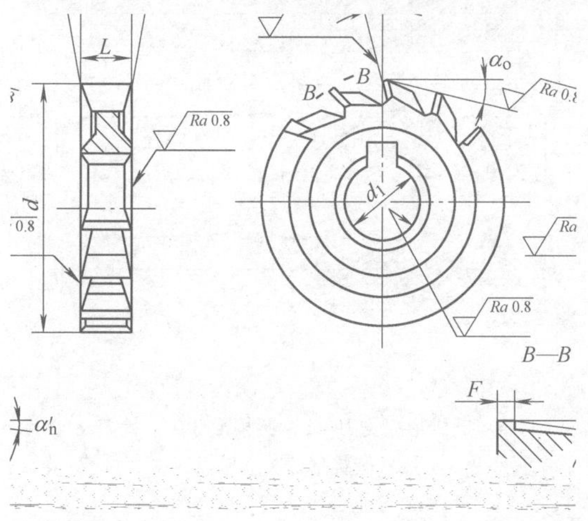

图 7-25　直齿三面刃铣刀

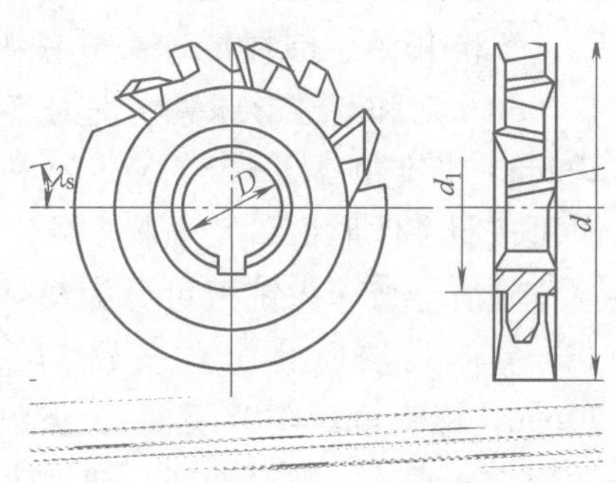

图 7-26　错齿三面刃铣刀

硬质合金可转位三面刃铣刀如图 7-27 所示，它是用锥头螺钉将刀片压紧在一侧有支承的刀垫上，然后通过楔块和螺钉将刀垫压紧在有齿纹的刀槽中。弹簧压紧刀垫，使安装和尺寸调整更容易、快速和准确。开放式容屑槽使排屑更通畅。使用时，可根据不同的加工材料和加工要求，更换不同材质和槽形的刀片。通过调整刀垫在刀体上的安装位置，可进行单侧刃铣、双侧刃铣和全槽铣等。

图 7-27　硬质合金可转位三面刃铣刀

四、角度铣刀

图 7-28 所示为角度铣刀，它主要用于加工带角度的沟槽和斜面。其中图 7-28a 所示为单角铣刀，圆锥切削刃为主切削刃，端面切削刃为副切削刃；图 7-28b 所示为双角铣刀，两圆锥面上的切削刃均为主切削刃。双角铣刀又可分为对称双角铣刀和不对称双角铣刀。国家标准规定，单角铣刀直径 $d=40\sim100$mm、两切削刃间夹角 $\theta=18°\sim90°$。不对称双角铣刀直径 $d=40\sim100$mm，夹角 $\theta=50°\sim100°$。对称双角铣刀直径 $d=50\sim100$mm，夹角 $\theta=18°\sim90°$。

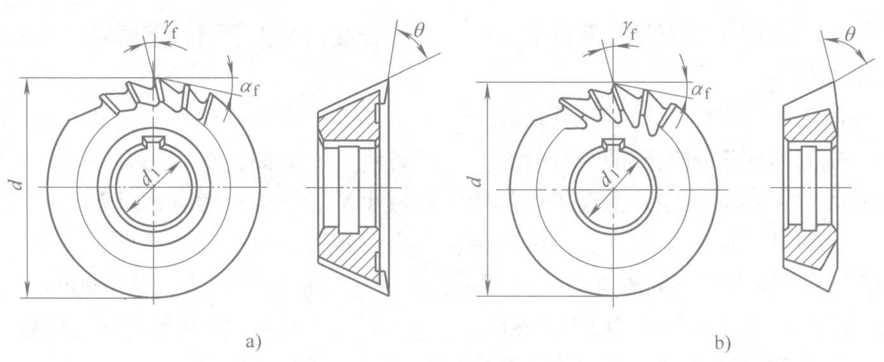

图 7-28　角度铣刀
a）单角铣刀　b）双角铣刀

五、模具铣刀

模具铣刀（图 7-29）用于加工模具型腔或凸模成形表面，在模具制造中应用广泛。它是由立铣刀演变而成的。高速钢模具铣刀分为圆锥形立铣刀（直径 $d=6\sim20$mm、半锥角 $\alpha/2=3°$、7°和 10°）、圆柱形球头立铣刀（直径 $d=4\sim63$mm）和圆锥形球头立铣刀（直径 $d=6\sim20$mm、半锥角 $\alpha/2=3°$、5°、7°和 10°），使用时可按照工件形状和尺寸来选择。

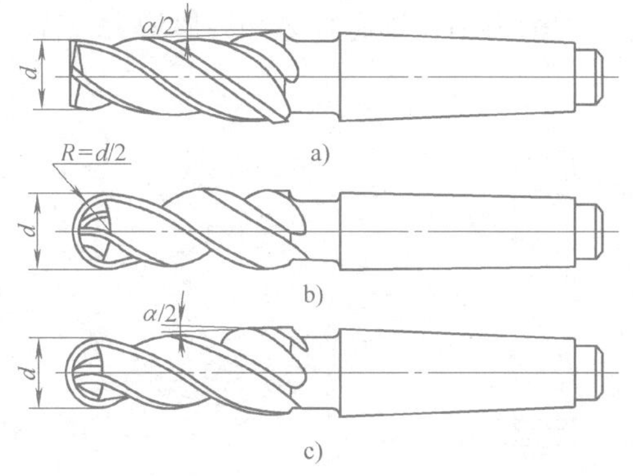

图 7-29　高速钢模具铣刀
a）圆锥形立铣刀　b）圆柱形球头立铣刀
c）圆锥形球头立铣刀

硬质合金球头铣刀可分为整体式和可转位式。整体式硬质合金球头铣刀直径 $d=3\sim20$mm，螺旋角 $\beta=30°$或 45°，齿数 $z=2\sim4$ 齿，适用于高速、大进给铣削，加工表面粗糙度值小，主要用于精铣。

可转位球头立铣刀前端装有一片或 2 片可转位刀片，它有两个圆弧切削刃，如图 7-30 所示。直径较大的可转位球头立铣刀除端部外，在圆周上还装长方形可转位刀片，以增大最大吃刀量。用球头铣刀进行坡铣时，向下倾斜角不宜大于 30°。铣削表面粗糙度值较大，主要用于高速粗铣和半精铣。在高速精加工仿形铣削时，通常采用圆刀片可转位球头立铣刀。为了避免在刀具中心出现零切削速度，通常将其主轴倾斜 10°～15°进行加工。

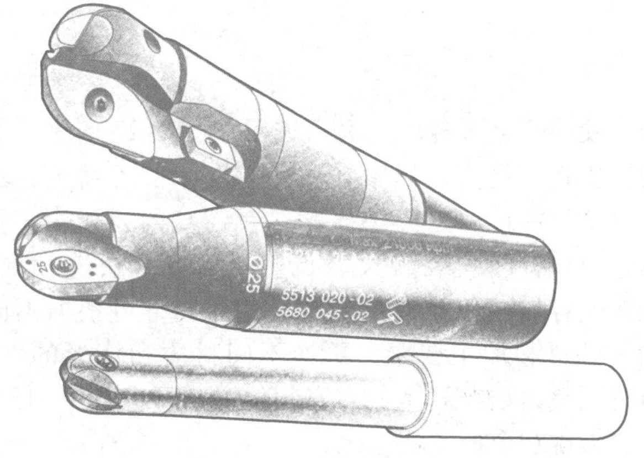

图 7-30　可转位球头立铣刀

硬质合金旋转锉表面做有齿纹（图 7-31），它可取代金刚石锉刀和磨头加工淬火后硬度小于 65HRC 的各种模具零件，其切削效率可提高几十倍。

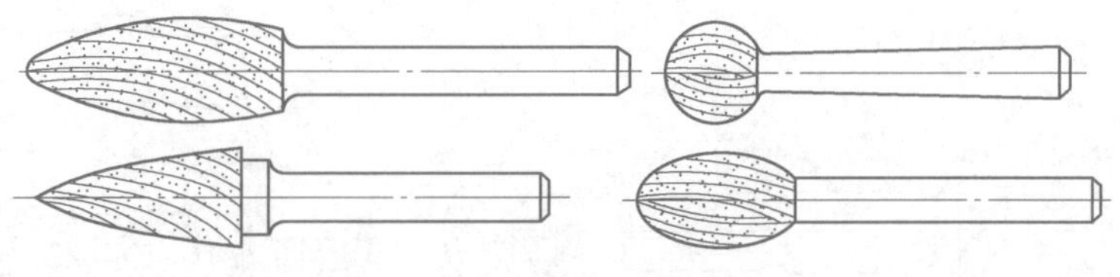

图 7-31 硬质合金旋转锉

第七节 可转位面铣刀

一、概述

硬质合金可转位面铣刀适用于粗、精铣平面，由于它刚性好、效率高、加工质量好、刀具寿命长，故得到广泛应用。

图 7-32 所示为常用的可转位面铣刀。它由刀体 5、刀垫 1、紧固螺钉 3、刀片 6、楔块 2 和偏心销 4 等组成。刀垫通过楔块和紧固螺钉夹紧在刀体上。在紧固螺钉旋紧前旋转偏心销，将刀垫轴向支承点的轴向跳动量调整到一定数值范围内。刀片安放在刀垫上后，通过楔块和紧固螺钉夹紧。偏心销还能防止切削时刀垫受过大轴向力而产生轴向窜动。切削刃磨损后，将刀片转位或更换刀片后可继续使用。可转位面铣刀已标准化，在使用前必须合理地选择刀片夹紧结构、主偏角、前角、直径和齿数等。

二、可转位面铣刀刀片的夹紧结构

1. 楔块式夹紧结构

图 7-32 所示为楔块式可转位面铣刀。它具有结构可靠、刀片转位和更换方便、刀体结构工艺性好等优点。其主要缺点是：刀片一部分被覆盖，容屑空间小；夹紧元件的体积较大，铣刀齿数较少。

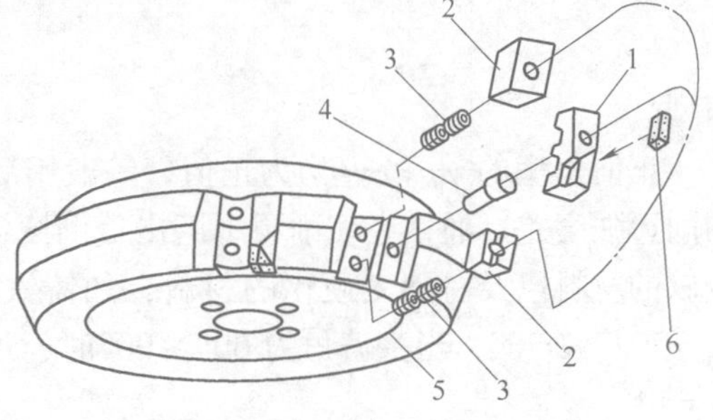

图 7-32 硬质合金可转位面铣刀

1—刀垫 2—楔块 3—紧固螺钉

4—偏心销 5—刀体 6—刀片

2. 上压式夹紧结构

上压式夹紧结构中，刀片可通过蘑菇头螺钉（图 7-33a）或压板和螺钉（图 7-33b）夹紧在刀体上。它有结构简单、紧凑、制造方便等优点。切削刃的径向圆跳动、轴向圆跳动取决于刀片、刀槽的制造精度。上压式夹紧结构适用于小直径面铣刀。

3. 压孔式

压孔式夹紧结构如图 7-34 所示，锥头螺钉的轴线相对于刀片锥孔轴线有一偏心距。旋转锥头螺钉向下移动，锥头螺钉的锥面推动刀片移动，而将刀片压紧在刀槽中。它有结构简单、紧凑、夹紧元件不阻碍切屑流出等优点。随着带断屑槽铣刀片广泛使用，压孔式夹紧结构将得到普遍应用。它的制造精度要求高，夹紧力小于楔块式夹紧结构。

三、可转位面铣刀几何角度

1. 前角

可转位面铣刀的背前角 γ_p 和侧前角 γ_f 有三种组合：正前角型、负前角型和正负前

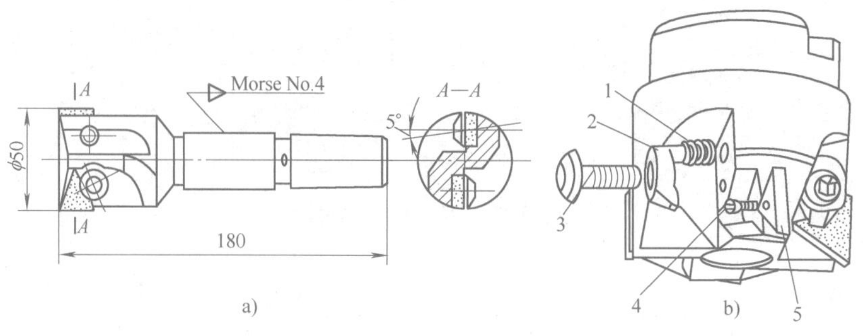

图 7-33　上压式夹紧结构
a）螺钉夹紧　b）螺钉和压板夹紧
1—弹簧　2—压板　3—螺钉　4—刀垫螺钉　5—刀垫

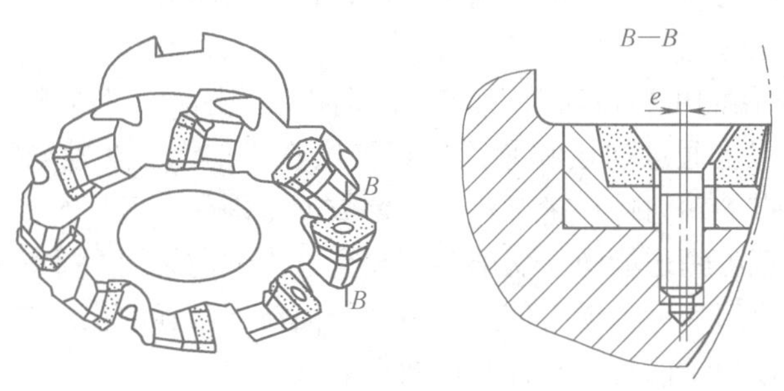

图 7-34　压孔式夹紧结构

角型。

正前角型的 γ_p 和 γ_f 均为正值，一般用后角为 11°的刀片。它切削轻快，排屑方便，但切削刃强度差，通常在切削刃上磨出负倒棱，以提高切削刃强度。它适用于铣削强度较低和较软的材料以及易加工硬化的材料，如铸铁、易切钢、铜合金、不锈钢和有色金属。通常 $\gamma_p=7°$、$\gamma_f=0°$，当主偏角为 60°～90°时，可得到 4°～6°前角。铣削铝合金时取 $\gamma_p=15°$、$\gamma_f=14°$。

负前角型的 γ_p 和 γ_f 均为负值，可以采用不带后角、两面均可使用的刀片，刀片的利用率高。但铣削时，切削力大，消耗功率多，所以机床的动力与刚性要足够。通常取 $\gamma_p=-10°\sim-5°$、$\gamma_f=-10°\sim-3°$，适用于粗铣铸铁、铸钢及高硬度、高强度钢。

正负前角型综合了正前角型和负前角型的优点。通常取正 γ_p 和负 γ_f。正 γ_p 使切屑远离工件已加工表面并向上排出，排屑畅通。负 γ_f 保证切入时前面和工件的最初接触点远离刀尖。一般取 $\gamma_p=0°\sim10°$、$\gamma_f=-10°\sim0°$，适用于加工钢、铸铁、灰铸铁等，特别适用于大余量铣削。

可转位铣刀片的型号表示方法与可转位车刀片相似。常用可转位铣刀片有三角形、矩形、圆形和正方形等几类。国内常用可转位铣刀片的几何形状如图 7-35 所示，前面上磨出 -10°的负倒棱，以增强切削刃的强度。刀片上磨有平行于进给方向的修光刃，宽度 $b'_\varepsilon=1.4\sim2\text{mm}$，有助于减小表面粗糙度值。当铣刀每转进给量大于修光刃宽度 b'_ε 时，根据需要，可在铣刀上安置刃长为 10mm 或 4.5mm 的修光刀片。国内外许多厂商开发了有断屑槽的铣刀片。用同一把面铣刀，通过更换不同材质、不同断屑槽的刀片，就可加工不同材料、不同加工条件的工件。可转位面铣刀刀片的断屑槽型见表 7-3。

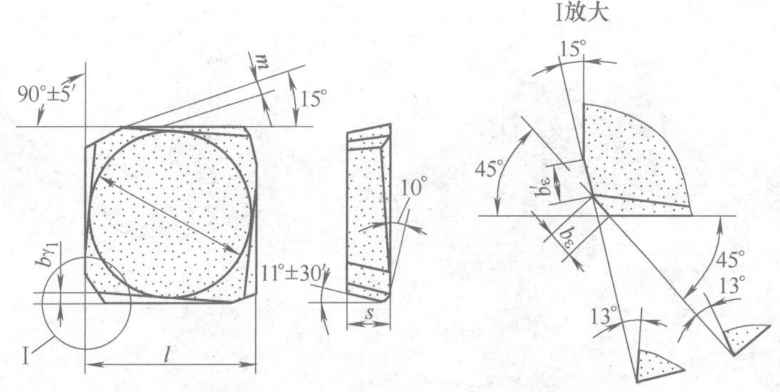

图 7-35　可转位铣刀片的几何形状

表 7-3　可转位铣刀铣削刀片的断屑槽型

类型	轻型（L）	普通（M）	重型（H）
简图	–L	–M	–H
特点	锋利的正前角切削刃，平稳的切削性能。用于低进给率、低机床功率和低切削力要求场合	用于混合加工的正前角槽形，中等进给率场合	用于高安全性要求和高进给率要求场合

2. 主偏角

可转位面铣刀的主偏角大小会直接影响切削厚度、切削力和刀具寿命。减小主偏角会使切削厚度减小，切削刃参与切削工作的长度增加，并且使切削刃较平稳地切入工件，有利于保护切削刃；同时使进给力 F_f 减小，垂直进给力 F_{f_n} 增加。目前常用的有主偏角为 10°、45°、90°，以及主偏角变化的圆刀片，如图 7-36 所示。

90°主偏角面铣刀铣削时产生很大的进给力 F_f，而被切削表面承受的垂直进给力 F_{f_n} 较小，因此适用于铣削低强度结构工件或薄壁工件以及获得直角边方肩铣。

用 45°主偏角面铣刀加工时，产生的 F_f 和 F_{f_n} 接近相等，它适用于普通用途的端铣，此外还特别适合于铣削短切屑材料的工件。这种面铣刀切入较轻便，会使大悬伸或小刀柄铣刀铣削时减弱振动。45°主偏角面铣刀减小了切削厚度，在保持切削刃中等切削负载条件下，可加大进给速度，提高生产率。

10°主偏角面铣刀的切削厚度很薄，所以可以选择很大的进给量，并且铣削时主要产生 F_{f_n}，因而可降低振动趋势，获得高的生产率。

圆刀片面铣刀的主偏角取决于背吃刀量，圆刀片面铣刀具有非常坚固的切削刃，切削时沿着长的切削刃产生薄切屑，因而适用于高进给率铣削。由于薄切屑效应，也适用于耐热合金和钛合金加工以及大余量、高进给加工。

四、可转位面铣刀直径和齿数

为了减少铣刀规格，便于集中制造，面铣刀直径系列已标准化，其标准系列为：50mm、63mm、80mm、100mm、125mm、160mm、200mm、250mm、315mm、400mm、500mm。

端铣时，应根据侧吃刀量 a_e 选择合理的铣刀直径，一般取可转位面铣刀直径 $d \geqslant$

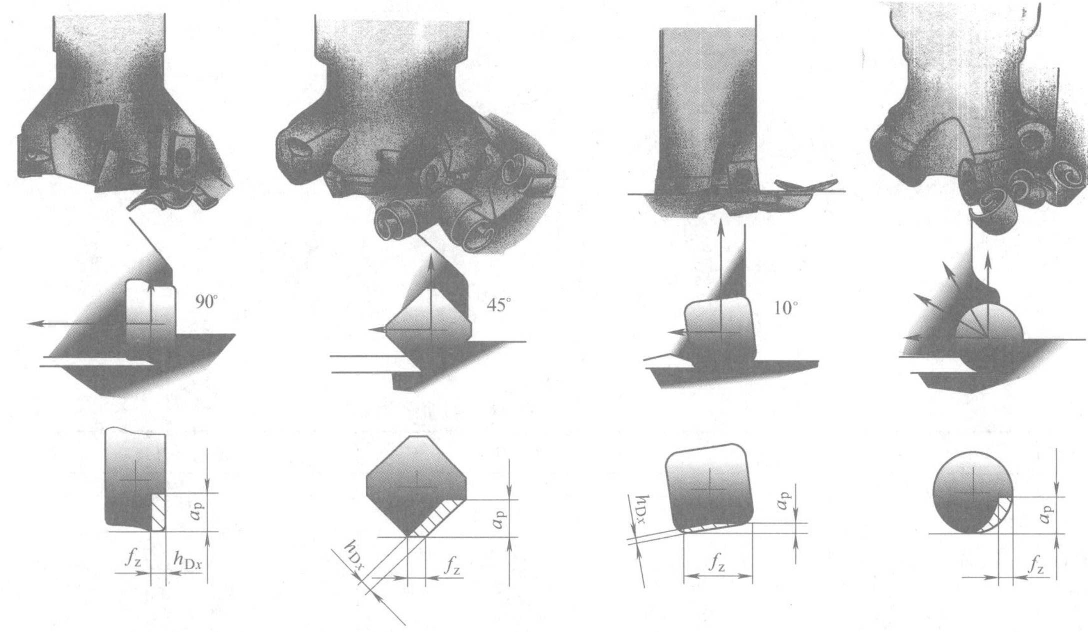

图 7-36　面铣刀主偏角及其对切削力和切屑厚度的影响

(1.2～1.6) a_e。

可转位面铣刀的齿数分为粗、中、细齿三种。粗铣长切屑工件或同时工作齿数过多而引起振动时，可选用粗齿面铣刀。铣短切屑工件或精铣钢件时，可选用中齿面铣刀。细齿面铣刀的每齿进给量较小，常适用于加工薄壁铸件，在较小的 f_z 时，能使进给速度 v_f 增大，从而获得较高的生产率。

第八节　铲齿成形铣刀简介

成形铣刀是加工成形表面的专用铣刀。与成形车刀相似，其刃形根据工件廓形设计。它能保证工件形状和尺寸的互换性，并具有较高的生产率，因此得到广泛使用。

成形铣刀按齿背形状分为尖齿成形铣刀和铲齿成形铣刀两类。尖齿成形铣刀齿数多，具有合理的后角，因而切削轻快、平稳，加工表面质量好，铣刀寿命长。但尖齿成形铣刀需要专用靠模或在数控工具磨床上来重磨后面，刃磨工艺复杂。刃形简单的成形铣刀一般做成尖齿成形铣刀，刃形复杂的都制成铲齿成形铣刀。

一、铲齿成形铣刀铲齿过程

铲齿成形铣刀的刃形与后面是在铲齿车床上用铲刀经铲齿获得的。铲齿时，铣刀套在心轴上，并安装在铲齿车床两顶尖之间，由机床主轴驱动做旋转运动。铲刀安装在刀架上由凸轮驱动做往复移动。铣刀每转过一个刀齿时，凸轮相应转一转，铲刀相应地做一次往复移动。如图 7-37 所示，铣刀转过 $\varepsilon_{工}$ 时，凸轮相应地转过 $\phi_{工}$，刀尖从 B_1 点铲至 M 点。铣刀继续旋转时，铲刀开始后退。当铣刀转过 $\varepsilon_{退}$ 时，凸轮相应转过 $\phi_{退}$，铲刀退至原位。

铲齿后所得的齿背曲线为阿基米德螺旋线。它具有以下特性：

1）由图 7-37 可知，由铲刀的顶刃和根刃分别铲出的 B_1D_1 和 BD 为径向等距线，其径

向距离保持不变。所以沿前面重磨后，其轴向剖面形状保持不变。

2）如图 7-38 所示，阿基米德齿背曲线的方程式为

$$\rho = R - b\theta$$

$$\tan\psi = \frac{\rho}{\rho'} = \frac{R - b\theta}{-b} = \theta - \frac{R}{b}$$

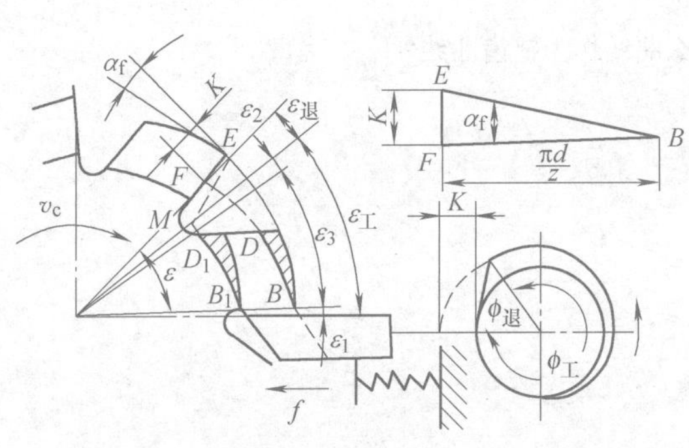

图 7-37　铲齿过程

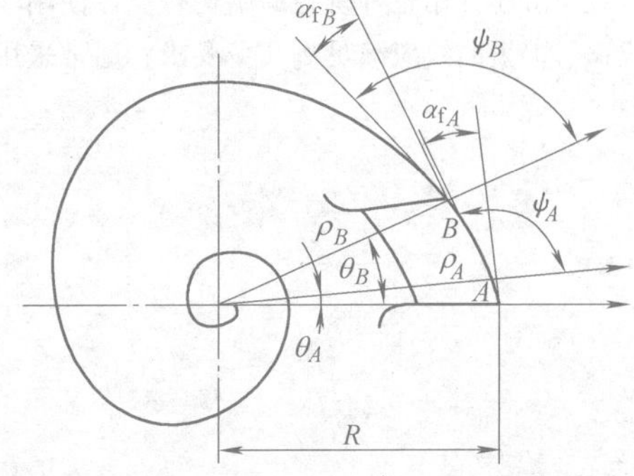

图 7-38　重磨后铲齿成形铣刀后角变化

重磨后，铣刀的直径变化不大，所以 ψ 角变化很小，因而后角变化也很小。

铲齿成形铣刀的制造、重磨比尖齿成形铣刀方便，但热处理后铲磨时，修整成形砂轮较费时。若不进行铲磨，则刃形误差较大。此外，它的前、后角不够合理，所以加工表面的质量不高。

二、铲削量和后角分析

由图 7-37 可知，当铣刀转过齿间角 ε 时，铲刀的径向移动量为 K，K 称为铲削量，亦即凸轮升程，由 $\triangle EBF$ 可得

$$\tan\alpha_f = Kz/\pi d \tag{7-8}$$

式中　d——铣刀外径；

　　　z——铣刀齿数。

上述侧后角 α_f 为铣刀顶刃侧后角，又称为铣刀名义侧后角。由图 7-39 可知，由于切削刃上各点的铲削量相同，而其直径、主偏角不相等，所以切削刃上各点后角 α_{o_x} 各不相等。设计时，应保证 α_{o_x} 一般不应小于 3°～4°，以免铣刀后面与工件加工表面发生严重摩擦。

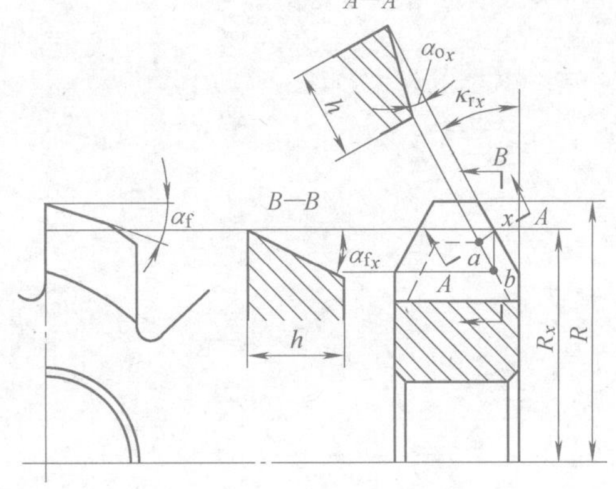

图 7-39　铲齿铣刀后角分析

铲齿成形铣刀的前角通常取 0°，此时铣刀廓形即为工件廓形。在粗加工或加工非金属材料时可以取 $\gamma_f > 0$，以改善切削条件，此时，由于制造需要，必须求出成形铣刀的轴向剖面形状，即铲刀切削刃刃形。

铲齿成形铣刀结构尺寸通常根据工件廓形最大高度等加工条件由有关设计手册查得。

复习思考题

7-1　用图表示圆柱形铣刀和面铣刀的静止参考系和几何角度。

7-2　试述铣削过程特点。

7-3　试分析比较圆周铣削时顺铣和逆铣的主要优缺点及使用场合。

7-4　试述硬质合金面铣刀产生破损的原因。可采取哪些措施来减少破损？

7-5　如何选择硬质合金面铣刀前角类型、齿数和直径？

7-6　试分析可转位硬质合金螺旋齿玉米铣刀提高切削效率的机理。

7-7　试述常用各种铣刀的结构特点、使用场合。

7-8　铲齿曲线应满足哪几个要求？通常采用什么曲线作为铲齿曲线？

第八章 螺纹刀具

加工螺纹用的螺纹刀具很多，主要分为车刀类、丝锥类、铣刀类和滚压刀具类等多种。其中丝锥是应用较广的和有代表性的螺纹刀具。本章着重讲解丝锥的结构、类型与选用，并介绍其他类型螺纹刀具的结构特点和应用范围。

第一节 丝 锥

丝锥用于加工内螺纹，按其功用可分为手用丝锥、机用丝锥、螺母丝锥、锥形螺纹丝锥、挤压丝锥和拉削丝锥等。

一、丝锥的结构和几何参数

丝锥的基本结构是一个轴向开槽的外螺纹，它由工作部分 l_1 和柄部 l_2 两部分组成，如图 8-1 所示。工作部分分成切削部分 l_3 与校准部分 l_4。切削部分铲磨成锥体，其半锥角为 κ_r，以引导丝锥进入螺纹底孔并使切削载荷分配到几个刀齿上；它担负着螺纹的切削工作，刀齿齿形不完整，后一刀齿比前一齿高，每齿切削厚度为 h_D。校准部分有完整的齿形，用以校准螺纹廓形，并在丝锥前进时起导向作用。柄部起着与机床联接或通过扳手传递转矩的作用。

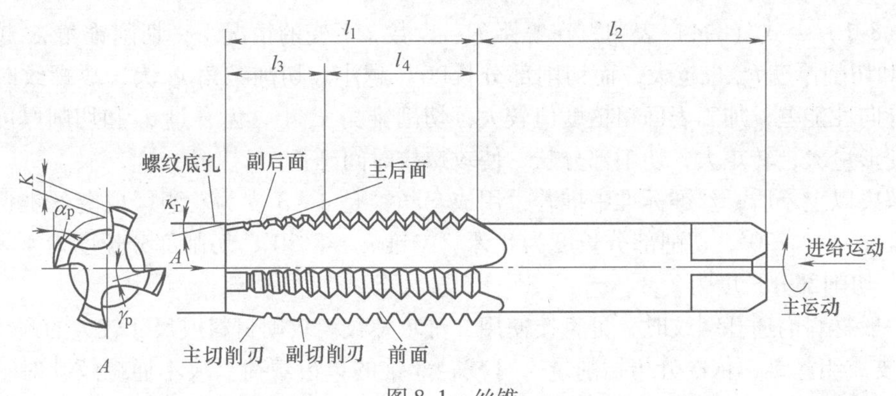

图 8-1 丝锥

l_1—工作部分 l_2—柄部 l_3—切削部分 l_4—校准部分

丝锥轴向开槽以容纳切屑，同时形成前角。攻螺纹的切削运动是丝锥的旋转与轴向移动组合成的螺旋运动。当切出一段螺纹后，丝锥齿侧就能与螺纹螺旋面咬合，自动引导攻入。

丝锥的切削参数如图 8-2 所示。

从图 8-2 中可知

$$\tan\kappa_r = H/l_3 \tag{8-1}$$

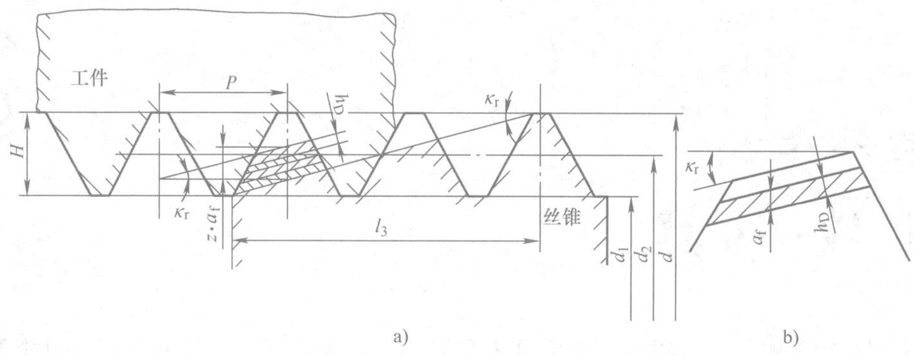

图 8-2　丝锥的切削参数

a）结构图　b）齿形放大图

$$a_f = h_D / \cos\kappa_r \tag{8-2}$$

$$a_f = \frac{P\tan\kappa_r}{z} \tag{8-3}$$

式中　κ_r——切削部分锥角，简称切削锥角；

H——丝锥齿高，为丝锥外径减内径的一半；

l_3——丝锥切削部分长度；

a_f——每齿径向切削厚度，即每齿齿升量；

h_D——每齿切削厚度；

P——丝锥螺距；

z——丝锥齿数。

于是

$$h_D = a_f \cdot \cos\kappa_r = \frac{P\sin\kappa_r}{z} \tag{8-4}$$

式（8-1）~式（8-4）表明，在螺距 P、齿数 z 不变的情况下，切削锥角 κ_r 越大，齿升量 a_f 和切削厚度 h_D 也越大，而切削部分长度 l_3 越小。切削锥角 κ_r 大，攻螺纹时丝锥易偏斜，导向性能差，加工表面粗糙度值较大；切削锥角 κ_r 小，齿升量 a_f 和切削厚度 h_D 小，使切削变形量大，转矩大，切削部分长，使攻螺纹时间延长。

为解决以上矛盾，丝锥标准中推荐手用成套丝锥是 2 ~ 3 支为一组，成套丝锥切削锥角中，头锥 $\kappa_r \approx 4° \sim 30'$，切削部分长度为 8 牙；二锥 $\kappa_r \approx 8°30'$，切削部分长度为 4 牙；精锥 $\kappa_r \approx 17°$，切削部分长度为 2 牙。

攻一般材料的通孔螺纹时，可直接使用二锥攻螺纹。攻硬材料或尺寸较大的螺纹时，就用2 ~ 3 支成组丝锥，依次分担切削量，可减轻丝锥的单齿载荷。攻不通螺纹孔时，最后必须采用精锥。

为了减少切削时的摩擦，丝锥校准部分外径和中径做出倒锥（直径向柄部缩小）。铲磨丝锥的倒锥量在 100mm 长度上为 0. 05 ~ 0. 12mm，不铲磨丝锥的倒锥量在 100mm 长度上为 0. 12 ~ 0. 2mm。

丝锥的前角和后角均在背平面中标注和测量（图 8-1）。切削部分和校准部分的前角相同。前角大小根据被加工材料的性能选择：韧性大的材料，前角取大些：脆性材料，前角取小些。标准丝锥前角 $\gamma_p = 8° \sim 10°$。后角 $\alpha_p = 4° \sim 6°$，是铲磨出来的。

丝锥齿数根据丝锥直径大小选取。生产中常用3齿或4齿，大直径丝锥用6齿。

普通丝锥做成直槽。为了改善排屑，增大有效前角，降低转矩，提高螺纹表面的质量，也可做成螺旋槽。加工通孔右旋螺纹时，采用左旋槽丝锥，使切屑向下排出（图8-3a）；加工不通螺纹孔时，采用右旋槽丝锥，使切屑向上排出（图8-3b）。加工通孔时，为了改善排屑条件，还可将直槽丝锥的切削部分磨出刃倾角 λ_s（图8-3c）。

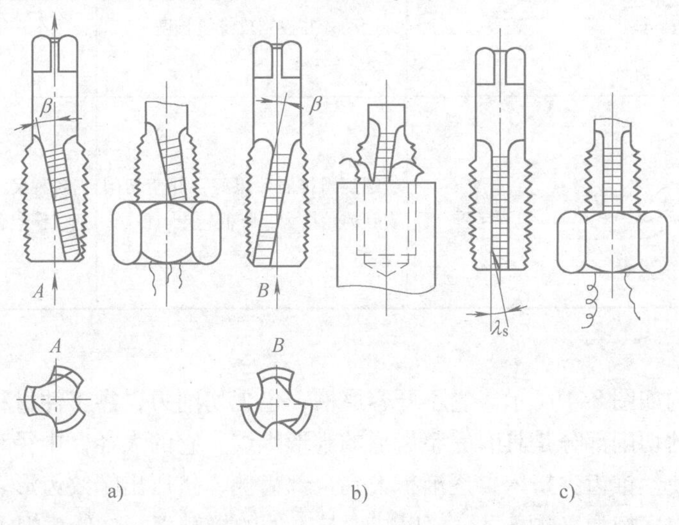

图8-3　丝锥容屑槽方向

二、常用丝锥类型、特点与适用范围

常用丝锥类型、特点与适用范围见表8-1。

表8-1　常用丝锥类型、特点与适用范围

类型	简　图	特点	适用范围
手用丝锥	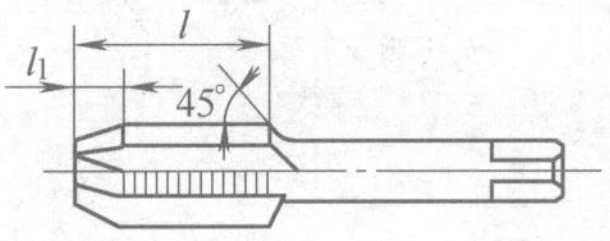	手动攻螺纹，常常是2支成组使用，用合金工具钢制造	单件小批生产通孔、不通孔螺纹
机用丝锥	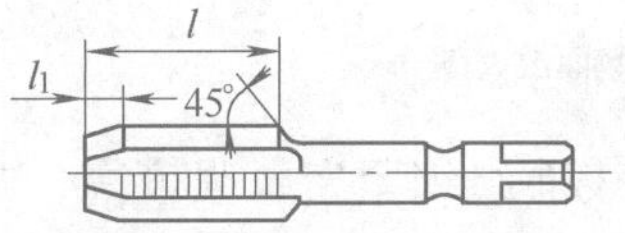	用于钻、车、镗、铣床上，切削速度较高，经铲磨成齿形。用高速钢制造	成批大量生产通孔、不通孔螺纹
螺母丝锥	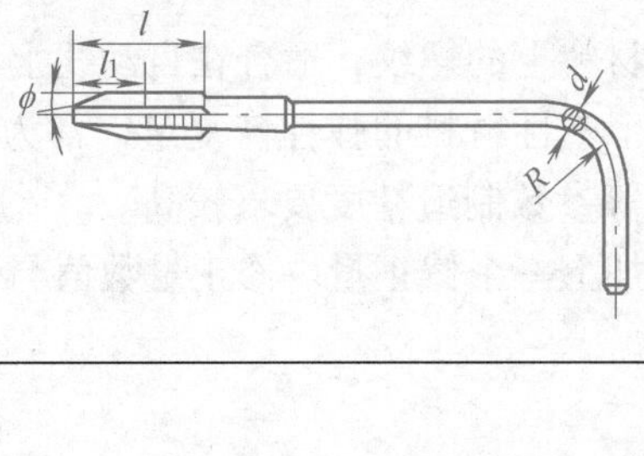	切削锥较长，攻螺纹完毕工件从柄尾流出，丝锥不需倒转。分短柄、长柄、弯柄三种结构	大量生产，专供螺母的攻螺纹（M2 ~ M52）

（续）

类型	简图	特点	适用范围
锥形丝锥	l_0 基准面 l_1 ϕ d_0 l	切削锥角与螺纹锥角相等，无校准部分。攻螺纹时要强迫做螺旋运动，并控制攻螺纹长度	专供锥管螺纹的攻螺纹
螺旋槽丝锥	l l_1 ϕ β	螺旋槽排屑效果好，并使切削实际前角增大，降低转矩	各种尺寸的螺纹孔，适于不锈钢、铜铝合金材料的攻螺纹

三、挤压丝锥

挤压丝锥结构如图 8-4 所示。它不开容屑槽，也无切削刃，靠工件材料的塑性变形加工螺纹。挤压丝锥的切削部分是具有完整齿形的锥形螺纹，它的大径、中径和小径都做出正锥角。攻螺纹时先使丝锥齿尖挤入，逐渐扩大到全部齿侧，挤压出螺纹齿形。挤压丝锥的端截面呈弧边三角形或多棱形（图 8-4c），以减少与工件的接触面，降低攻螺纹时的力矩。

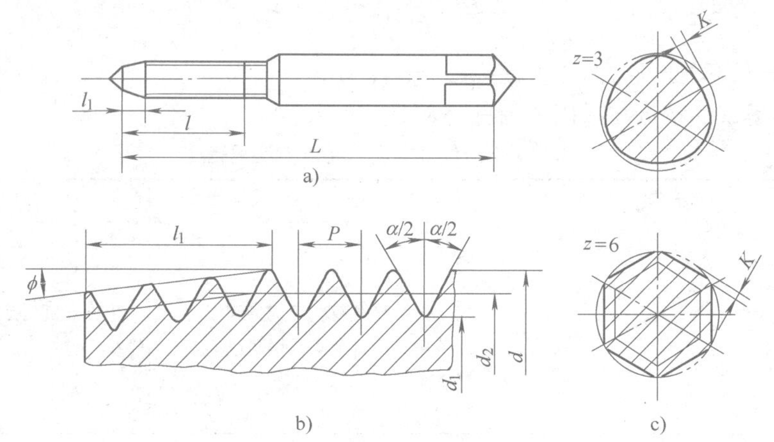

图 8-4 挤压丝锥

a）结构图 b）齿形放大图 c）端截面放大图

挤压丝锥攻内螺纹时，其主要优点为：所加工螺纹表面组织紧密，强度高，耐磨性好；所加工内螺纹扩张量极小，螺纹表面被挤光，螺纹精度高；可高速攻螺纹，无排屑问题，生产率高；挤压丝锥强度高，寿命长。

挤压丝锥主要适用于加工高精度、高强度的塑性材料上的螺纹，适合在自动线上应用。

挤压丝锥的大径、中径和小径应比普通丝锥大一个塑性材料的弹性恢复量，常为 0.01P（P 为螺纹的螺距）。挤压丝锥的直径、螺距、断面角等参数制造精度要求较高。

用挤压丝锥攻螺纹时，预钻孔直径可取螺纹小径加上一个修正量。修正量数值与工件材料有关，需通过工艺试验确定。

四、寸制螺纹丝锥

寸制螺纹丝锥的结构与米制螺纹丝锥是一样的。它是攻寸制内螺纹的，寸制螺纹（图8-5）与米制螺纹的区别主要是两点：它的断面角非米制的60°，而是55°；它的齿尖和齿根非米制的为直线，而为圆弧，圆弧半径 $r=0.137329P$（P 为螺距）。

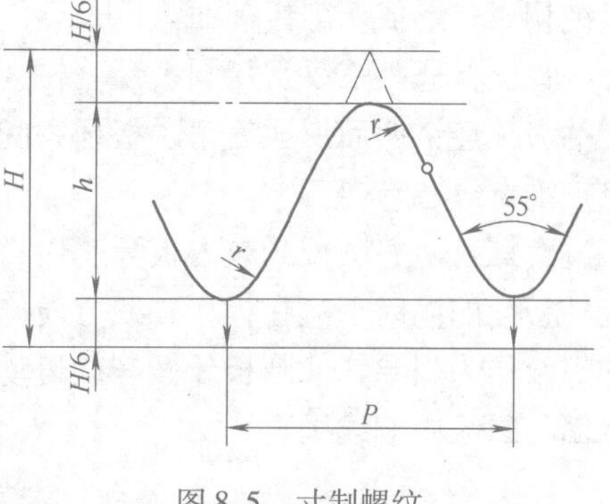

图8-5 寸制螺纹

因此，寸制螺纹丝锥的断面角为55°，其齿尖和齿根均为圆弧。寸制螺纹丝锥的规格有大径1/16in—60牙/in，大径3/32in—48牙/in，大径1/8in—40牙/in，大径5/32in—32牙/in，…，大径1¾in—5牙/in，大径1⅞in—4.5牙/in，大径2in—4.5牙/in等23种。

第二节 其他螺纹刀具

一、螺纹车刀

可转位螺纹车刀（图8-6a）的生产率高，可以高效地进行精密螺纹加工。根据螺纹成形的方式，可转位螺纹车刀分为全牙型可转位螺纹车刀和截顶型可转位螺纹车刀。其中全牙型可转位螺纹车刀切出包括牙顶在内的整个螺纹，全牙型可转位螺纹车刀的切削方式如图8-6b所示，可获得高生产率和精度。截顶型可转位螺纹车刀不切削牙顶（图8-6c），同一刀片可用于一系列螺距，可降低刀片库存量，但牙顶精度不能保证。

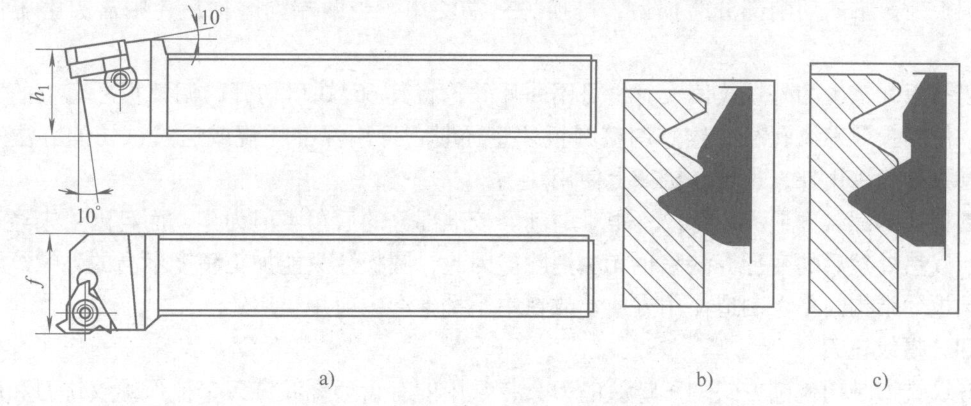

图8-6 螺纹车刀

a）可转位螺纹车刀 b）全牙型切削方式 c）截顶型切削方式

二、螺纹梳刀

螺纹梳刀相当于一排多齿螺纹车刀，如图8-7所示。刀齿（图8-7右）由切削部分和校准部分组成，切削部分做成切削锥，使切削载荷分配到几个刀齿上；校准部分齿形完整，起校准、修光作用。螺纹梳刀一次行程可以切出整个螺纹，所以生产率比单刃螺纹车刀高。图8-7所示为较新颖的硬质合金螺纹梳刀。

三、板牙

板牙是加工与修整外螺纹的标准刀具。其基本结构为一个螺母，轴向等分开有孔槽，以容纳切屑并形成切削齿前面。

加工普通外螺纹常用圆板牙（图8-8），它的两端都磨出切削锥，切削锥角为$2\kappa_r$，切削锥的齿顶经铲磨而形成后角。板牙中间部分为校准齿，它的齿形是完整的，不磨制后角，用以校准螺纹和导向。

套螺纹时将圆板牙装入板牙套中，用紧定螺钉固紧。然后将圆板牙套在工件外圆上，在旋转板牙的同时，应在板牙轴线方向施以压力，使圆板牙的螺纹齿切入工件，然后以圆板牙的螺纹作为引导，使圆板牙做螺旋运动，铰出所需的外螺纹。开始套螺纹时，应保持圆板牙端面与螺纹中心线垂直。

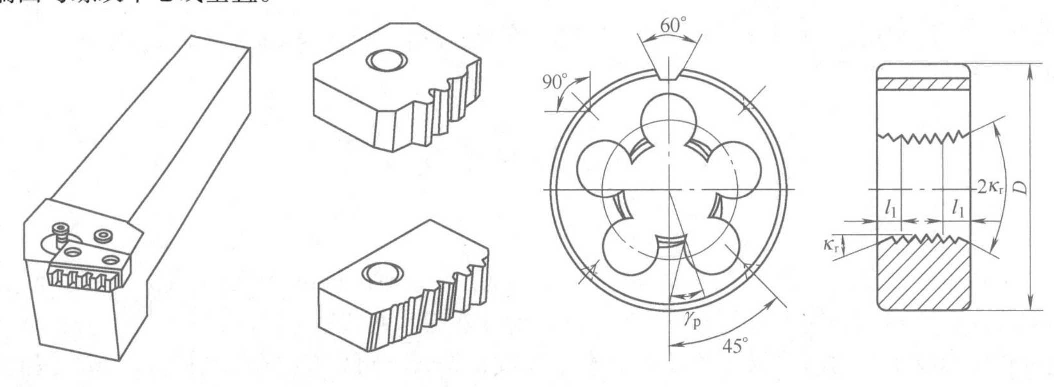

图8-7　螺纹梳刀　　　　图8-8　圆板牙

圆板牙一端的切削部分磨损后，可换另一端使用，当两端均磨损后，则需刃磨容屑槽前面。

当圆板牙铰出的外螺纹偏大时，可用薄片砂轮将其60°缺口切开，调整板牙套上的紧定螺钉，使圆板牙螺纹孔径收缩。调整圆板牙直径时，可用标准样规或通过试切的方法来控制。圆板牙除手用外，也可在机床上使用。

圆板牙的螺纹廓形为内螺纹，很难磨削。校准部分的后角不但为零，而且因为未经过磨削，所以热处理后的变形等缺陷也无法消除。因此，圆板牙只能加工精度不高的外螺纹。但由于圆板牙结构简单，制造使用方便，故在中小批生产中应用很广。

四、螺纹铣刀

螺纹铣刀是用铣削方式加工螺纹的刀具，常用的有盘形螺纹铣刀、梳形螺纹铣刀和旋风铣刀盘三种（图8-9），用于铣削精度不高的螺纹或对螺纹进行粗加工。螺纹铣刀的生产率较高，可以加工退刀距离短且有轴肩的螺纹。

盘形螺纹铣刀（图8-9a）用于在螺纹铣床上加工大螺距梯形螺纹和蜗杆。铣削时铣刀轴线相对于工件轴线倾斜一个工件的螺纹升角。铣刀旋转是主运动，工件的转动和铣刀相对于工件的轴向运动所组成的螺旋运动是进给运动。由于是铣螺旋槽，为减少铣刀对螺旋槽的干涉，铣刀直径宜选得较小。为保持铣削平稳，应选择较多的铣刀齿数。为改善切削条件，刀齿两侧可设计成交错的，以增大排屑空间，但需要一个完整的齿形，以供检验。一般铣刀刀齿是直线齿形，把它装斜后加工螺旋槽，铣出螺纹是有误差的。

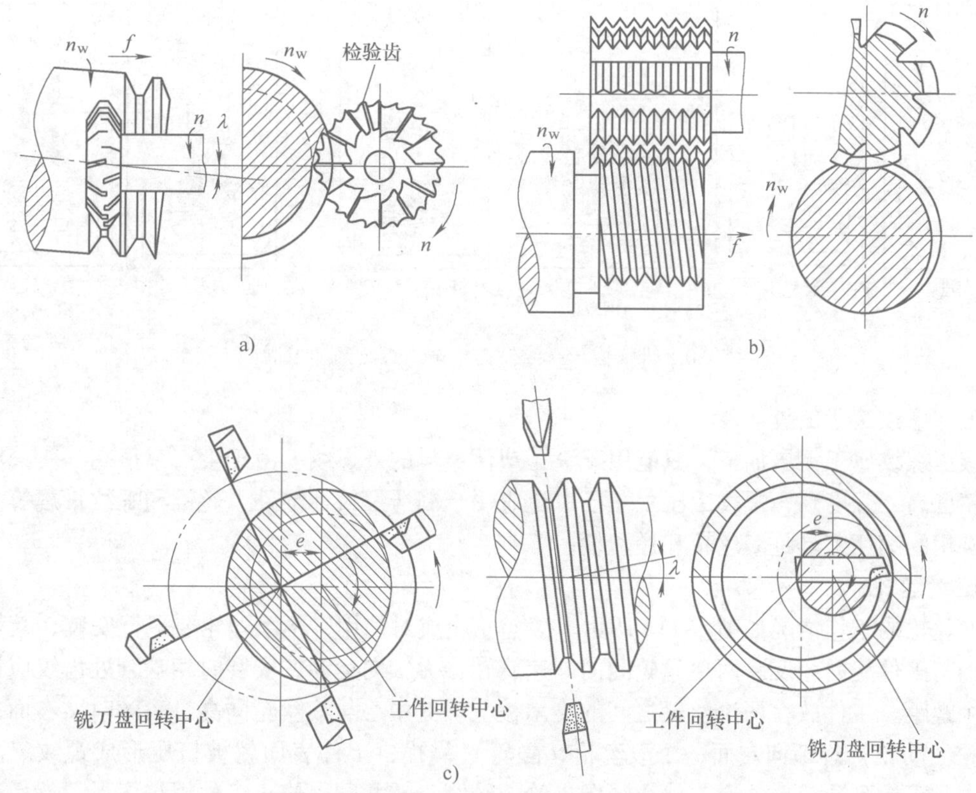

图 8-9 螺纹铣刀

a）盘形螺纹铣刀 b）梳形螺纹铣刀 c）旋风铣刀盘

梳形螺纹铣刀由若干个环形齿纹所组成。铣刀的宽度大于工件螺纹的宽度 1.5 ~2 个齿距，一般做成铲齿结构。梳形螺纹铣刀（图 8-9b）用于在专用的铣床上加工较短的三角形螺纹。工件转一周，铣刀相对于工件轴线移动一个螺纹导程，就可铣出工件上全部螺纹。考虑到铣刀有切入和切出行程，故实际上工件要转 1⅙ ~1⅓转。梳形螺纹铣刀是多刀同时铣削，生产率较高，常用于成批或大量生产场合。

目前在加工中心上用带柄梳形螺纹铣刀加工大直径内螺纹，铣削螺纹的加工周期如图 8-10 所示（铣削分解为 1 ~6 过程）。在完成轴向进给和轴向调整到合适深度（过程 1 和 2）后，就开始一个工件 180°的平稳刀具径向吃刀（过程 3），随后经过一个工件 360°旋转螺纹铣削，最后工件进行 180°旋转刀具退回（过程 5）。同一把螺纹铣刀既可用于左旋螺纹铣削，也可以用于右旋螺纹铣削。此外，用同一把铣刀可以铣削相同螺距不同直径尺寸的内螺纹。

旋风铣刀盘（图 8-9c）用硬质合金小刀可高速铣削内、外螺纹。铣刀盘旋转中心与工件中心间有一个偏心距 e。铣刀盘中心相对于工件轴线倾斜一个工件螺纹升角 λ。铣刀盘高速旋转是主运动；工件旋转一周，铣刀盘相对于工件轴线移动一个工件螺纹的导程的运动是进给运动。工件螺纹表面是由铣刀盘切削刃的运动轨迹与工件相对螺旋运动包络而成的。铣刀盘用的是直线切削刃且安装有前角，而且倾斜有 λ 角，所以铣刀盘虽然生产率较高，但只适用于粗加工或铣削精度要求不高的螺纹。

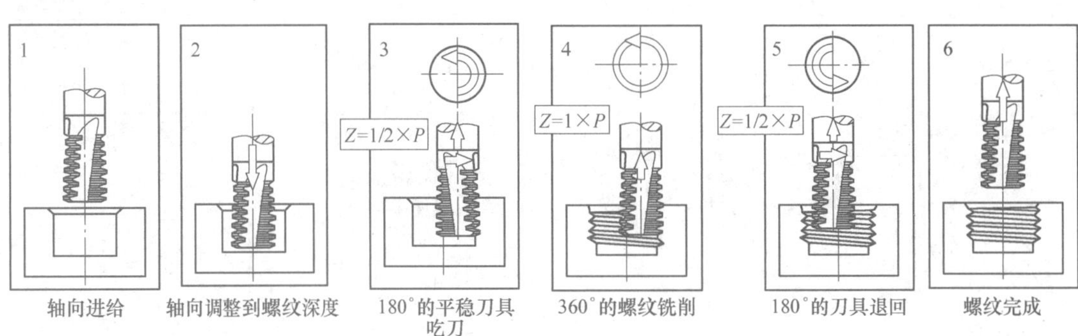

图 8-10　带柄梳形螺纹铣刀铣削内螺纹的加工周期

五、螺纹滚压工具

滚压螺纹属于无屑加工，只能用于滚压塑性材料的外螺纹。由于生产率很高，所滚压的螺纹精度高、强度高，螺纹滚压工艺已广泛应用于制造螺纹标准件、丝锥和螺纹量规等。

常用的滚压工具是滚丝轮和搓丝板。

1. 滚丝轮

滚丝轮的工作情况如图 8-11a 所示。滚丝轮应成对使用，两滚丝轮要平行安装，其螺纹旋向均与工件旋向相反。两滚丝轮同向同速旋转，无轴向运动，安装时相啮合处齿纹应该相差半个螺距。工件放在两滚丝轮之间的支承板上，其中心与滚丝轮同高。滚丝时，右面一个滚丝轮（动轮）逐渐向左面一个滚丝轮（静轮）靠拢，工件表面就被挤压形成螺纹。两滚丝轮中心距达到预定尺寸后，停止径向进给，继续滚转几圈以修正工件螺纹廓形，然后退出动轮，取下工件。

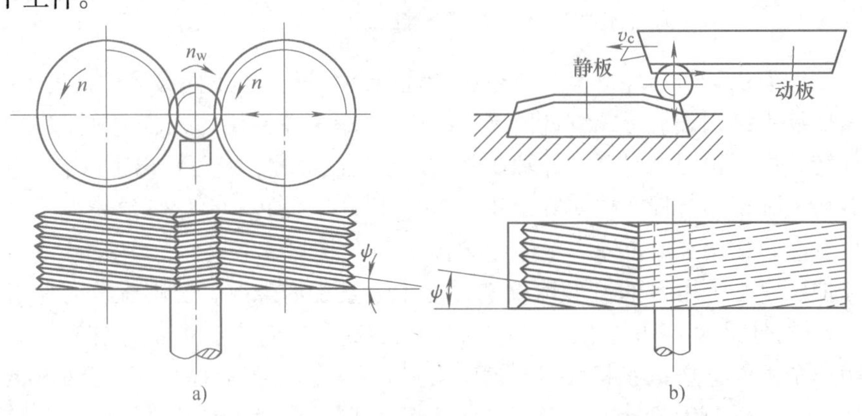

图 8-11　螺纹滚压工具
a）滚丝轮　b）搓丝板

为增大滚丝轮的直径，以提高其刚度，滚丝轮都做成多线螺纹。

滚丝轮中径的螺纹升角 ψ 必须与工件螺纹的螺纹升角相等。

滚丝轮加工螺纹精度可高达 4～5 级，表面粗糙度值可达 $Ra0.2\sim0.4\mu m$，其生产率远高于切削加工，故适合用于批量加工较高精度的螺纹标准件。由于滚丝轮工作时压力和速度可以调节，所以能加工大直径、高强度和低刚度的螺纹件。

2. 搓丝板

搓丝板（图 8-11b）由动板与静板组成，也是成对使用的。两搓丝板螺纹方向相同，与被加工螺纹的方向相反。搓丝板螺纹升角 ψ 等于被搓工件中径的螺纹升角。两搓丝板必须严格平行，齿纹在啮合处应错开半个工件的螺距。搓丝静板固定在机床工作台上，动板则与机床滑块一起垂直于工件轴线运动。当工件进入两块搓丝板之间，立即被夹住，工件滚动，搓丝板上的螺纹逐渐压入工件而在工件上形成螺纹。

搓丝板的生产率比滚丝轮更高。但由于搓丝板行程受限制，只能滚压 M24 以下的螺纹。搓丝时，由于压力较大，螺纹易变形，精度不及滚丝轮滚出的高，且不宜加工薄壁工件。

复习思考题

8-1　螺纹刀具主要有哪些类型？各适用于什么场合？加工哪些类型的螺纹？

8-2　用图表示丝锥的组成部分和主要切削角度。

8-3　丝锥的容屑槽方向有哪几种？各适用于何种场合？

8-4　常用丝锥有哪些类型？它们各有何结构特点？适用范围如何？

8-5　比较挤压丝锥与普通丝锥的优缺点。

第九章 切齿刀具

切齿刀具是加工各种齿轮、蜗轮、链轮和花键等齿廓形状的刀具，其品种极其繁多。按齿形的成形原理不同，切齿刀具可分为成形法切齿刀具和展成法切齿刀具两大类。本章简要介绍齿轮铣刀、插齿刀、齿轮滚刀的结构、工作原理和使用。

第一节　齿轮铣刀的种类和选用

一、齿轮铣刀的种类

齿轮铣刀按成形法原理工作，是用来加工直齿和斜齿渐开线圆柱齿轮、齿条和人字齿轮的刀具。常用的齿轮铣刀有盘形齿轮铣刀和指形齿轮铣刀两种，如图 9-1 所示。盘形齿轮铣刀实际上是一把铲齿成形铣刀；指形齿轮铣刀是一把成形立铣刀。齿轮模数较小（m = 0.3 ~ 16mm）时采用盘形齿轮铣刀，模数大（m = 10 ~ 100mm）时采用指形齿轮铣刀。

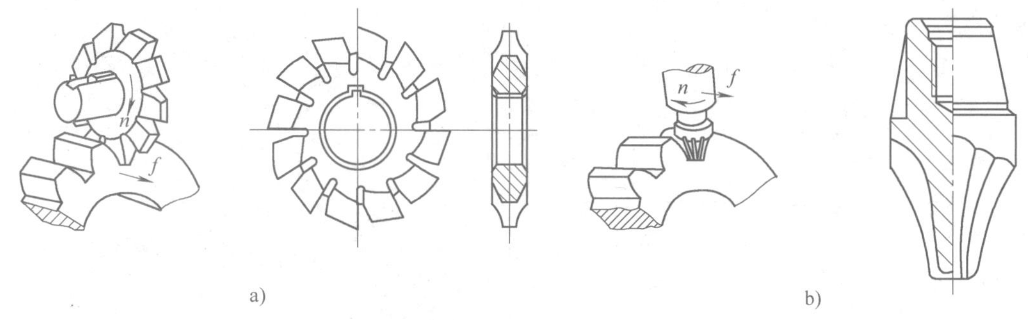

图 9-1　齿轮铣刀铣齿

a）盘形齿轮铣刀　b）指形齿轮铣刀

盘形齿轮铣刀结构简单，成本低，可在普通铣床上加工，铣完一个齿后工件进行分度，再铣第二个齿，故加工精度和生产率均较低，多在加工精度要求不高（8 ~ 9 级）的单件、小批量生产和修配工作中使用。指形齿轮铣刀主要用于加工大模数齿轮和人字齿轮。

二、标准齿轮铣刀的齿廓形状和刀号

齿轮铣刀的齿廓形状由齿轮的模数、齿数和分度圆压力角（20°）确定。根据渐开线形成原理，模数、压力角相同，齿数不同，它们的齿廓各不相同，为此，加工模数和压力角相同但齿数不同的齿轮都要制造一把专用铣刀，这很不经济。为减少铣刀制造数量，每一模数做有 8 或 15 把铣刀为一套，每一刀号用于加工规定齿数范围的齿轮，见表 9-1 所列，而每号铣刀加工的齿数范围及其齿廓误差均在许可范围内。

表 9-1 齿轮铣刀的刀号及加工齿数范围

铣刀的刀号		1	1 1/2	2	2 1/2	3	3 1/2	4	4 1/2	5	5 1/2	6	6 1/2	7	7 1/2	8
加工齿数	m=0.3~8mm 8 件一套	12~13		14~16		17~20		21~25		26~34		35~54		55~134		≥135
	m=9~16mm 15 件一套	12	13	14	15~16	17~18	19~20	21~22	23~25	26~29	30~34	35~41	42~54	55~79	80~134	≥135

表中每一刀号的齿廓是根据加工齿数范围中最少的齿数设计的。

在单件和修配工作中，齿轮铣刀也常用来加工斜齿轮。由于斜齿轮的齿槽是螺旋槽，用齿轮铣刀加工是一种近似加工法，齿廓有一定的误差，且齿廓误差随齿轮模数和螺旋角的增大而增大。因此，用齿轮铣刀加工斜齿轮的精度不高于 9 级。

用标准齿轮铣刀加工斜齿轮，此时须按齿轮的法向模数选择铣刀模数，并用斜齿轮法向平面内的当量齿轮 z_v 来选择刀号，其值为

$$z_v = z/\cos^3\beta$$

式中 z——斜齿轮的齿数；

β——斜齿轮分圆上的螺旋角（°）。

第二节 插齿刀的结构和使用

一、插齿刀的工作原理

插齿刀既可加工外啮合齿轮，也能加工内齿轮、塔形齿轮、带凸肩齿轮、人字齿轮及齿条等。

如图 9-2a 所示，插齿刀的外形像一个齿轮，由前、后面形成切削刃，用展成原理插制齿轮。插齿刀的上下往复运动是主运动，切削刃上下运动轨迹形成的齿轮称为产形齿轮。插齿刀和齿轮啮合的旋转运动为展成运动，此运动一方面包络形成齿轮的渐开线齿廓，同时这也是圆周进给和分度运动，从而把齿轮的全部轮齿切出。插齿刀每次退刀空行程时有让刀运动，以减少插齿刀与齿面的摩擦。在开始切齿时，有径向进给，待插齿刀切到全齿深时，径向进给停止，展成运动（即圆周进给）继续进行，直到齿轮的全部轮齿切出为止。

加工斜齿轮时，插齿刀的产形齿轮必须与被切齿轮的螺旋角大小相等，旋向相反；同时，由螺旋导轨带动插齿刀做螺旋运动，如图 9-2b 所示。

二、插齿刀的结构

由于插齿刀切削工件需要有后角，所以插齿刀顶刃后面及左、右两侧刃后面均缩在产形齿轮之内，如图 9-2a 所示。插齿刀重磨前面后直径减小，齿厚变薄，但仍要求齿形是同一基圆上的渐开线，所以插齿刀不同端截面应做成不同变位系数的变位齿轮。

既然插齿刀相当于一个变位齿轮，根据渐开线齿轮啮合原理，相同模数和相同压力角的变位齿轮既可以和标准齿轮啮合，也可以和不同变位系数、不同齿数的齿轮啮合。因此，无论是新的插齿刀或是经过重磨的旧的插齿刀，都可以用来加工标准齿轮或任意变位系数和任意齿数的齿轮。但在加工齿轮时，须按一对变位齿轮啮合原理来调整插齿刀和被切齿轮间中心距 a_{01}，使其符合一对变位齿轮啮合时无齿侧间隙的条件。

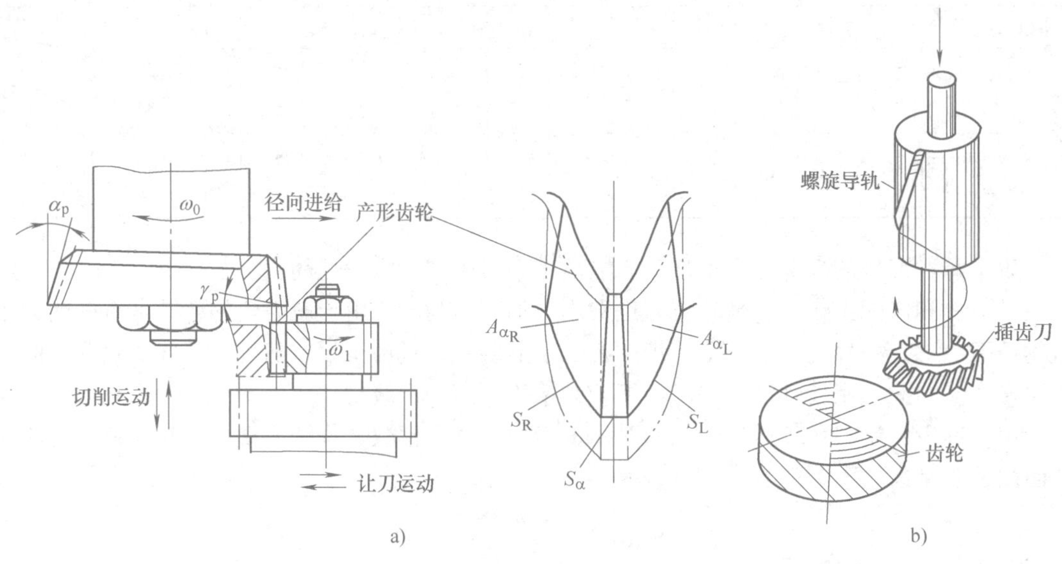

图 9-2　插齿刀的工作原理

a）加工直齿轮　b）加工斜齿轮

实际生产中是通过试切、测量被切齿轮上的分度圆齿厚来控制插齿刀和被切齿轮的中心距 a_{01} 和啮合角的。当测量出的齿厚大时，可适当减小中心距 a_{01}；齿厚小时，应增大 a_{01}，直至齿厚达到图样所需尺寸后才可批量加工。

三、插齿刀的选用

直齿插齿刀按其结构有盘形直齿插齿刀、碗形直齿插齿刀和锥柄直齿插齿刀三种类型。表 9-2 中列出了国家标准规定的插齿刀规格与用途。

插齿刀的精度分为 AA、A、B 三级，分别用于加工 6、7、8 级精度的齿轮。

表 9-2　插齿刀类型、规格与用途　　（单位：mm）

序号	类型	简图	应用范围	规格		d_1 或莫氏锥度
				d_0	m	
1	盘形直齿插齿刀	d_1 d_0	加工普通直齿外齿轮和大直径内齿轮	ϕ63	0.3～1	31.734
				ϕ75	1～4	
				ϕ100	1～6	
				ϕ125	4～8	
				ϕ100	6～10	88.90
				ϕ200	8～12	101.60
2	碗形直齿插齿刀	d_1 d_0	加工塔形、双联直齿齿轮	ϕ50	1～3.5	20
				ϕ75	1～4	31.734
				ϕ100	1～6	
				ϕ125	4～8	

（续）

序号	类型	简图	应用范围	规格		d_1 或莫氏锥度
				d_0	m	
3	锥柄直齿插齿刀		加工直齿内齿轮	$\phi25$	0.3～1	2号莫氏锥度
				$\phi25$	1～2.75	
				$\phi38$	1～3.75	3号莫氏锥度

第三节　齿轮滚刀

一、齿轮滚刀的工作原理

齿轮滚刀是通过展成法原理加工外啮合的直齿轮和斜齿轮的刀具。加工齿轮的模数范围为0.1～40mm，且同一把齿轮滚刀可加工相同模数的任意齿数的齿轮。

齿轮滚刀加工齿轮时相当于一对交错轴啮合的斜齿轮，如图9-3所示。滚刀是其中一个齿数少的斜齿轮，滚刀的头数就是斜齿轮的齿数，通常有一个或两个，每一个绕轴线很多圈，形成了蜗杆状的圆柱齿轮。蜗杆状齿轮圆柱面上开几条容屑槽，在轴向就形成了许多刀齿。每一刀齿上有前面、后面和切削刃，然后需对每齿进行齿顶、齿侧铲齿，以做出后角而成齿轮滚刀。滚刀与齿坯啮合应满足：被切齿轮的法向模数 m_n 和分度圆压力角 α 与滚刀的法向模数和法向廓形角相同。

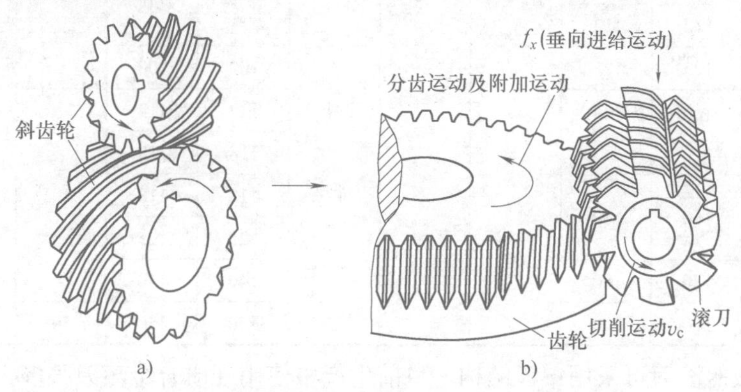

图9-3　滚刀加工齿轮相当于一对交错轴斜齿轮啮合

a）交错轴斜齿轮副　b）滚齿运动

滚齿的主运动是滚刀的旋转运动。进给运动包括齿坯的转动及滚刀沿工件轴线向下进给移动。调节滚刀与工件的径向距离，就可控制滚齿时的背吃刀量。滚切斜齿轮时，工件还有附加转动，它与滚刀进给运动配合，可在工件圆柱表面切出螺旋齿槽。

二、齿轮滚刀的结构

（一）齿轮滚刀的结构型式

齿轮滚刀按其结构不同，可分为整体滚刀和镶齿滚刀两种。中小模数的滚刀常做成整体式的，表 9-3 列出了模数为 1 ~ 10mm 整体高速钢齿轮滚刀的型式和尺寸。

表 9-3　标准齿轮滚刀的基本型式和主要结构尺寸　（单位：mm）

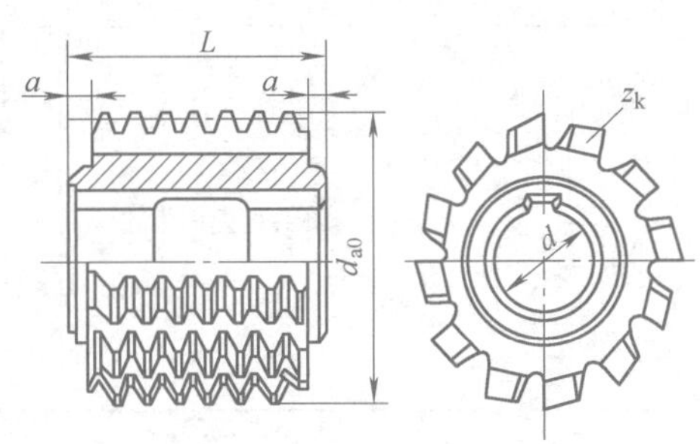

<table>
<tr><th colspan="2">模数系列</th><th colspan="5">Ⅰ型</th><th colspan="5">Ⅱ型</th></tr>
<tr><th>1</th><th>2</th><th>d_{a0}</th><th>L</th><th>d</th><th>a_{min}</th><th>z_k</th><th>d_{a0}</th><th>L</th><th>d</th><th>a_{min}</th><th>z_k</th></tr>
<tr><td rowspan="2">1
1.25
1.5</td><td rowspan="2">—</td><td rowspan="2">63</td><td rowspan="2">63</td><td rowspan="2">27</td><td rowspan="16">5</td><td rowspan="3">16</td><td rowspan="2">50</td><td>32</td><td rowspan="2">22</td><td rowspan="16">5</td><td rowspan="6">12</td></tr>
<tr><td>40</td></tr>
<tr><td>2</td><td>1.75</td><td>71</td><td>71</td><td rowspan="2">32</td><td>63</td><td>50</td><td rowspan="3">27</td></tr>
<tr><td>2.5</td><td>2.25</td><td>80</td><td>80</td><td rowspan="6">14</td><td rowspan="2">71</td><td>56</td></tr>
<tr><td>3</td><td>2.75</td><td>90</td><td>90</td><td rowspan="5">40</td><td>63</td></tr>
<tr><td rowspan="3">—</td><td rowspan="3">3.25
3.5
3.75</td><td rowspan="3">100</td><td rowspan="3">100</td><td>80</td><td>71</td><td rowspan="5">32</td></tr>
<tr><td rowspan="3">90</td><td>80</td><td rowspan="10">10</td></tr>
<tr><td rowspan="2">90</td></tr>
<tr><td>4</td><td>4.5</td><td>112</td><td>112</td></tr>
<tr><td>5</td><td>5.5</td><td>125</td><td>125</td><td rowspan="3">50</td><td rowspan="7">12</td><td>100</td><td>100</td></tr>
<tr><td rowspan="2">6</td><td rowspan="2">6.5
7</td><td rowspan="2">140</td><td rowspan="2">140</td><td>112</td><td>112</td><td rowspan="5">40</td></tr>
<tr><td>118</td><td>118</td></tr>
<tr><td rowspan="2">8</td><td rowspan="2"></td><td rowspan="2">160</td><td rowspan="2">160</td><td rowspan="4">60</td><td>118</td><td>118</td></tr>
<tr><td>125</td><td>125</td></tr>
<tr><td>—</td><td>9</td><td>180</td><td>180</td><td>140</td><td>140</td></tr>
<tr><td>10</td><td></td><td>200</td><td>200</td><td>150</td><td>150</td><td>50</td></tr>
</table>

大、中模数的滚刀可采用镶齿结构。目前生产中使用硬质合金滚刀很多，它比高速钢滚刀的寿命和生产率均有较大提高。用于加工仪表齿轮的小模数（0.1 ~ 0.9mm）硬质合金滚刀做成整体式。用于大、中模数的硬质合金滚刀有焊接式和镶齿式结构。图 9-4 所示为镶焊 P20（YT14）或 P30（YT5）硬质合金刀片的刮削滚刀，用于精加工 45 ~ 60HRC 硬齿面齿轮，它可纠正齿轮淬火后的变形误差及降低齿面粗糙度，起到以滚代磨的作用。

（二）齿轮滚刀的结构参数

1. 滚刀的外径

滚刀相当于一个斜齿轮，故其外径是可以自由选定的。增大外径，能使孔径 d 加大，有利于提高心轴刚性及滚齿效率。滚刀外径越大，则分度圆柱导程角越小，可使廓形误差减

小，同时也可使容屑槽数 z_k 增加，减小齿面的包络误差。但大直径滚刀将增加刀具材料消耗并给锻造、热处理工艺带来困难。因此，标准中将齿轮滚刀按直径分成Ⅰ型和Ⅱ型两种系列，见表 9-3。Ⅰ型为大直径系列，适于制造精度较高的 AA 级和 AAA 级高精度滚刀；Ⅱ型外径比Ⅰ型相应规格约小 25% ~30%，适用于制造 AA、A、B、C 级精度滚刀。

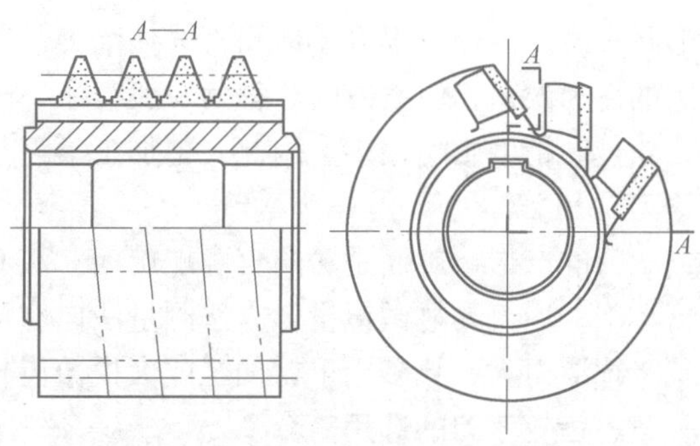

图 9-4　加工硬齿面齿轮硬质合金滚刀

一般滚刀头数越少，分度圆柱导程角越小；滚刀外径越大，分度圆柱导程角越小。前已述及，为了减少滚刀的造形误差，就应减小分度圆柱导程角。因此，高精度齿轮通常选用单头大直径滚刀。多头滚刀常用作粗切滚刀。

2. 滚刀的长度

滚刀的最小长度应使滚刀能完整地包络出齿轮的齿廓，并使滚刀边缘刀齿的载荷不应过重；此外，在长度上应有足够的轴向调节窜动量。Ⅰ型大直径系列滚刀长度 L 与外径尺寸相同；Ⅱ型滚刀长度 L 短些。滚刀凸台的长度 a 不应小于 5mm，以用作检验滚刀安装正确与否的基准。

3. 容屑槽及其槽数 z_k

滚刀容屑槽一般做成与轴线平行的直槽形式。滚刀做成直槽，前面为平面，制造和刃磨方便，但左、右刀齿切削刃上的工作前角不相等。螺旋槽滚刀的容屑槽与滚刀螺旋方向垂直，可使左、右刀齿切削刃上的工作前角相等，均为 0°，因此导程角 >5°的多头、大模数滚刀的容屑槽应采用螺旋槽。

滚刀的容屑槽数（圆周齿数）z_k 多，则参加切削的齿数多，不仅减少了每个刀齿上的切削载荷，提高滚刀寿命，而且由于齿轮的齿廓是由较多的刀齿包络而成的，可获得较小的齿面粗糙度值，所以精加工滚刀的容屑槽数应比粗加工滚刀的多。通常，Ⅰ型（大直径）滚刀 z_k =12、14、16 个，Ⅱ型（小直径）滚刀 z_k =10、12 个（表 9-3）。

4. 滚刀的前角和后角

精加工滚刀和标准齿轮滚刀的前角常为 0°。粗加工滚螺旋槽的滚刀为改善切削条件，前角可取 12° ~15°。滚刀的齿顶切削刃后角 α_p 一般为 10° ~12°，齿侧切削刃上后角 α_c = 3° ~4°。

5. 滚刀的产形螺旋面

滚刀切削刃的假想螺旋面称为滚刀的产形螺旋面，即滚刀的全部切削刃均应处于产形螺旋面上。滚刀滚切齿轮，就是滚刀的产形螺旋面与被切齿坯的展成啮合过程。滚刀铲齿后，只有切削刃处于蜗杆状斜齿轮的螺旋面上。

按产形螺旋面不同，齿轮滚刀有三种类型：

滚刀的产形螺旋面是渐开螺旋面。它在端面内的截形为渐开线，用这种滚刀可以切出理想的渐开线齿轮，但它的制造和检验较为困难，生产中很少采用。

滚刀的产形螺旋面是阿基米德螺旋面。它在端面内的截形为阿基米德螺旋线，轴平面内截形是直线。因此可很方便地用直线切削刃、零前角车刀车出精确的阿基米德螺旋面。虽有一定的齿廓误差，但滚刀的导程角一般很小，故产生的齿廓误差也很小，通常只有几微米，对齿轮传动精度影响很小。因此，精加工滚刀和模数≤10mm 的标准齿轮滚刀均采用阿基米德滚刀。

滚刀的产形螺旋面是法向直廓螺旋面。法向直廓滚刀的制造较为方便，可用直线刃车刀进行车削，用工具显微镜投影方法测量法向廓形，以控制廓形精度。其产生的齿廓误差要比阿基米德滚刀大，故多用于粗加工或大模数齿轮滚刀上。

三、齿轮滚刀的选用简介

1. 齿轮滚刀类型选择

滚刀类型按滚切工艺要求有粗滚、精滚、剃前与磨前滚刀等。后两种滚刀齿厚做薄，左、右齿侧面留出一定量的留剃（磨）余量。粗滚刀可用双头滚刀，以提高生产率。精滚刀用单头阿基米德滚刀。中等模数的用直槽整体式，模数大于 10mm 的可选用镶齿滚刀。在功率大和刚性好的滚齿机上，并满足一定条件下可用硬质合金滚刀。

2. 齿轮滚刀基本参数选择

滚齿所选用滚刀的模数 m_n 应与被加工齿轮的相同。标准阿基米德齿轮滚刀精度等级有 AA、A、B 和 C 级，它们分别适用于加工 7、8、9 和 10 级精度的齿轮。而 AAA 高精度滚刀适宜加工 6 级精密齿轮。

滚刀的螺旋方向应与被加工齿轮相同，若加工直齿轮则一般选用右旋齿轮滚刀。

3. 齿轮滚刀的安装

安装齿轮滚刀的心轴尽量选短些，可以提高切削刚性。滚刀切削位置应位于机床主轴孔一端，安装后，用千分表检查滚刀两端凸台的径向圆跳动，要保证达到规定要求。

4. 滚刀切削方式和轴向窜刀

滚削有逆向切削和顺向切削两种加工方法，如图 9-5 所示。顺向滚削可以提高滚刀寿命和加工表面质量，但是如果机床进给机构有间隙时，容易损坏刀齿。滚刀在切入及切出时刀齿上的负荷是不同的，致使滚刀刀齿磨损不均匀。尤其在切入端近展成中心位置处，刀具磨损较大。因此，定期将滚刀在轴向窜动一定距离，使滚刀各齿磨损均匀，可提高滚刀的使用寿命。

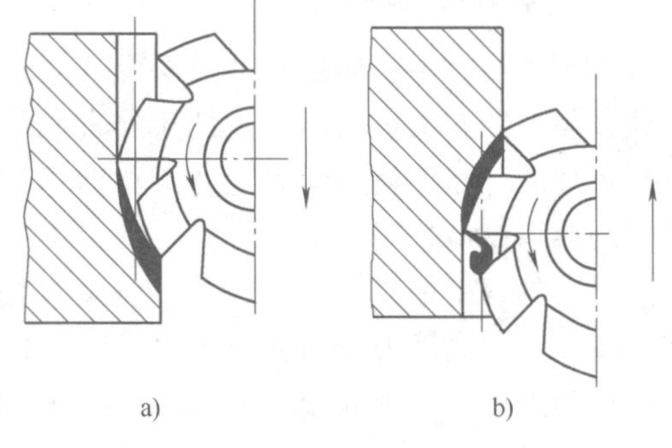

图 9-5　滚刀逆向切削与顺向切削
a）逆向切削　b）顺向切削

复习思考题

9-1　齿轮铣刀为何要分套制造？各号铣刀加工齿数范围按什么原则划分？

9-2　用盘形齿轮铣刀加工斜齿轮 $m_n=3\text{mm}$、$z=18$、$\beta=15°$，应选用何种刀号的铣刀加工？

9-3　为什么插齿刀既可加工标准齿轮，又可加工变位齿轮？

9-4　为什么说齿轮滚刀是一种通用刀具？

9-5　按产形螺旋面不同，滚刀有哪几种类型？常用哪几种？为什么？

第十章 10

数控刀具及其工具系统

数控刀具是与数控机床相配套使用的各种刀具的总称。而数控工具系统是针对数控机床要求与它配套的刀具必须快换和高效切削而发展起来的，是刀具与机床的接口。数控刀具的重要性主要表现在以下几方面：①数控刀具的性能和质量直接影响昂贵的数控机床的生产率和加工质量，也直接影响机械制造工业的生产技术水平和经济效益。②数控刀具不仅为先进制造业提供了高效、高性能的切削刀具，而且还由此开发出了许多新的加工工艺，成为当前先进制造技术发展的重要组成部分。③数控刀具具有高效率、高精度、高可靠性和专用化的特点，广泛应用于高速切削、精密和超精密加工、干切削、硬切削和难加工材料的加工等先进制造技术领域，可提高加工效率、加工精度和加工表面质量。④汽车、航空、能源、模具等工业的发展都与数控加工技术和数控刀具的进步密切相关。例如在过去的几十年里，汽车主要零部件的切削加工效率提高了 1 倍以上，数控刀具为此做出了重要的贡献。又如数控刀具在加工复杂型面时，对生产率和加工质量起决定性作用。⑤数控加工技术代表了现代切削加工技术的发展方向。只有把数控机床和数控刀具结合起来，才能充分发挥数控加工技术的潜力，推动企业技术进步及提高市场竞争力。

机械加工自动化生产可分为由专用机床组成的刚性专用化自动生产和以数控机床为主的柔性通用化自动生产。在刚性专用化自动生产中，对刀具来说，以提高其复合化程度来获取最佳经济效益；而在柔性通用化自动生产中，为适应多变加工零件的需要，可通过提高刀具及工具系统的标准化、系统化和模块化程度来获取最佳经济效益。

本章概述对数控刀具的特殊要求，车削类、镗铣类数控工具系统，刀具预调、磨损与破损的自动监测。

第一节　对数控刀具的特殊要求

数控刀具要适应加工零件品种多、批量小的要求，除应具备普通刀具应有的性能外，还应满足以下要求：

1）刀具切削性能和寿命要稳定可靠。用数控机床进行加工时，对刀具实行定时强制换刀或由控制系统对刀具寿命进行管理。同一批数控刀具的切削性能和刀具寿命不得有较大差异，以免频繁停机换刀或造成加工工件大量报废。

2）刀具应有较高的寿命。应选用切削性能好、耐磨性高的涂层刀具以及合理地选择切削用量，保证刀具有较高的寿命。

3）应确保可靠地断屑、卷屑和排屑。紊乱切屑会给自动化生产带来极大的危害。

4）能快速地转位或更换刀片、换刀或自动换刀。

5）能迅速、精确地调整刀具尺寸。

6）必须从数控加工特点出发来制订数控刀具的标准化、系列化和通用化结构体系。

7）应建立完整的数据库及其管理系统。数控刀具的种类多，管理较复杂。既要对所有刀具进行自动识别、记忆其规格尺寸、存放位置、已切削时间和剩余寿命等，又要对刀具的更换、运送、刀具切削尺寸预调等进行管理。

8）应有完善的刀具组装、预调、编码标识与识别系统。

9）应有刀具磨损和破损在线监测系统。

值得一提的是，以上前5条要求为基本要求，第6～9条在实际中尽可能做到即可。

第二节　刀具快换、自动更换和尺寸预调

一、刀具快换或自动更换

1. 刀片转位或更换

数控机床广泛使用可转位刀具，刀具磨损后只需将刀片转位或更换新刀片就可继续切削。它的换刀精度决定于刀片和刀槽精度。目前，中等精度刀片适用于粗加工，精密级刀片适用于半精加工、精加工。精加工时仍需调整尺寸。

2. 更换刀头模块

根据加工需要，可不断更换车、镗、切断、攻螺纹和检测等刀头模块，如图10-1所示。刀头模块通过中心拉杆来实现快速夹紧或松开。在拉紧时，使刀头与端面贴紧，同时使拉紧孔产生微小的弹性变形，两侧向外扩胀，消除侧面间隙，因而获得很高的精度和刚度。其径向和轴向精度分别可达±2μm和±5μm，自动换刀时间为2s。

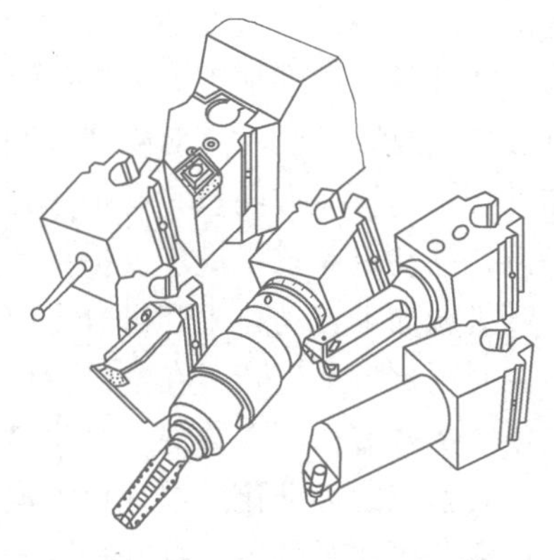

图10-1　更换刀头模块

3. 更换刀夹

如图10-2所示，刀具和刀夹一起从数控车床上取下，刀片转位或更换后，在调刀仪上进行调刀。可使用较低精度的刀片和刀杆，但刀夹精度要求较高。

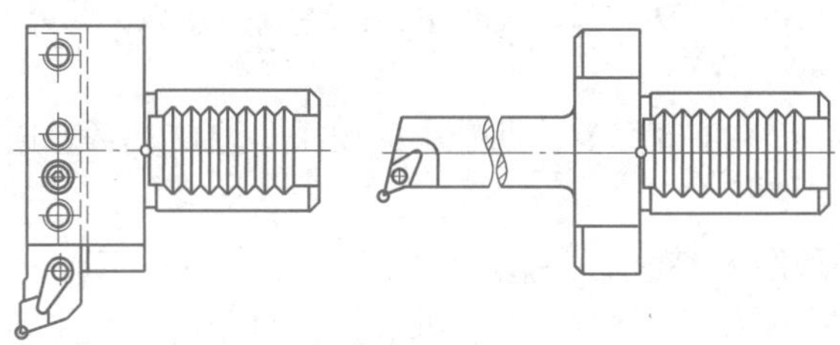

图10-2　更换刀夹

4. 手动换刀

在数控铣床上连续对工件进行钻、铰、镗、铣、攻螺纹等加工时，应将各种刀具分别装在刀柄上，并在调刀仪上调整相应尺寸。加工时根据加工顺序连续手动更换刀柄，如图10-3

所示。

5. 自动换刀

图 10-4 所示为带转塔刀架的加工中心。转塔刀架上配置了加工零件所需的刀具。加工时，转塔刀架按照加工指令转过一个或几个位置进行自动换刀。换刀动作少，换刀迅速。

如图 10-5 所示，在刀库中存储着加工所需的刀具，根据指令，机床和刀库的运动互相配合实现自动换刀。也可通过机械手实现自动换刀，其过程如图 10-6 所示。

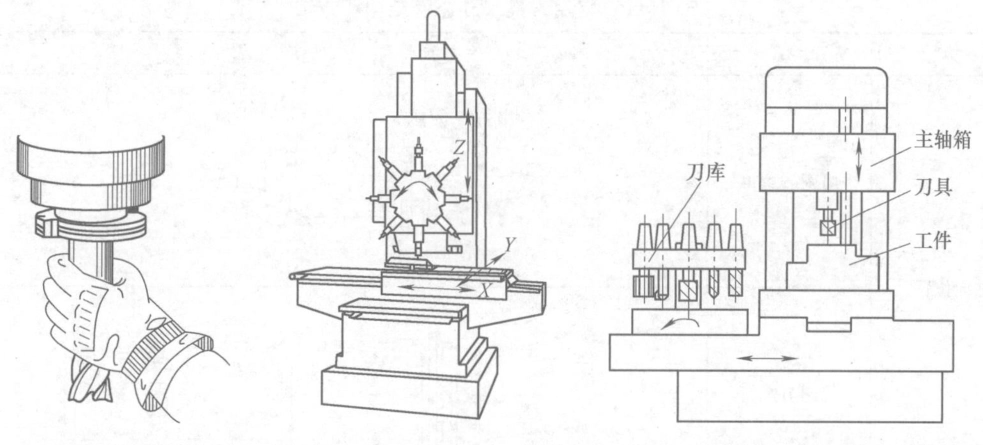

图 10-3　手动换刀　　图 10-4　转塔刀架自动换刀　　图 10-5　利用刀库和机床运动自动换刀

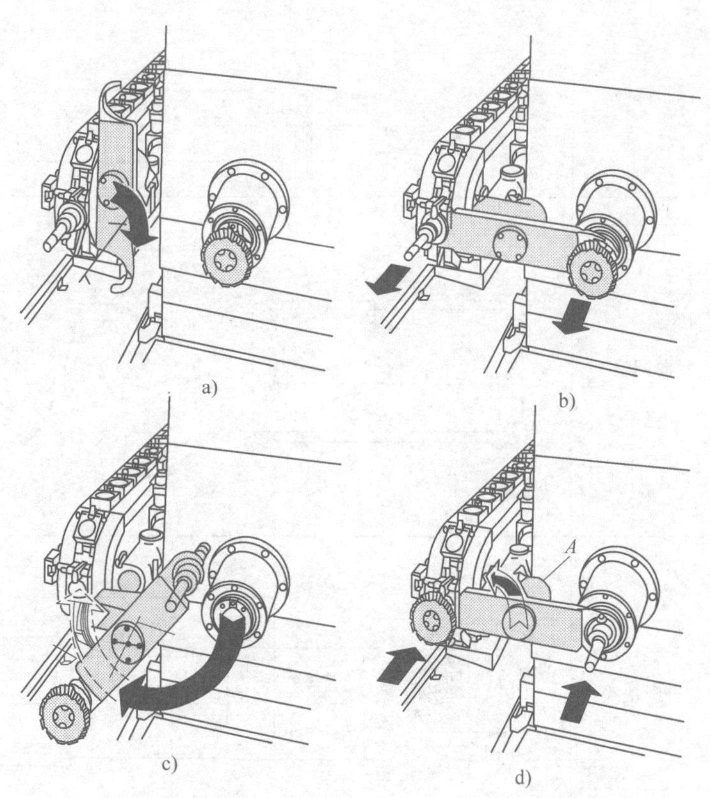

图 10-6　利用刀库和机械手自动换刀

二、数控刀具尺寸预调

为了确保刀具快换后不经试切便可获得合格的尺寸，数控刀具都在机外预先调整至预定的尺寸。

1. 数控刀具尺寸的预调方法

刀具的轴向和径向尺寸的调整可根据刀具结构及其所配置的工具系统采用表 10-1 中所列的各种方法。

表 10-1　常用刀具尺寸调整结构和方法

刀具尺寸调整方法		示　　例
轴向位置	用调节螺母	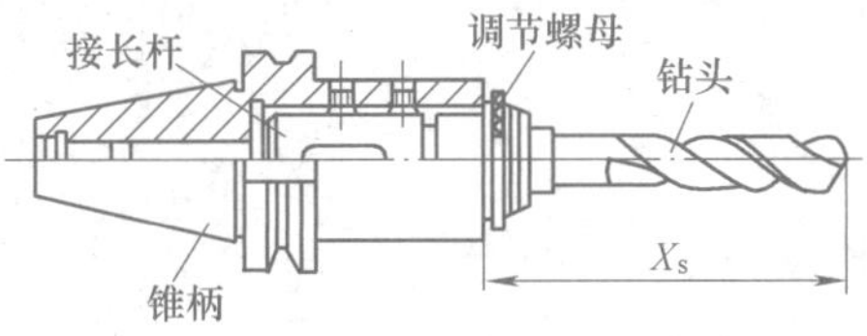 接长杆　调节螺母　钻头　锥柄　X_s
轴向位置	用调节螺钉	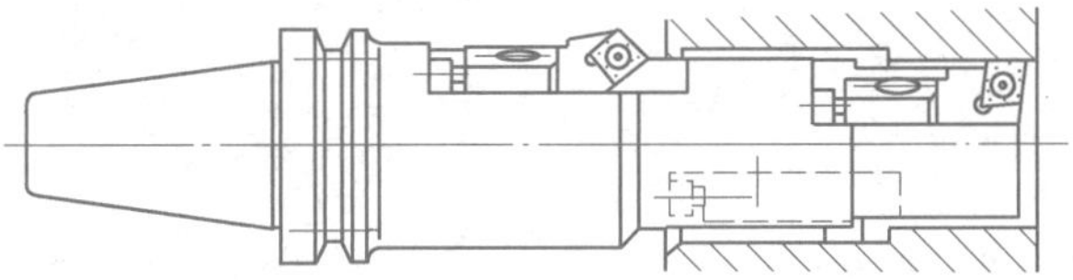
径向位置	倾斜微调	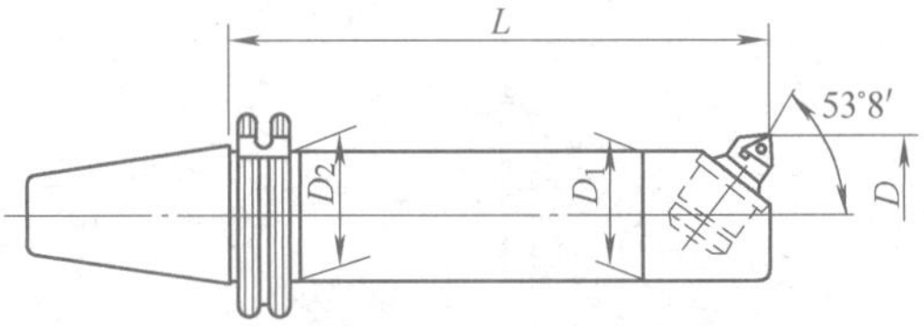 L　53°8′　D_2　D_1　D
径向位置	径向调整	B　A　B　A　A—A　B—B
径向位置	螺杆滑块式	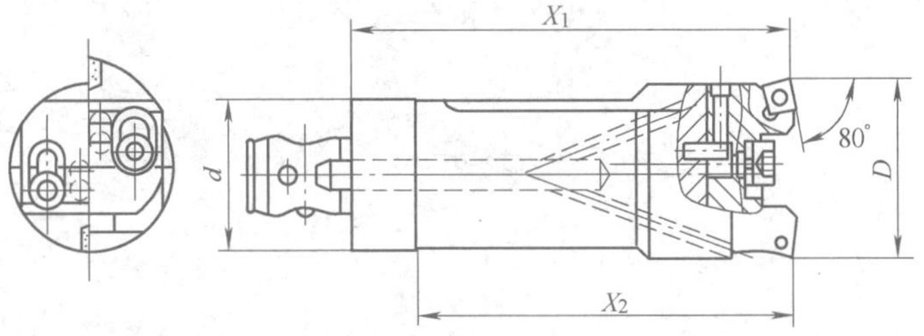 X_1　d　80°　D　X_2

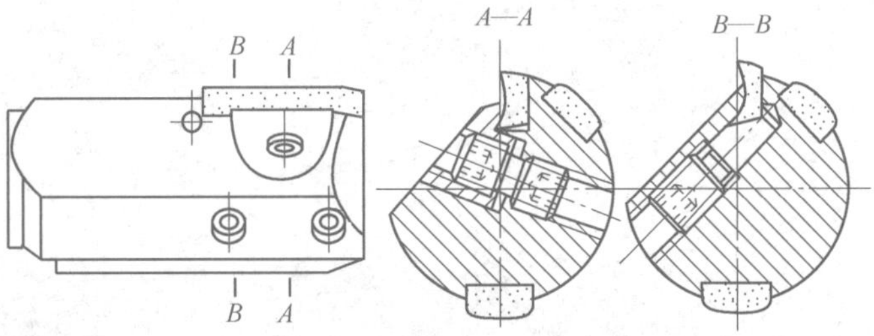

（续）

刀具尺寸调整方法	示　例
径向和轴向均可调整结构	

2. 数控刀具尺寸预调仪

数控刀具尺寸预调包括轴向和径向尺寸、角度等调整和测量。以前用通用量具和夹具组成的预调装置预调，其精度差又费时。现已被性能完善的专用预调仪所取代。图 10-7 所示为镗铣类数控刀具用光学测量式刀具预调仪，其测量、控制功能模块如图 10-8 所示。它具有下列特点：

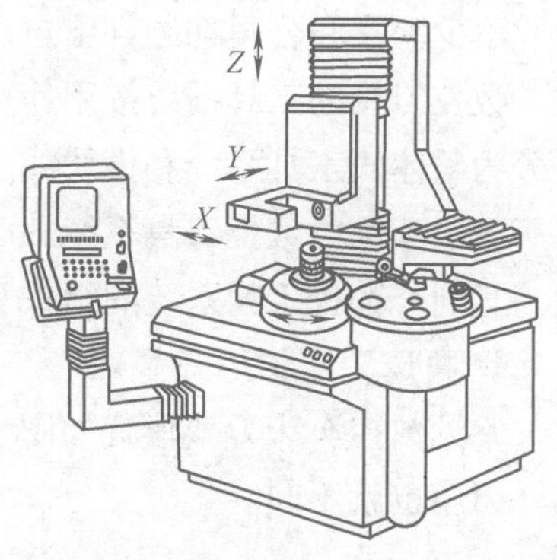

图 10-7　光学测量式刀具预调仪

1）对长度、角度和径向尺寸的测量精度高。分辨力为 0.5μm，重复精度为 ±2μm，分度台定位精度为 ±0.01°。

2）能对静止和回转的刀具自动进行检测。

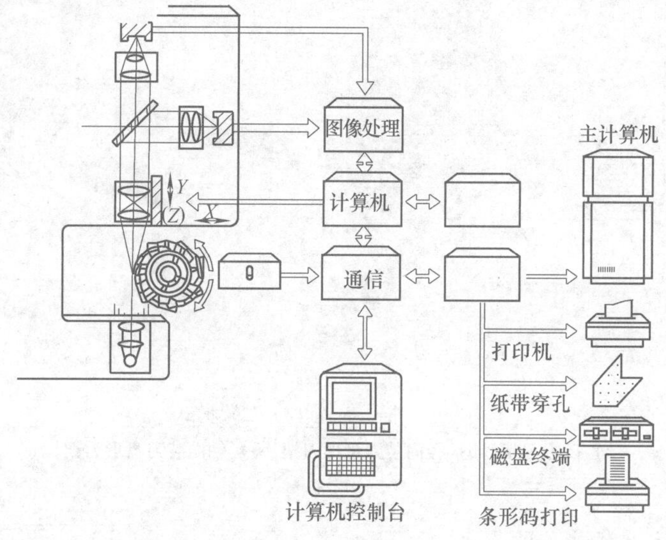

图 10-8　刀具预调仪的测量、控制功能模块

3）能确定回转型刀具的偏心和跳动误差。

4）能自动对焦，可实现自动标定循环。

5）配有刀具信息编码的集成读数头。

第三节　数控刀具的工具系统

数控刀具的工具系统由数控刀具和装夹刀具的辅助系统所组成。它除了刀具之外，还包括实现刀具快换所必需的定位、夹持、拉紧、动力传递和刀具保护等部分。在数控加工中，使用的刀具种类多，要求换刀迅速。为此，通过标准化、系列化和模块化来提高其通用化程度，且便于刀具组装、预调、使用和管理。因此，研究用较少种类的刀具满足多种工件的加工需求，建立包括刀具、刀夹、刀座和刀柄等的工具结构体系和标准，是数控加工的基础。为此不少国家和公司都制订出自己的标准和体系。

数控刀具的工具系统按用途可分为车削类数控工具系统和镗铣类数控工具系统；按结构可分为整体式工具系统和模块式工具系统。

一、车削类数控工具系统

车削类数控工具系统的组成和结构与下列因素有关。

1. 机床刀架的形式

常见数控车床刀架形式如图10-9所示。机床刀架形式不同，刀具与机床刀架之间的刀夹、刀座也就不同。

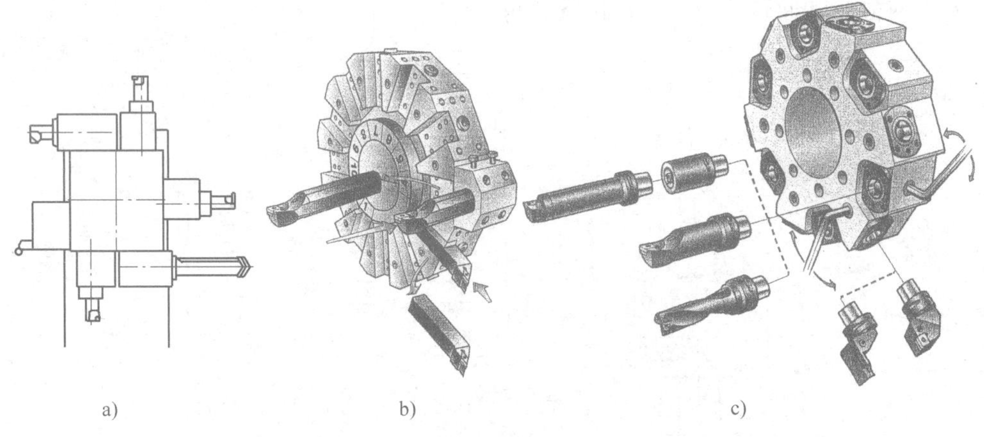

图10-9　常见数控车床刀架形式

a）四方刀架　b）径向装刀盘形刀架　c）轴向装刀盘形刀架

2. 刀具类型

刀具类型不同，所需的刀夹就不同。例如钻头与车刀的刀夹就不同。

3. 工具系统中有无动力驱动

有动力驱动的刀夹与无动力驱动的刀夹的结构显然不同，图10-10所示为动力驱动的钻夹头。

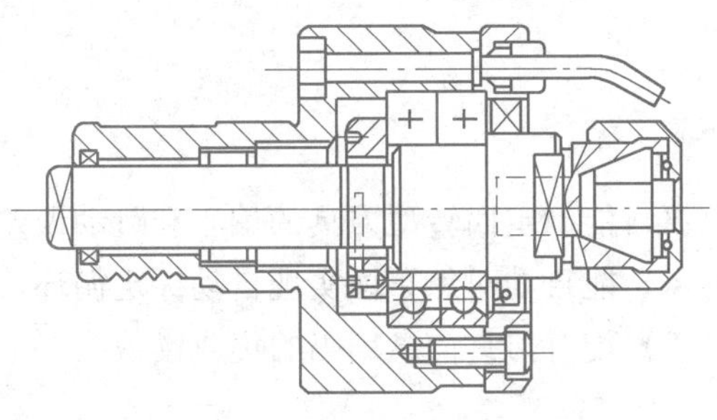

图10-10　动力驱动的钻夹头

CZG整体式车削类数控工具系统（GB/T 19448.1—2004）在我国的使用已较普及，它

相当于德国标准 DIN69880（图 10-11）。利用该系统能将各种标准刀具安装到车削加工中心和数控车床上，进行车、钻、镗、铣、攻螺纹等各类加工。

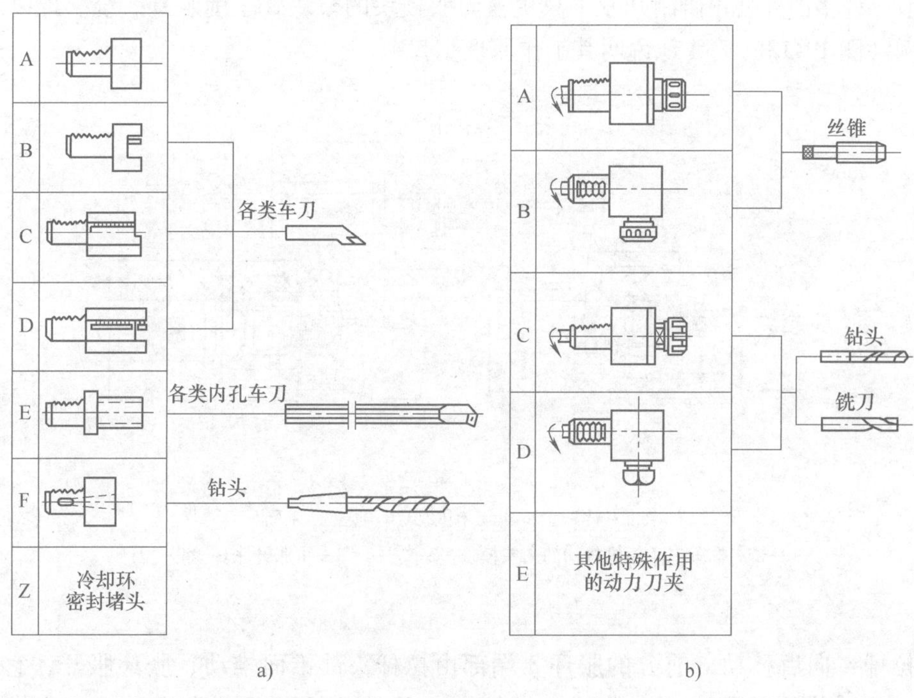

图 10-11 CZG 车削类数控工具系统
a）非动力刀夹组合形式 b）动力刀夹组合形式

CZG 车削类数控工具系统与数控车床刀架联接的柄部由一个圆柱和法兰组成，如图 10-12所示。在圆柱的削平部分铣有与其轴线垂直的齿纹。在数控机床的圆盘刀架的轴向设有安装刀夹柄部的圆柱孔，在圆盘刀架的径向安装着一个由内六角螺栓 1 驱动的可移动楔形齿条 2，该齿条与刀夹柄部上的齿纹相啮合，并沿刀柄轴向有一定错位。由于存在这个错位，当旋转内六角螺栓时，楔形齿条移动，在径向压紧刀夹柄部的同时，使柄部的法兰紧密地贴紧在刀架的端面上，并产生足够的拉紧力。

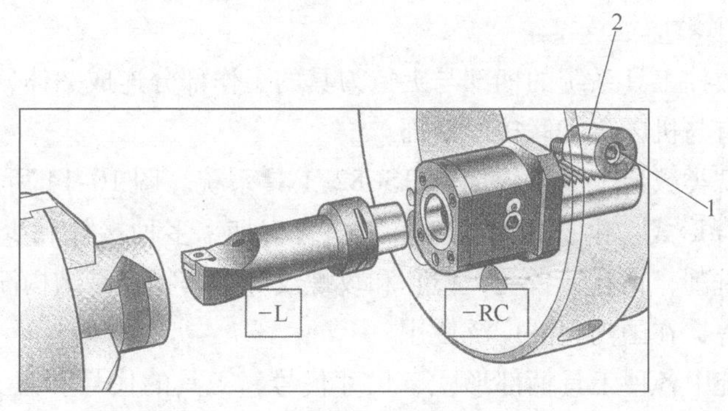

图 10-12 CZG 车削类数控工具系统的安装和夹紧
1—内六角螺栓 2—楔形齿条

CZG 车削类数控工具系统具有装卸简便、快捷、刀夹重复定位精度高、联接刚性高等优点。

目前，许多国外公司研制开发了只更换刀头模块的模块式车削工具系统。现以 Sandvik 结构为例（图 10-13）简要地说明其工作原理。

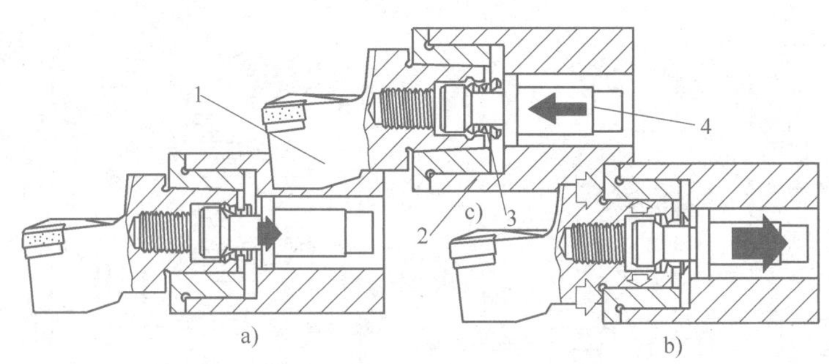

图 10-13　Sandvik 模块式车削工具系统

1—带有椭圆三角短锥接柄的刀头模块　2—刀柄　3—可胀开胀环　4—拉杆

当拉杆 4 向后移动，前方的胀环 3 端部由拉杆头部锥面推动，胀环胀开，它的外缘周边嵌入刀头模块的内沟槽。若拉杆继续向后移动，拉杆通过胀环拉动刀头模块向后移动，将刀头模块锁定在刀柄 2 上，如图 10-13b 所示。当拉杆向前移动，胀环与拉杆头部锥面接触点的直径减小，胀环直径减小，胀环外缘周边和刀头模块内沟槽分离，拉杆将刀头模块推出，如图 10-13c 所示。拉杆可以通过液压装置自动驱动，也可以通过螺栓或凸轮手动驱动。该系统换刀迅速，能获得很高的重复定位精度（$\pm 2\mu m$）和联接刚性。

二、镗铣类数控工具系统

镗铣类数控工具系统采用 7∶24 锥柄与机床联接，具有不自锁、换刀方便、定心精度高等优点。镗铣类数控工具系统可分为整体式和模块式两大类。

1. 整体式镗铣类数控工具系统

整体式镗铣类数控工具系统的柄部与夹持刀具的工作部分连成一体，不同品种和规格的工作部分都必须带有与机床主轴联接的柄部。

我国整体式镗铣类数控工具系统简称 TSG82 工具系统。图 10-14 所示为 TSG82 工具系统中各种工具的组合形式，供选用时参考。它包含刀柄、多种接杆和少量刀具，可加工平面、斜面、沟槽，铣削，钻孔，铰孔，镗孔和攻螺纹等。其特点是结构简单、使用方便、装卸灵活、更换迅速等，在国内得到广泛使用。

TSG82 工具系统中各种工具柄部形式、尺寸代号，工具的代号和意义分别见表 10-2 和表 10-3。

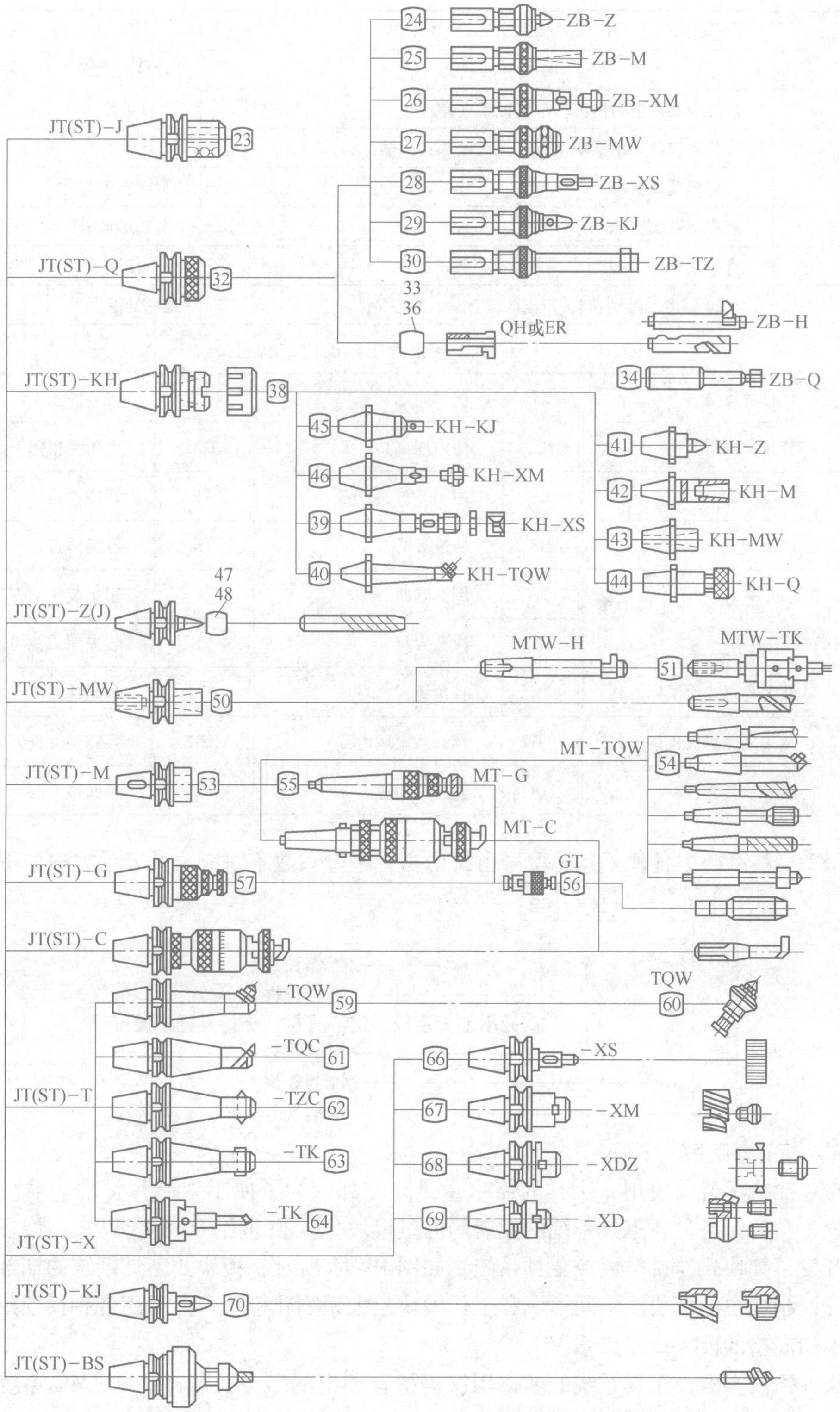

JT(ST)-J 23
24 ZB-Z
25 ZB-M
26 ZB-XM
27 ZB-MW
28 ZB-XS
29 ZB-KJ
30 ZB-TZ
JT(ST)-Q 32
33
36
QH或ER
ZB-H
34 ZB-Q
JT(ST)-KH 38
45 KH-KJ
46 KH-XM
39 KH-XS
40 KH-TQW
41 KH-Z
42 KH-M
43 KH-MW
44 KH-Q
JT(ST)-Z(J)
47
48
MTW-H
MTW-TK
51
JT(ST)-MW 50
MT-TQW
54
JT(ST)-M 53
55 MT-G
MT-C
JT(ST)-G 57
GT
56
JT(ST)-C
-TQW 59
TQW
60
-TQC 61
66 -XS
JT(ST)-T
-TZC 62
67 -XM
-TK 63
68 -XDZ
-TK 64
69 -XD
JT(ST)-X
JT(ST)-KJ 70
JT(ST)-BS

图 10-14　TSG82 工具系统

表 10-2　TSG82 工具系统工具柄部的形式

柄部的形式		柄部的尺寸	
代号	代号的意义	代号的意义	举例
JT	加工中心用锥柄柄部，带机械手夹持槽	ISO 锥度号	50
ST	一般数控机床用锥柄柄部，无机械手夹持槽	ISO 锥度号	40
MTW	无扁尾莫氏锥柄	莫氏锥度号	3
MT	有扁尾莫氏锥柄	莫氏锥度号	1
ZB	直柄接杆	直径尺寸	32
KH	7:24 锥度的锥柄接杆	锥柄的锥度号	45

表 10-3　TSG82 工具系统工具的代号和意义

代号	代号的意义	代号	代号的意义	代号	代号的意义
J	装接长杆用刀柄	C	切内槽工具	TZC	直角型粗镗刀
QH 或 ER	弹簧夹头	KJ	用于装扩、铰刀	TF	浮动镗刀
KH	7:24 锥度快换夹头	BS	倍速夹头	TK	可调镗刀
Z（J）	用于装钻夹头（贾氏锥度加注 J）	H	倒锪端面刀	X	用于装铣削刀具
		T	镗孔刀具	XS	装三面刃铣刀用
MW	装无扁尾莫氏锥柄刀具	TZ	直角镗刀	XM	装面铣刀用
M	装带扁尾莫氏锥柄刀具	TQW	倾斜式微调镗刀	XDZ	装直角面铣刀用
G	攻螺纹夹头	TQC	倾斜式粗镗刀	XD	装面铣刀用

TSG82 工具系统中各种工具的型号由汉语拼音字母和数字组成。其表示方法如下：

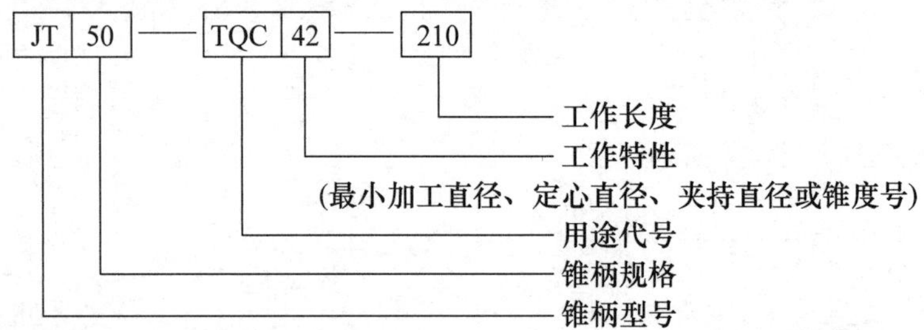

2. 模块式镗铣类数控工具系统

随着数控机床普及使用，工具的需求量迅速增加。为了便于生产和管理，缩短生产周期，减少工具的储备量，工具系统的发展趋向是模块化。20 世纪 80 年代以来，许多国外公司相继开发了模块式镗铣类数控工具系统。如图 10-15 所示，模块式工具系统的柄部和工作部分分开，制成主柄模块、中间模块和工作模块三大系列化模块。然后用各种模块组成不同用途、不同规格的模块式工具系统。

模块式镗铣类数控工具系统的名称用汉语拼音词组的字头命名，统称 TMG 系统。为了区别各种不同结构的工具系统，需在 TMG 之后加上两位数字。十位数字表示模块联接的定心方式，各种定心方式的数字代号见表 10-4。个位数字表示模块联接的锁紧方式，各种锁

紧方式数字代号见表10-5。各工具模块型号以及拼装后刀柄型号编写方法见有关标准。

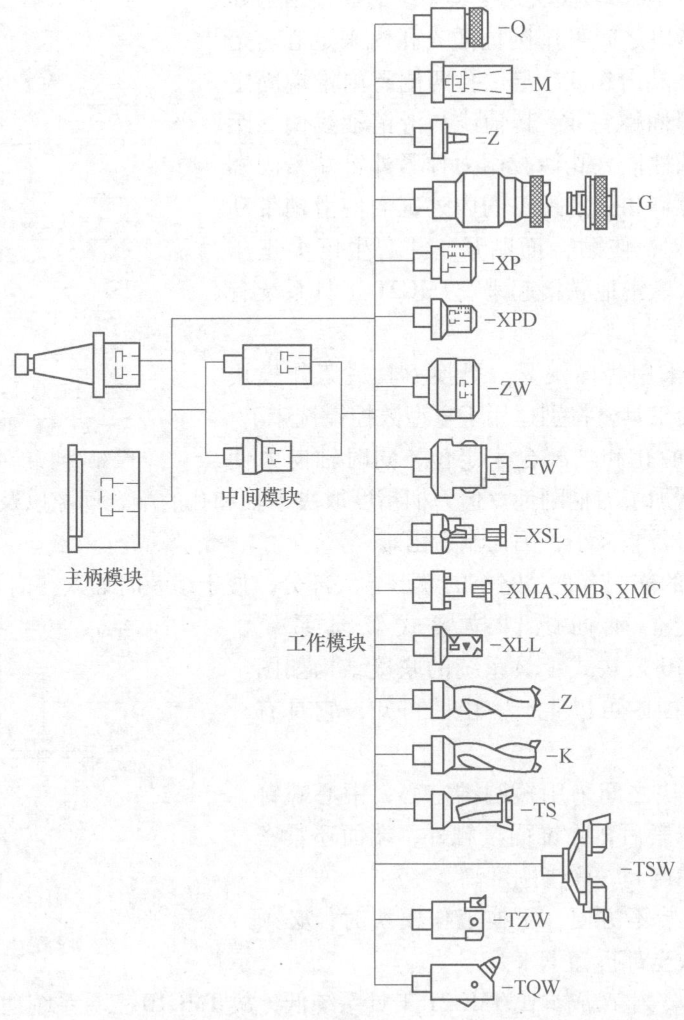

图10-15　TMG21模块式镗铣类数控工具系统

表10-4　定心方式代号

十位数字代号	模块联接的定心方式
1	短圆锥定心
2	单圆柱面定心
3	双键定心
4	端齿啮合定心
5	双圆柱面定心

表10-5　锁紧方式代号

个位数字代号	模块联接的锁紧方式
0	中心螺钉拉紧
1	径向销钉锁紧
2	径向楔块锁紧
3	径向双头螺栓锁紧
4	径向单侧螺钉锁紧
5	径向两螺钉垂直方向锁紧
6	螺纹联接锁紧

（1）圆柱定心径向销钉锁紧式工具系统（TMG21）　我国工厂生产的 TMG21 模块式工具系统的联接结构如图 10-16 所示。模块之间采用圆柱插入孔内来定心。定位圆柱的横向有锥端滑销 3，定位孔两侧有内锥端固定螺钉 2 和外锥端紧固螺钉 4，其轴线与滑销轴线偏一距离。模块的定位圆柱插入孔后，用力拧紧外锥端紧固螺钉，此时，紧固螺钉和固定螺钉的内外锥面使滑销带动刀具模块向右移动，使贴合面贴紧，并产生巨大正压力，使模块与模块紧密地联接起来。TMG21 工具系统有下列特点：

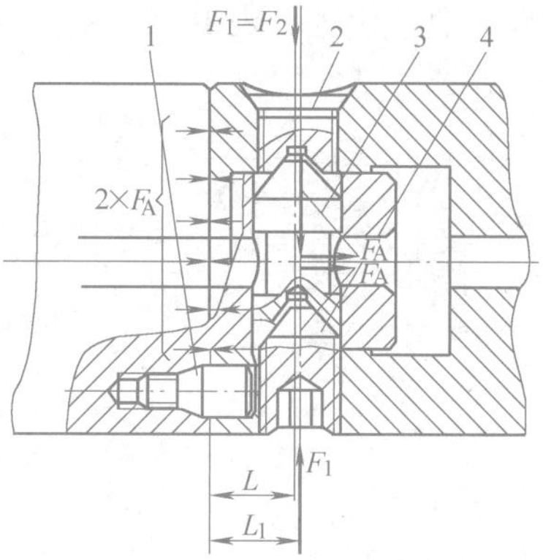

图 10-16　圆柱定心径向销钉锁紧式工具系统
1—定心销　2—固定螺钉　3—锥端滑销　4—紧固螺钉

1）模块之间采用径向锁紧，更换刀具或工作模块时，不必卸下整套工具，特别适用于重型数控镗铣床。

2）采用精密的孔和轴配合来定位，同时轴向力使端面紧密贴合，增加了刀柄刚性。但刀柄精度取决于轴和孔的配合间隙以及结合端面的轴向跳动。这两项制造公差极小，因而制造困难。

3）配合圆柱的前端有直径略小的鼓形导入部分，便于组装时插入孔内。

（2）圆锥定心轴向螺钉拉紧式工具系统（TMG10）　TMG10 模块式工具系统的联接结构如图 10-17 所示，目前国内可以生产。由图可知，它具有以下特点：

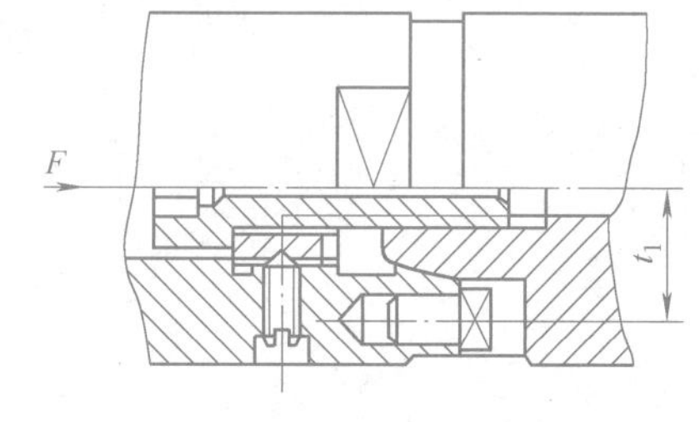

图 10-17　圆锥定心轴向螺钉拉紧式工具系统

1）该系统模块之间采用短圆锥定心，中心螺钉轴向拉紧结构，拉紧后，除锥面接触外，端面还紧密贴合。因而定心精度高，联接刚度高。

2）模块的拆装不方便，更换工作模块时，必须把所有的联接模块全部拆卸下来。

由于结构简单，生产成本比 TMG21 工具系统低，故 TMG10 工具系统适用于中小型数控镗铣床及加工中心。

3. 高速铣削用的工具系统

高速铣削有许多优点，目前国内外已使用转速达 20000 ~ 60000r/min 的高速加工中心。因此，高速加工所使用的工具系统必须满足：①很高的几何精度和装夹重复精度；②很高的装夹刚度；③高速运转时安全可靠。

传统主轴的 7∶24 前端锥孔在高速旋转下，由于离心力的作用会发生膨胀，膨胀量的大小随着旋转半径与转速的增大而增大。但与它配合的 7∶24 实心刀柄则膨胀量较小，因此锥柄的联接刚度会降低，在拉杆拉力作用下，刀具的轴向位置发生变化（图 10-18）。主轴锥孔的喇叭口状扩张，还会引起刀具和夹紧机构质心的偏离，从而影响主轴动平衡。由上述可知，主轴

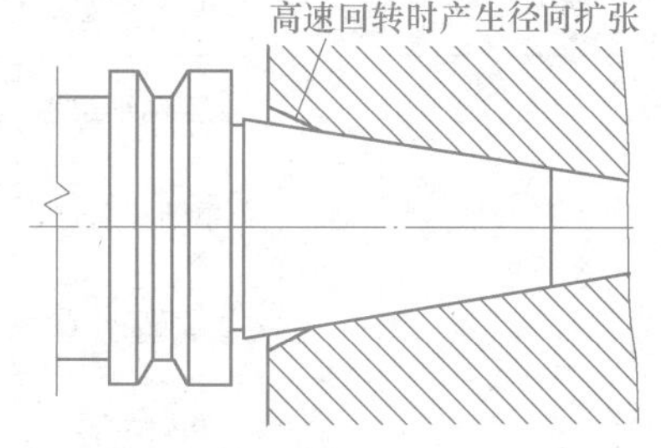

图 10-18　在高速运转中离心力使主轴锥孔扩张

与刀柄联接存在的主要问题是联接刚度、精度、动平衡等性能变差。目前改进的主要途径是将原来仅靠锥面定位改为锥面与端面同时定位。这种方案最有代表性的是德国的 HSK 刀柄、美国的 KM 刀柄以及日本的 BIG - plus 刀柄 。其中 HSK 刀柄开发是机床 - 刀具联接技术的一次飞跃，被誉为 21 世纪接口与制造技术的一项重大革新。

德国 HSK 双面定位型空心刀柄是一种典型的 1∶10 短锥面工具系统（图 10-19）。由于短锥严格的制造公差和具有弹性薄壁，在拉杆轴向拉力作用下，短锥产生一定变形，使锥面和端面共同实现定位和夹紧。其主要优点是：①采用锥面和端面过定位联接方式，提高了结合刚度。②锥部短，采用空心结构，质量轻，自动换刀快；其轴向定位精度比 7∶24 锥柄提高 3 倍。③采用 1∶10 锥度空心结构，楔紧效果较好，具有较大的抗扭能力。④有较高安装精度。HSK 已列入国际标准。但缺点是与现在的 7∶24 主轴结构和刀柄不通用；并且由于过定位安装，制造难度大，制造成本高。目前国内外工具厂已生产的 HSK 镗铣类工具系统如图 10-20 所示。

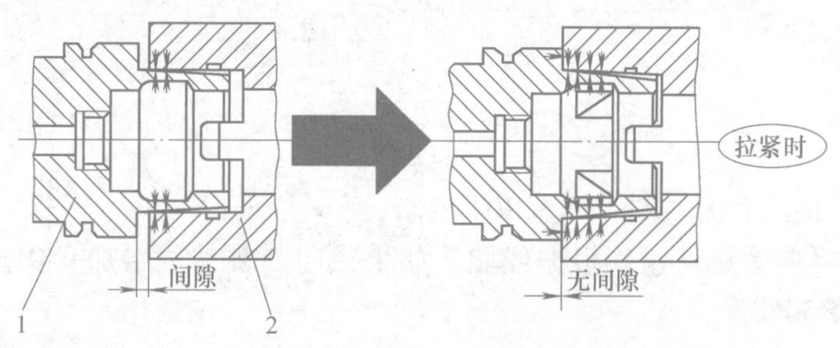

图 10-19　HSK 刀柄与主轴联接结构与工作原理

1—HSK 刀柄　2—主轴

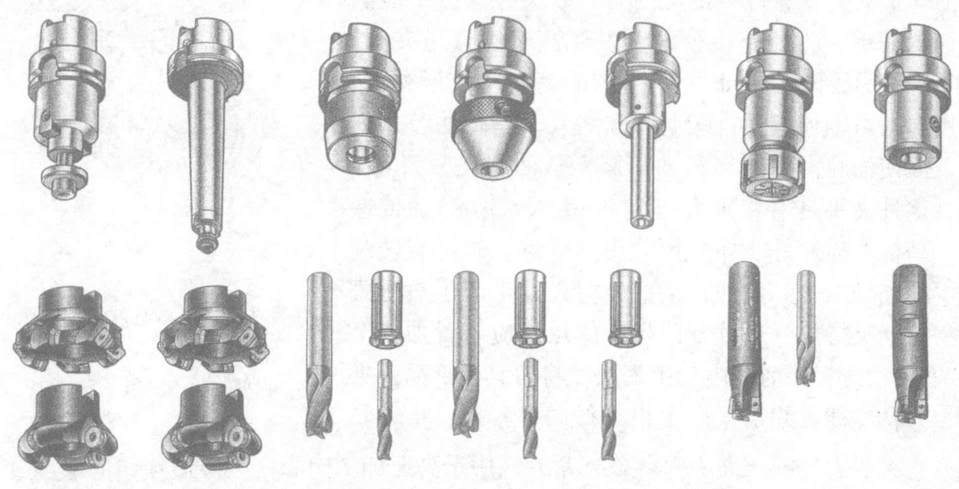

图 10-20　HSK 整体式镗铣类数控工具系统

日本 BIG - plus 刀柄的锥度仍然为 7∶24（图 10-21），将刀柄装入主轴时，端面的间隙为 0.02mm ± 0.005mm。拉紧后，利用主轴内孔的弹性膨胀，使刀轴端面贴紧（图 10-21 上半部），使刚性增强；同时使振动衰减效果提高，轴向尺寸稳定。标准 7∶24 刀柄端面不贴紧有间隙（图 10-21 下半部）。它能迅速推广应用的一个原因是它和普通标准刀柄之间有互换性。它所允许的极限转速为40000r/min。其主要缺点是：由于过定位安装，必须严格控制锥面基准线至端面的轴向距离的精度，与它配合的主轴也须控制这一轴向距离的精度，因此制造困难。

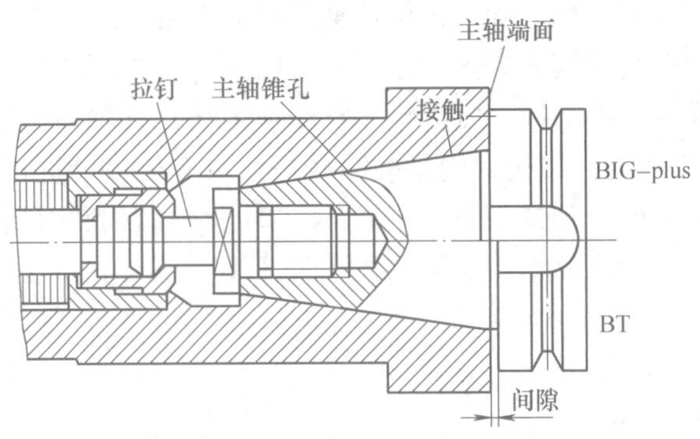

图 10-21　BIG－plus 刀柄（图上半部）与 BT 刀柄（图下半部）的比较

高速加工时，机床和刀具对刀柄有以下要求：

1）要求小的径向圆跳动量。根据经验，如果径向圆跳动量增加 0.01mm，硬质合金铣刀和钻头寿命下降 50%。

2）要求高的夹紧力。如果加工过程中刀具没有夹紧，在刀柄中可移动，则刀具和加工零件都会损坏。高速加工时，因为离心力大，显著地降低了可传递的转矩，原来工具系统的弹簧夹头、螺钉等传统的刀具装夹方法已不能满足高速加工需要。为此许多公司开发了高精度液压夹头。图 10-22 所示为德国 Schunk 公司生产的高精度液压夹头，通过使用内六角螺栓扳手拧紧加压螺栓 1，提高油腔 2 内的油压，促使油腔内壁均匀径向膨胀，从而起夹紧刀具 5 的作用。这种夹头具有精度高（定位精度≤3μm）、传递转矩大、结构对称性好、外形尺寸小等优点，是高速铣削不可缺少的辅助工具。此外，某些公司开发生产了热压式夹头，将刀柄夹持部分通过专门生产的热感应装置加热至 300℃左右，使之在短时间内产生膨胀。将刀具柄部插入夹持部分，刀柄冷却收缩后，产生很高径向夹紧力，将刀具牢固夹持，夹紧力比液压夹头大。该夹紧方式用于高速加工中心，其刀柄外径很小，与工件趋近性很好。

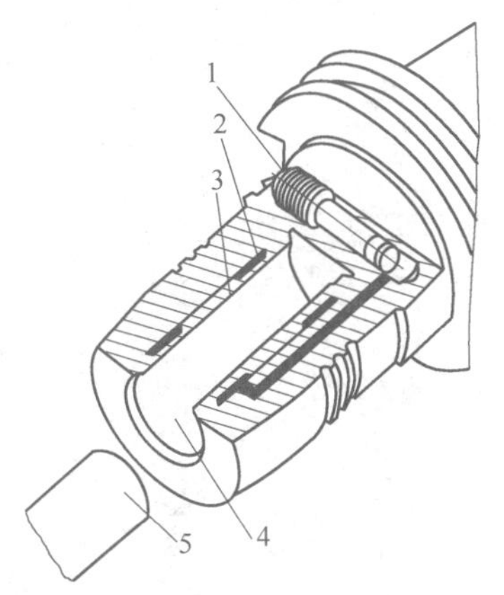

图 10-22　高精度液压夹头

1—加压螺栓　2—油腔　3—油腔内壁　4—装刀孔　5—刀具

3）要求动平衡刀柄。高速切削时，不平衡的工具系统会产生很大离心力，使机床和刀具振动。其结果一方面影响工件的加工精度和表面质量；另一方面影响主轴轴承和刀具寿命。因此，高速铣削的刀柄都应进行动平衡。目前还没有制订专门平衡标准，一般要达到 G2.5 动平衡指标。

第四节　刀具尺寸控制系统与刀具磨损、破损检测

一、刀具尺寸控制系统

刀具尺寸控制是指加工时对工件已加工表面进行在线自动检测。当刀具因磨损等原因，使工件尺寸变化而达到某一预定值时，控制装置发出指令，操纵补偿装置，使刀具按指定值进行微量位移，以补偿工件尺寸变化，使工件尺寸控制在公差范围内。在自动化生产中，已广泛采用尺寸控制系统，以缩短调刀、换刀时间，保证加工精度，提高生产率。

尺寸控制系统由自动测量装置、控制装置和补偿装置组成。图 10-23 所示为典型的镗孔尺寸控制系统。如图 10-23a 所示，加工后的工件由测头 2 进行测量，其测量值传递给控制装置 3，控制装置将测量值与规定尺寸进行比较，获得尺寸偏差值，然后经转换和放大，再传递给补偿装置 4，补偿装置利用信号，使镗头上镗刀 6 产生微量位移，然后继续加工下一件。图 10-23b 所示为常用的拉杆-摆块式补偿装置，刀具的径向尺寸补偿由拉杆的移动转换为摆块的摆动来实现。

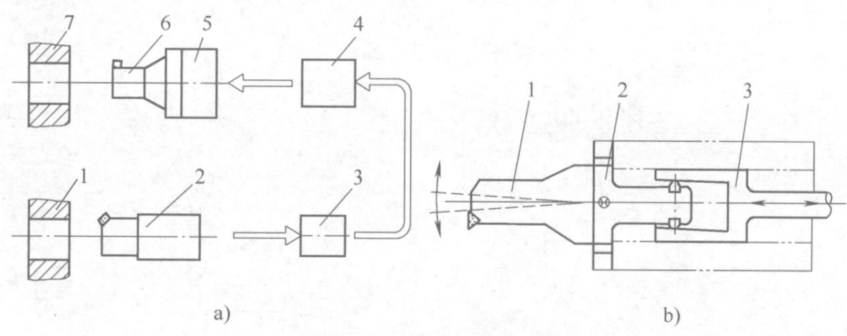

图 10-23　镗孔尺寸控制系统

a）尺寸控制系统工作原理

1—已加工工件　2—测头　3—控制装置　4—补偿装置　5—镗头　6—镗刀　7—待加工工件

b）拉杆－摆块式补偿装置

1—镗刀　2—摆块　3—拉杆

二、刀具磨损的检测与监控

1. 刀具磨损的直接检测与补偿

在加工中心或柔性制造系统中，加工零件的种类多，批量小，为了保证加工精度，较好的方法便是直接检测刀具的磨损量，并通过补偿机构对相应尺寸误差进行补偿。图 10-24所示为镗刀切削刃的磨损测量原理图。当镗刀停在测量位置时，测量装置 3 移近刀具并与切削刃接触，磨损测量传感器 2 从刀柄的参考表面 1 上测取读数。切削刃和参考表面与测量装置的相邻两次接触，其读数变化值即为切削刃的磨损值。测量过程、数据的计算和磨损值的补偿过程都可以由计算机控制完成。

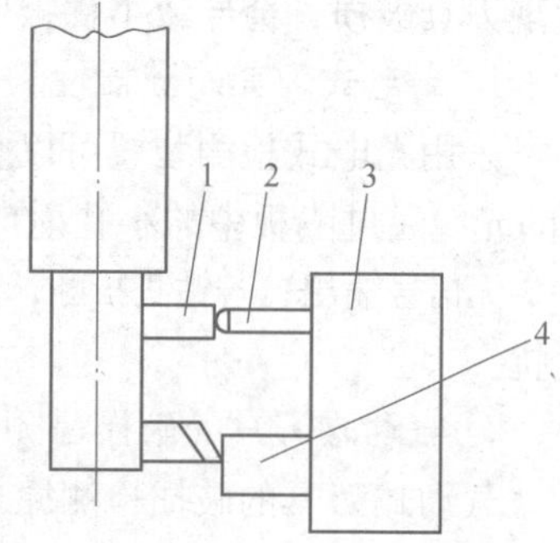

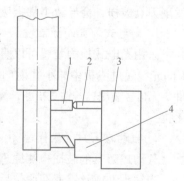

图 10-24　镗刀磨损测量

1—参考表面　2—磨损测量传感器

3—测量装置　4—刀具触头

2. 刀具磨损的间接测量和监控

加工过程中，多数刀具的磨损区被工件或切屑遮盖，很

难直接测量刀具的磨损值，因此多采用间接测量方法。

（1）以刀具寿命为判据 这种方法在加工中心和柔性制造系统中得到广泛应用。若刀具使用条件已知，其寿命可根据用户提供的使用条件试验确定或者根据经验确定。刀具寿命确定后，可按刀具编号送入管理程序中。在调用刀具时，从规定的刀具使用寿命中扣除切削时间，用到剩余刀具寿命少于下次使用时间时发出换刀信号。

（2）以加工表面的表面粗糙度为判据 加工表面的表面粗糙度与刀具磨损之间关系如图 10-25 所示，因此可通过监测工件表面粗糙度来判断刀具的磨损状态。图 10-26 所示是利用激光技术检测表面粗糙度的示意图。激光束通过透镜射向工件加工表面，由于表面粗糙度的变化，反射的激光强度也不相同，因此可通过检测反射光的强度和对信号的比较分析来识别表面粗糙度和判断刀具的磨损状态。这种监测系统便于在线实时检测。

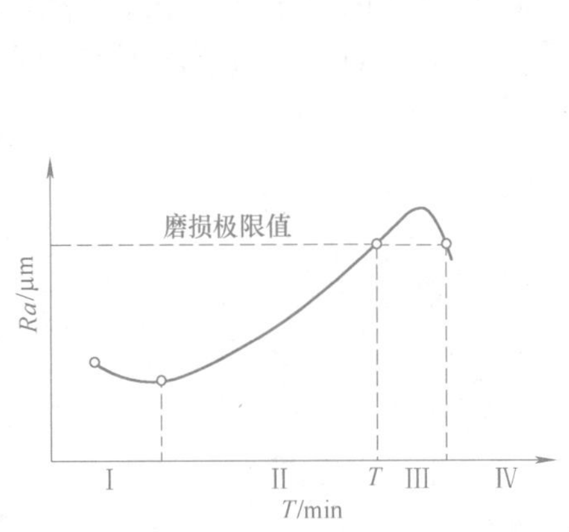

图 10-25 表面粗糙度与刀具磨损的关系

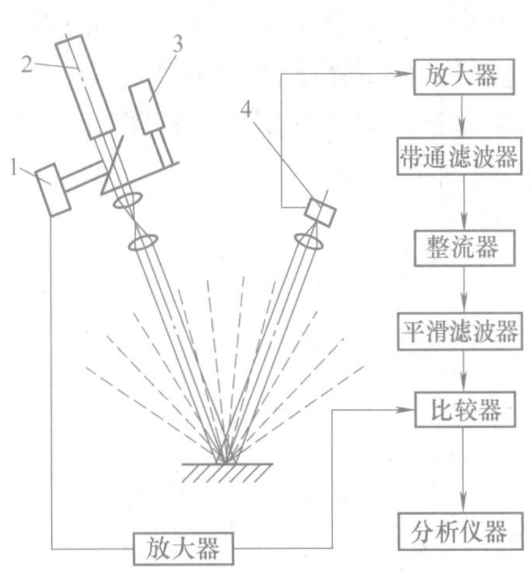

图 10-26 激光检测工件表面粗糙度

1—参考探测器 2—激光发生器

3—斩波器 4—测量探测器

三、刀具的破损检测

刀具的破损检测是保证自动化生产正常进行的重要措施。在自动化生产中，若未能及时发现刀具破损，会导致工件报废，甚至损坏机床。

1. 光电式刀具的破损检测

采用光电式检测装置可以直接检测钻头或丝锥是否完整或折断。如图 10-27 所示，光源 1 的光线通过隔板中的小孔射向刚加工完毕返回的钻头 2，若钻头完好，光线受阻，光敏元件 3 无信号输出；若钻头折断，光线射向光敏元件，发出停机信号。这种破损检测装置易受切屑干扰。

2. 气动式刀具的破损检测

气动式刀具的破损检测原理与光电式相似，检测装置如图 10-28 所示。

当钻头 1 或丝锥返回原位后，气阀接通，喷嘴 3 喷出的气流被钻头挡住，压力开关 2 不动作。当刀具折断时，气流就冲向气动压力开关，发出刀具折断信号。这种方法的优缺点和应用范围与光电式检测相同。

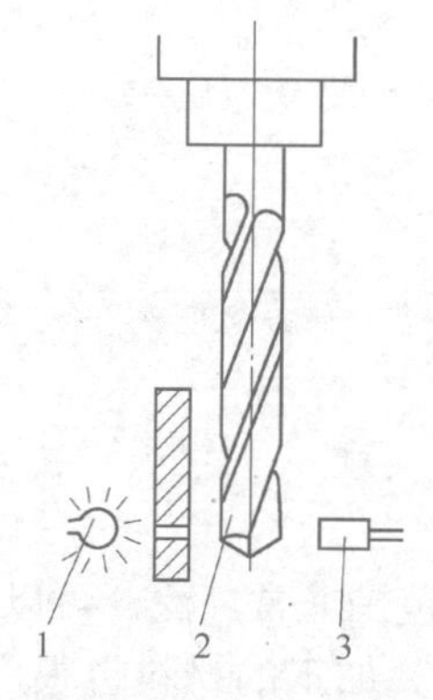

图 10-27　光电式检测装置

1—光源　2—钻头　3—光敏元件

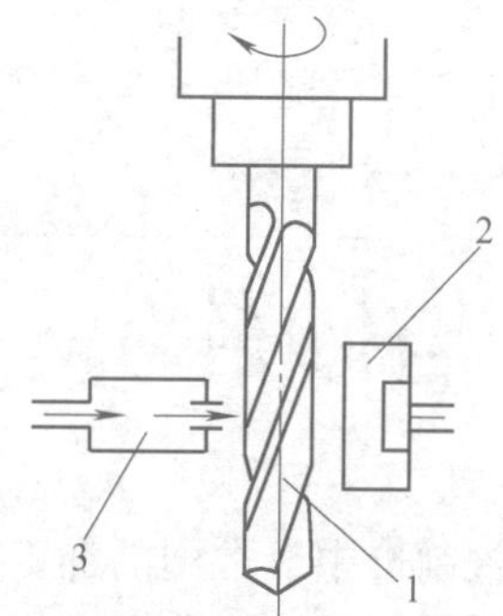

图 10-28　气动式检测装置

1—钻头　2—气动压力开关　3—喷嘴

复习思考题

10-1　对数控刀具有哪些特殊要求?

10-2　试述生产中常用的刀具快换和自动更换方法。

10-3　简述数控刀具尺寸的预调方法。

10-4　何谓数控刀具工具系统? 它包括哪些部分?

10-5　简述 CZG 车削工具系统结构及其特点。

10-6　试说明 Sandvik 模块式车削工具系统的工作原理。

10-7　试分析比较模块式镗铣类工具系统 TMG21 和 TMG10 的结构及其优缺点。

10-8　试分析比较高速铣削用的刀柄 HSK 和 BiG-plus 结构及其优缺点。

10-9　试分析数控镗铣类工具系统 7∶24 工具柄部的优缺点。

10-10　简述常用刀具磨损和破损检测方法。

10-11　试举例说明刀具尺寸补偿工作原理。

第十一章　11

磨削与砂轮

磨削是机械制造中最常用的加工方法之一。它的应用范围非常广泛，可以加工外圆、内圆、平面、成形面、螺纹、花键、齿轮以及切断钢材等；其加工的材料也很广，如淬硬钢、钢、铸铁、硬质合金、陶瓷、玻璃、石材、木材、塑料等；磨削常用于精加工和超精加工，也可用于荒加工和粗加工等；磨削加工容易实现自动化。在工业发达国家中，磨床在机床总数中已占25%以上。

根据加工精度的不同，通常将磨削加工分为普通磨削、精密磨削和高精密磨削。普通磨削能达到的表面粗糙度值为 $Ra0.2 \sim 0.8\mu m$，尺寸精度 $>1\mu m$；精密磨削能达到的表面粗糙度值为 $Ra0.04 \sim 0.2\mu m$，尺寸精度为 $1 \sim 0.5\mu m$；高精密磨削为能达到的表面粗糙度值 $Ra0.01 \sim 0.04\mu m$，尺寸精度为 $0.5 \sim 0.1\mu m$。

本章主要介绍磨削运动、砂轮（磨具）的组成及其选用，阐述磨削加工规律、磨削表面质量，介绍先进的磨削技术等。

第一节　磨削运动

磨削的主运动是砂轮的旋转运动。砂轮的切线速度即为磨削速度 v_c（单位为 m/s）。

磨削的进给运动一般有三种，以外圆磨削（图 11-1）为例。

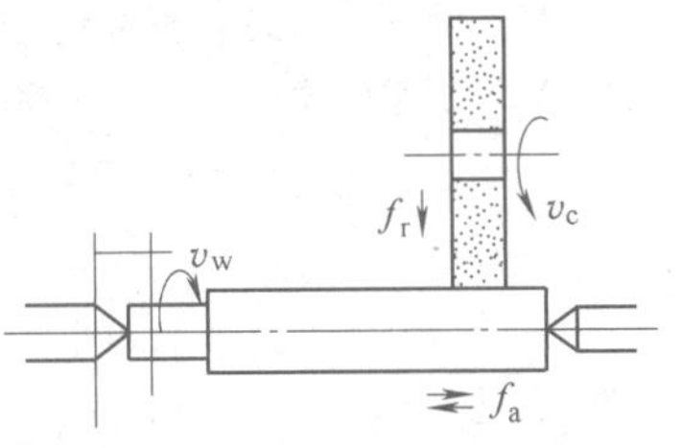

图 11-1　外圆磨削运动

（1）工件的旋转进给运动　进给速度为工件的切线速度 v_w（单位为 m/min）。

（2）工件相对砂轮的轴向进给运动　进给量用工件每转相对于砂轮的轴向移动量 f_a（单位为 mm/r）表示，进给速度 v_f（单位为 mm/min）为 nf_a（其中 n 为工件的转速，单位为 r/min）。

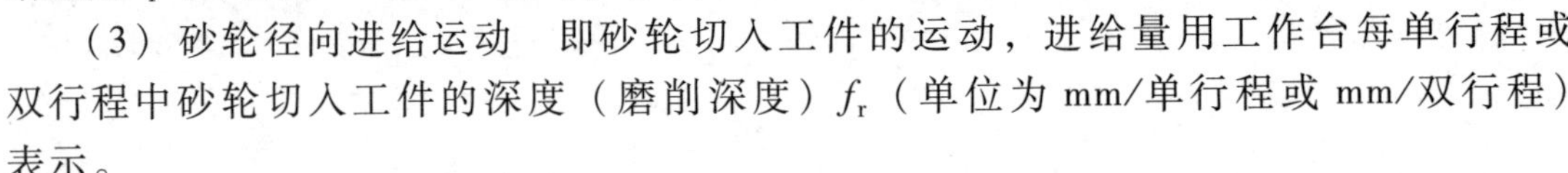
（3）砂轮径向进给运动　即砂轮切入工件的运动，进给量用工作台每单行程或双行程中砂轮切入工件的深度（磨削深度）f_r（单位为 mm/单行程或 mm/双行程）表示。

外圆磨削的常用磨削用量见表 11-1。

表 11-1　外圆磨削的常用磨削用量

磨削参数	磨削用量		备注
v_c/(m/s)	25～50 （用于氧化铝或碳化硅砂轮）	80～150 （用于 CBN 砂轮或人造金刚石砂轮）	
v_w/(m/min)	粗磨 20～30	精磨 20～60	
f_a/(mm/r)	粗磨(0.3～0.7)B	精磨(0.3～0.4)B	B 为砂轮宽度（单位为 mm）
f_r/(mm/单行程或双行程)	粗磨 0.015～0.05	精磨 0.005～0.01	

第二节　砂　　轮

砂轮是结合剂将磨粒固结成一定形状的多孔体（图 11-2）。要了解砂轮的切削性能，必须了解砂轮的各组成要素。

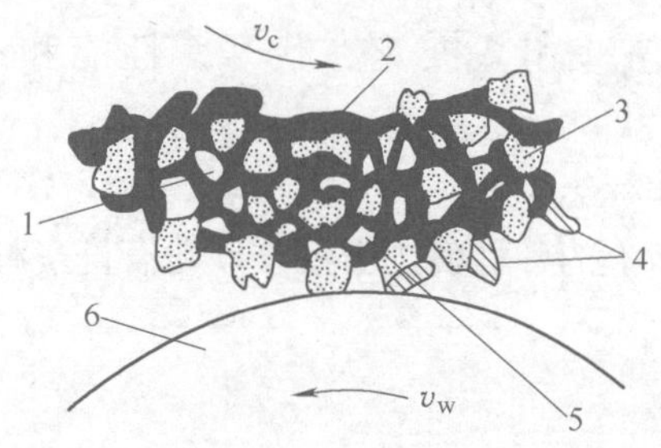

图 11-2　砂轮的构造

1—砂轮　2—结合剂　3—磨粒　4—磨屑　5—气孔　6—工件

一、砂轮的组成要素

1. 磨料

磨料分为天然磨料和人造磨料两大类。一般天然磨料含杂质多，质地不匀。天然金刚石虽好，但价格昂贵，故目前主要使用人造磨料。常用的人造磨料名称、代号、性能与适用范围见表 11-2。

国家标准规定，磨料分为固结磨具磨料（F 系列）和涂附磨具磨料（P 系列）两种。本章所讨论的磨料均属 F 系列。

2. 粒度

粒度是指磨粒的大小。GB/T 2481.1—1998 和 GB/T 2481.2—2009 规定，固结磨

具磨料，粒度的表示方法为：磨粒 F4～F220（用筛选分法区别，F 后面的数字大致为每英寸筛网长度上筛孔的数目），微粉 F230～F1200（用沉降法区别，主要用光电沉降仪区分）。

3. 结合剂

把磨粒固结成磨具的材料称为结合剂。结合剂的性能决定了磨具的强度、耐冲击性、耐磨性和耐热性。此外，它对磨削温度和磨削表面质量也有一定的影响。

4. 硬度

磨粒在外力作用下从磨具表面脱落的难易程度称为硬度。砂轮的硬度反映结合剂固结磨粒的牢固程度。砂轮硬，就是磨粒被固结得牢，不易脱落；砂轮软，就是磨粒被固结得不太牢，容易脱落。砂轮的硬度对磨削生产率和磨削表面质量都有很大的影响。如果砂轮太硬，磨粒磨钝后仍不能脱落，则磨削效率降低，工件表面粗糙并可能被烧伤。如果砂轮太软，磨粒未磨钝已从砂轮上脱落，砂轮损耗大，形状不易保持，影响加工质量。砂轮的硬度合适，磨粒磨钝后因磨削力增大而自行脱落，使新的、锋利的磨粒露出，这种砂轮具有自锐性，磨削效率高，工件表面质量好，砂轮的损耗也小。

5. 组织

组织号表示砂轮中磨料、结合剂和气孔间的体积比例。根据磨粒在砂轮中占有的体积百分数（称磨料率），砂轮可以分为 0～14 个组织号。组织号从小到大，磨料率由大到小，气孔率由小到大。组织号大，砂轮不易堵塞，切削液和空气容易被带入磨削区域，可降低磨削温度，减小工件的变形和烧伤，也可提高磨削效率。但组织号大，不易保持砂轮的轮廓形状。常用的砂轮组织号为 5。

表 11-2 列出了砂轮的五个组成要素，代号，性能和适用范围，供选择砂轮时参考。

二、砂轮的形状、尺寸和标志

为了适应在不同类型磨床上的各种使用需要，砂轮有许多种形状。常用的砂轮形状、代号和用途见表 11-3。

表 11-2　砂轮组成要素、代号、性能和适用范围

砂轮 — 磨料

系别	名称	代号	性　能	适　用　范　围
刚玉	棕刚玉	A	棕褐色，硬度较低，韧性较好	磨削碳素钢、合金钢、可锻铸铁与青铜
	白刚玉	WA	白色，较棕刚玉硬度高，磨粒锋利，韧性差	磨削淬硬的高碳钢、合金钢、高速钢，磨削薄壁零件、成形零件
	铬刚玉	PA	玫瑰红色，韧性比白刚玉好	磨削高速钢、不锈钢，成形磨削，刃磨刀具，高表面质量磨削
碳化物	黑碳化硅	C	黑色带光泽，比刚玉类硬度高，导热性好，但韧性差	磨削铸铁、黄铜、耐火材料及其他非金属材料
	绿碳化硅	GC	绿色带光泽，较黑碳化硅硬度高，导热性好，韧性较差	磨削硬质合金、宝石、光学玻璃
超硬磨料	人造金刚石	MBD、RVD、SCD和M-SD等	白色、淡绿、黑色，硬度最高，耐热性较差	磨削硬质合金、光学玻璃、花岗岩、大理石、宝石、陶瓷等高硬度材料
	立方氮化硼	CBN、M-CBN等	棕黑色，硬度仅次于MBD等，韧性较MBD等好	磨削高性能高速钢、不锈钢、耐热钢及其他难加工材料

砂轮 — 粒度

类别		粒　度　号	适　用　范　围
磨粒	粗粒	F4、F5、F6、F8、F10、F12、F14、F16、F20、F22、F24	荒磨
	中粒	F30、F36、F40、F46	一般磨削。加工表面的表面粗糙度值可达*Ra* 0.8μm
	细粒	F54、F60、F70、F80、F90、F100	半精磨，精磨和成形磨削。加工表面的表面粗糙度值可达*Ra* 0.1～0.8μm
	微粒	F120、F150、F180、F220	精磨、精密磨、超精磨、成形磨、刃磨刀具、珩磨
微粉		F230、F240、F280、F320、F360、F400、F500、F600、F800、F1000、F1200	精磨、精密磨，超精磨、珩磨、螺纹磨、超精密磨、镜面磨、精研，加工表面的表面粗糙度值可达*Ra* 0.05～0.01μm

砂轮 — 结合剂

名称	代号	特　性	适　用　范　围
陶瓷	V	耐热、耐油、耐酸、耐碱，强度较高，但性较脆	除薄片砂轮外，能制成各种砂轮
树脂	B	强度高，富有弹性，具有一定抛光作用，耐热性差，不耐酸碱	荒磨砂轮，磨窄槽、切断用砂轮，高速砂轮，镜面磨砂轮
橡胶	R	强度高，弹性更好，抛光作用好，耐热性差，不耐油和酸，易堵塞	磨削轴承沟道砂轮、无心磨导轮、切割薄片砂轮、抛光砂轮

砂轮 — 硬度

等级	超软			软		中软		中		中硬			硬		超硬
代号	D	E	F	G	H	J	K	L	M	N	P	Q	R	S	T	Y
选择	磨未淬硬钢选用L～N，磨淬火合金钢选用H～K，高表面质量磨削时选用K～L，刃磨硬质合金刀选用H～J															

砂轮 — 气孔 — 组织

组织号	0	1	2	3	4	5	6	7	8	9	10	11	12	13	14
磨料率（%）	62	60	58	56	54	52	50	48	46	44	42	40	38	36	34
用途	成形磨削、精密磨削				磨削淬火钢、刃磨刀具				磨削硬度不高的韧性材料					磨削热敏性高的材料	

表 11-3　常用砂轮的形状、代号及主要用途

代号	名称	断面形状	形状尺寸标记	主要用途
1	平面砂轮		$1-D \times T \times H$	磨外圆、内孔、平面及刃磨刀具
2	筒形砂轮	$W \leqslant 0.17D$	$2-D \times T-W$	端磨平面
4	双斜边砂轮		$4-D \times T/U \times H$	磨齿轮及螺纹
6	杯形砂轮	$E > W$	$6-D \times T \times H-W，E$	端磨平面，刃磨刀具后面
11	碗形砂轮	$E > W$	$11-D/J \times T \times H-W，E，K$	端磨平面，刃磨刀具后面
12a	碟形一号砂轮		$12a-D/J \times T/U \times H-W，E，K$	刃磨刀具前面
41	薄片砂轮		$41-D \times T \times H$	切断及磨槽

注：↓所指表示基本工作面。

砂轮的标志印在砂轮端面上。其顺序是：形状代号，尺寸，磨料，粒度号，硬度，组织号，结合剂和允许的最高线速度。例如：

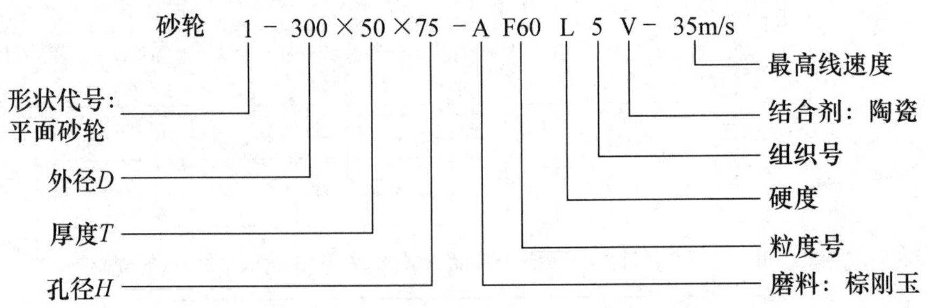

三、SG 砂轮和 TG 砂轮

20 世纪 80 年代，美国推出两种新的陶瓷刚玉磨料 Cubifron（3M 公司）和 SG（Norton 公司）。Cubifron 经过化学陶瓷化处理，SG 经过晶体凝胶化处理，干燥固化后破碎成颗粒，最后烧结成磨料。这与原来的刚玉（A、WA 等）经熔炼后冷却固化，然后破碎的制法不同。SG 韧性好（为原来刚玉的 2 ~ 2.5 倍），晶体很小（0.1 ~ 0.2μm，而原来的刚玉为5 ~ 10μm），耐磨，自锐性好，磨粒锋利，形状保持好，寿命长。因此，磨除率（单位时间内磨除材料量）高，磨削比（磨除材料量与砂轮损耗量之比）大，但它的制造成本高。目前常用的是 SG 与 WA（或 A）的混合砂轮，其中 SG 所占比例有 100%、50%、30%、20% 和 10% 等多种，分别称为 SG、SG5、SG3、SG2 和 SG1 砂轮。纯 SG 砂轮用于粗磨；SG5、SG3、SG2 和 SG1 等砂轮用于精磨。SG 磨料的砂轮在我国已使用，如用于汽车行业中磨曲轴的砂轮。

除此之外，还有 SG 与 GC 混合的砂轮以及 SG 与 CBN 混合的砂轮，后者称为 CVSG 砂轮。20 世纪 90 年代，在工业发达国家 SG 和 CVSG 等砂轮已被普遍采用。

21 世纪初，Norton 公司又推出 TG 磨料（Targa，称为第二代 SG 磨料），它的磨粒有很细的棒状晶体结构，适用于磨削铬镍铁合金、高温合金等难加工材料，而且适合于缓进给磨削。TG 磨料的磨除率为刚玉磨料的 2 倍，寿命为刚玉磨料的 7 倍。

四、人造金刚石砂轮和立方氮化硼砂轮

1. 人造金刚石砂轮

图 11-3 所示的人造金刚石砂轮由磨料层 1 和基体 2 两部分组成。磨料层由人造金刚石磨料和结合剂组成，厚度为 1.5 ~ 5mm，起磨削作用；基体起支承磨削层的作用，并通过它将砂轮紧固在磨床主轴上。基体常用铝、钢、铜或胶木等制造。人造金刚石砂轮用于磨削高硬度的脆性材料，如硬质合金、花岗岩、大理石、宝石、光学玻璃和陶瓷材料等；还可磨削有一定韧性的热喷焊耐磨合金，如 NiCr15C 等。

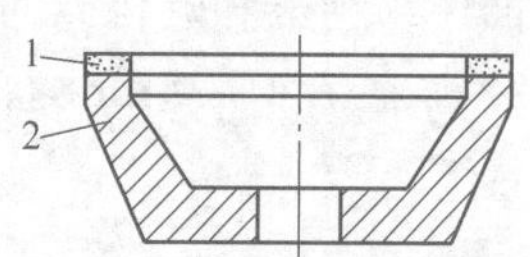

图 11-3　人造金刚石砂轮
1—磨料层　2—基体

人造金刚石砂轮的结合剂有金属（代号为 M，常用的是青铜）、树脂和陶瓷三种。金属结合剂的金刚石砂轮具有结合强度高、耐磨性好、寿命长和能承受大载荷磨削等特点，所以适合于粗磨、高性能硬脆材料的成形磨削、半精磨和超精密磨削。但是金属结合剂的金刚石砂轮自锐性差，容易堵塞，在磨削中易产生由砂轮偏心所引起的激振力，因而影响磨削过程的稳定性和工件表面质量，为此砂轮必须经常修磨。树脂和陶瓷结合剂的金刚石砂轮适合于半精磨、精磨和抛光。

金刚石砂轮中金刚石的含量用浓度来表示。常用的浓度有 150%、100%、75%，50% 和 25% 五种。所谓 100% 浓度是指磨料层每立方厘米体积中含有 4.39Ct（1Ct = 0.2g）金刚石，50% 浓度是指磨料层每立方厘米体积中含有 2.2Ct 金刚石，其余依次类推。高浓度金刚石砂轮适合于粗磨、小面积磨削和成形磨削。低浓度金刚石砂轮适合于精密和大面积磨削。青铜结合剂的金刚石砂轮常采用 100% ~ 150% 的浓度，树脂结合剂的金刚石砂轮常采用 50% ~ 75% 的浓度。

金刚石砂轮的标记（GB/T 6409.1—1994）举例如下：

A	50	×	4	×	10	×	3	RVD	100/120	B	75
形状代号:(平形砂轮)	外径/mm		厚度/mm		孔径/mm		磨料层厚度/mm	磨料牌号	粒度	结合剂(树脂)	浓度(75%)

2. 立方氮化硼砂轮

立方氮化硼砂轮的结构与人造金刚石砂轮相似，立方氮化硼只有一薄层。立方氮化硼磨粒非常锋利又非常硬，其寿命为刚玉砂轮的100倍。立方氮化硼砂轮用来磨削高硬度、高韧性、难加工的钢材，如高钒、高速钢和耐热合金等。立方氮化硼砂轮特别适于高速磨削和超高速磨削，但需采用经改制的特殊水剂切削液，而不能采用普通的水剂切削液。

21世纪初，用聚晶立方氮化硼（PCBN）来代替立方氮化硼加工超硬钢料和钛合金TC4。现在美、德、日等世界先进制造业国家均采用数控机床、PCBN刀具来实现制造业现代化。

第三节　磨削加工规律

一、砂轮的形貌

如图11-4a所示，砂轮上的磨粒是一颗形状很不规则的多面体。图11-4b所示典型磨粒断面中，刚玉和碳化硅的F36～F80磨粒的平均尖角β在104°～108°之间，尖端的平均圆角半径r_β在7.4～35μm之间。

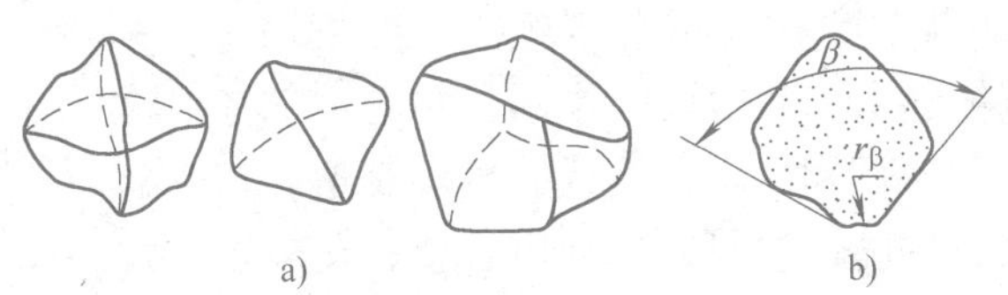

图11-4　砂轮上的磨粒形状

a）外形　b）典型磨粒断面

磨粒尖端在砂轮上的分布，无论在方向、高低和间距方面，在砂轮的轴向和径向都是随机分布的。砂轮的形貌除取决于磨料种类、粒度号和组织号外，还取决于砂轮的修整情况。经修整后的砂轮，磨粒负前角可达80°～85°。磨削过程中，磨粒的形状会不断地变化。

二、磨削过程分析

磨削与铣削相比，磨粒刃口钝，形状不规则，分布不均匀。其中一些突出的和比较锋利的磨粒，切入工件较深，起切削作用（图11-5a）。由于切屑比较细微，磨削温度很高，磨屑飞出时氧化形成火花。比较钝的和突出高度较小的磨粒切不下切屑，只起刻划作用（图11-5b），在工件表面上挤出细微的沟槽，使金属向两边塑性流动，造成沟槽的两边微微隆起。更钝的和突出高度更小的磨粒只稍微滑擦着工件表面，起抛光作用（图11-5c）。另外，即使参加切削的磨粒，在刚进入磨削区时，也先经过滑擦和刻划阶段，然后再进行切削（图11-6），所以磨削过程是包含切削、刻划和抛光作用的综合复杂过程。

由于砂轮上磨粒的形状和分布都极不规则，不同的磨粒在磨削过程中所起的作用又各不相同，所以各磨粒的切削厚度相差悬殊。

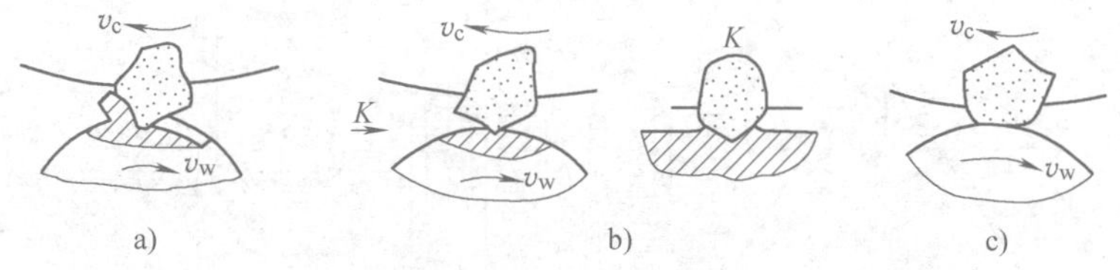

图 11-5　磨削过程中磨粒的切削、刻划和抛光作用

a）切削作用　b）刻划作用　c）抛光作用

磨削厚度随工件旋转进给速度 v_w、砂轮径向进给量 f_r 的增大而增大，随砂轮线速度 v_c、砂轮的粒度号和砂轮直径 D 的增大而减小。其中，影响磨削厚度较大的是 v_w、v_c 和粒度号，影响较小的是 f_r 和 D。

磨削厚度越大，磨削生产率越高，但是磨粒的切削载荷越重，磨削力越大，磨削温度越高，砂轮的磨损越快，磨出工件的表面质量越差。

磨削时磨粒以负前角切削，刃口钝圆半径与切削厚度之比相对很大，再加刻划和滑擦，且磨削时砂轮与工件接触宽度较大，所以磨削三个分力（切向力 F_c、背向力 F_p 和进给力 F_f 如图 11-7 所示）中背向力 F_p 最大，且 F_p =（1.6～3.2）F_c，F_f 最小，且 F_f =（0.1～0.2）F_c。

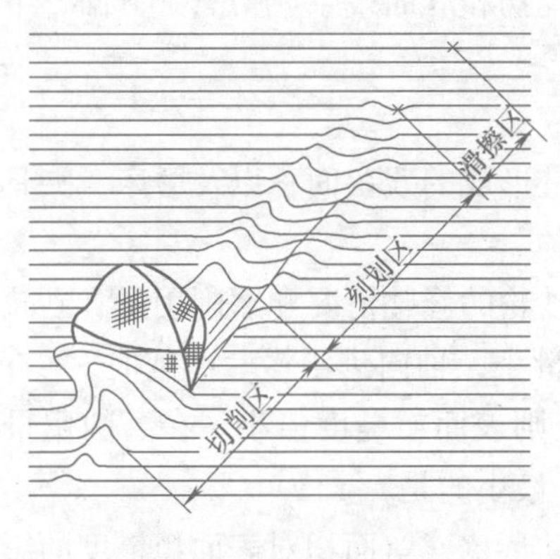

图 11-6　磨粒的切削过程

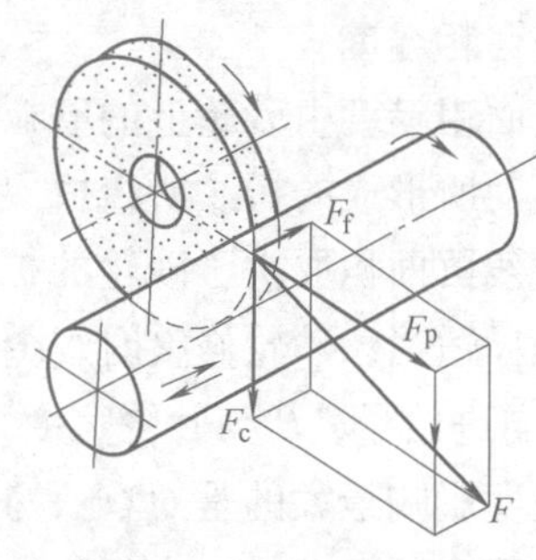

图 11-7　磨削力

磨削之所以能获得很高的精度、很小的表面粗糙度值，是因为砂轮经过精细的修整，磨粒具有微刃等高性；磨削厚度很小，除了切削作用外，还有挤压和抛光作用；磨床砂轮回转精度很高，工作台纵向进给通过液压传动实现，运动平稳，精度高，而横向能微量进给。

但是，磨削与其他切削加工方法相比，切除单位体积的切削功率消耗大，磨削表面的变形、烧伤和应力都比较大。

三、砂轮的修整

砂轮因磨损和表面堵塞等失去磨削性能以后，应及时进行修整。修整砂轮常用的工具有大颗粒金刚石笔（图 11-8a）、多粒细碎金刚石笔（图 11-8b）和金刚石滚轮（图 11-8c）。用大颗粒金刚石笔修整砂轮时，每次修整深度为 2～20μm，轴向进给速度为 20～60mm/min，一般砂轮的单边总修整量为 0.1～0.2mm。多粒细碎金刚石笔修整效率较高，所修整的砂轮磨出的工件表面粗糙度值较小。金刚石滚轮修整效率更高，适用于修整成形砂轮。

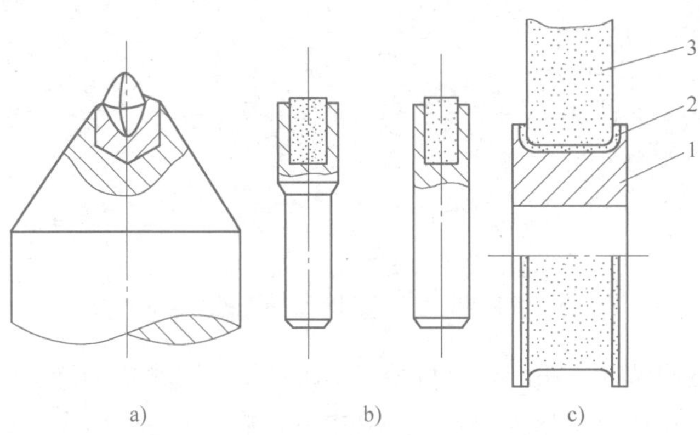

图 11-8　修整砂轮用的工具

a）大颗粒金刚石笔　b）多粒细碎金刚石笔　c）金刚石滚轮

1—轮体　2—金刚石　3—被修整砂轮

第四节　磨削表面质量

磨削表面质量包括磨削的表面粗糙度、表面烧伤和表面残余应力三个方面，下面分别加以分析。

一、表面粗糙度

磨削表面粗糙度由砂轮上的磨粒在工件表面上形成的残留面积以及磨床、夹具、工件和砂轮系统振动所形成的振纹所组成。

磨削的残留面积取决于砂轮的粒度、硬度、砂轮的修整情况和磨削用量。砂轮的粒度号大，硬度选择适当；砂轮修整时，金刚石笔切入量小，轴向进给慢；磨削时，v_c/v_w 大，f_a/B（f_a 为轴向进给量，B 为砂轮宽度）小，f_r 小，则表面粗糙度值小。在磨削用量中，对工件表面粗糙度影响最大的是 v_c/v_w，其次是 f_a/B，最小的是 f_r。

磨削过程中的振动是一个很复杂的问题。振动远比残留面积对表面粗糙度的影响大。磨削中有强迫振动（磨床旋转部件不平衡引起）、低频振动（强迫振动频率与系统固有频率相近而引起），还有高频自激振动等，其中尤以高频自激振动为常见。消除振动、减小振波的主要措施包括：严格控制磨床工件主轴的径向圆跳动；对砂轮及其他高速旋转部件仔细平衡；保证磨床工作台慢进给时无爬行；提高磨床动刚度；减小磨削用量；选择合适的砂轮和采取吸振措施等。

二、表面烧伤

磨粒在切削、刻划和抛光工件的过程中产生大量的磨削热，使磨削表面的温度升得很高，表面层（约几十微米到千余微米深度处）金属发生相变，其硬度与塑性等发生变化，这种表层变质的现象称为表面烧伤。高温的磨削表面生成一层氧化膜，氧化膜的颜色取决于磨削温度与表面变质层的深度。当磨削温度低于400℃时，工件表面为本色；当磨削温度为400～550℃时，工件表面为浅黄色；当磨削温度为550～700℃时，工件表面为黄色；当磨削温度为700～850℃时，工件表面为褐色；当磨削温度为850～1000℃时，工件表面为紫

色；当磨削温度再高时，工件表面为青色等。工件表面处于本色时，磨削表面变质层深度约为0.3mm；工件表面处于浅黄色时，磨削表面变质层深度为0.3～0.5mm；工件表面处于黄色时，磨削表面变质层深度为0.5～0.8mm；工件表面处于褐色时，磨削表面变质层深度为0.8～1.2mm；工件表面处于紫色时，磨削表面变质层深度在1.2mm以上。

对于严重的烧伤，肉眼就可分辨烧伤颜色。轻微的烧伤，则需经酸洗后才能显现。滚动轴承厂规定，轴承内、外滚道磨削后，要用酸洗法抽检其有无烧伤。

表面烧伤破坏了零件的表面组织，影响零件的使用性能和寿命。避免烧伤就要减少磨削热，加速磨削热的传散，具体措施有以下四个方面。

1）合理选用砂轮。要选择硬度较软、组织较疏松的砂轮，并及时修整。选用特制的大气孔砂轮，因散热条件好，不易堵塞，能有效地避免表面烧伤。树脂结合剂砂轮退让性好，与陶瓷结合剂砂轮比较它不易使工件表面烧伤。用砂轮端面磨平面时，可将砂轮端面倾斜很小一个角度或将砂轮表面修凹，以减少与工件的接触面积，避免烧伤。

2）合理选择磨削用量。磨削时砂轮切入量f_r对磨削温度影响最大。因此，为了避免工件表面被烧伤，宜减小f_r，提高工件的旋转进给速度v_w和工件轴向进给量f_a。砂轮与工件的接触时间少了，虽然每颗磨粒的平均磨削厚度大了，但磨削温度仍能降低，可以减轻或避免表面烧伤。

3）采用良好的冷却措施。选用冷却性能好的切削液，采用较大的流量，使用能将切削液喷入磨削区的冷却效果较好的喷嘴，或者采用喷雾冷却、切削液透过砂轮体内的内冷却方法，可以有效地避免工件表面烧伤。

4）改进磨床的结构。保证精确的砂轮切入量是磨床保证工件表面不被烧伤的一个重要条件。近代磨床采用静压导轨或滚动导轨、滚珠丝杠，减少传动环节及摩擦，消除传动间隙，提高进给机构刚性等一系列措施以精确控制砂轮切入量，不但提高了磨削精度，也可防止工件表面烧伤。

三、表面残余应力

残余应力是指零件去除外力和热源作用后，存在于零件内部的、保持零件内部各部分平衡的应力。零件磨削后，表面存在残余应力的原因有下列三个方面：

1）金属组织相变引起的体积变化。例如磨削淬硬的轴承钢，磨削温度使表层组织中的残余奥氏体转变为回火马氏体，体积膨胀，于是里层产生残余拉应力，表层产生残余压应力。这种由相变引起的残余应力称为相变应力。

2）不均匀热胀冷缩。例如磨削导热性较差的材料，表层和里层温度相差较多，表层温度迅速升高，同时又受到切削液的作用急速冷却，表层的收缩受到里层的牵制，结果里层产生残余压应力，表层产生残余拉应力。这种由热胀冷缩不均匀引起的残余应力称为热应力。

3）残留的塑性变形。磨粒在切削、刻划磨削表面后（图11-9），在磨削速度方向，工件表面上存在着残余拉应力；在垂直于磨削速度方向，由于磨粒挤压金属所引起的变形受两侧材料的约束，工件表面上存在着残余压应力。这种由塑性变形而产生的残余应力称为塑变应力。

磨削后工件表层残余应力是由相变应力、热应力和塑变应力合成的。

表层残余拉应力会降低零件的疲劳强度，与工件应力合成后还可能导致裂纹的产生。因此，在考虑磨削工艺时，应尽量减少和避免残余拉应力的产生。比较有效的措施是：采用立

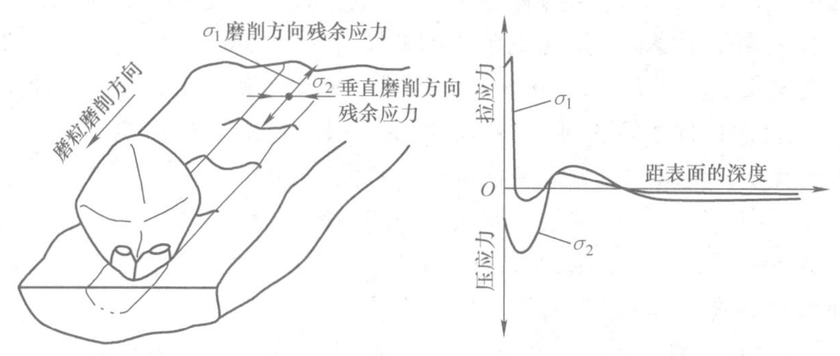

图 11-9 因磨削表面塑性变形而产生的残余应力

方氮化硼砂轮磨削；减少砂轮切入量f_r；采用切削液；增加精磨次数等。

第五节 先进磨削技术简介

长期以来，以提高加工质量和生产率为目标的先进磨削技术发展迅速，其中常用的有精密磨削、超精密磨削、镜面磨削、深切缓进给磨削及砂带磨削等。

一、精密磨削、超精密磨削和镜面磨削

精密磨削是指尺寸精度为 0.1 ~ 1μm，表面粗糙度值为 *Ra*0.06 ~ 0.16μm 的磨削技术；超精密磨削是指尺寸精度为 0.1μm 以下，表面粗糙度值为 *Ra*0.02 ~ 0.04μm 的磨削技术；镜面磨削是表面粗糙度值为 *Ra*0.01μm 以下，表面光泽如镜的磨削技术。我国在 20 世纪 60 年代就研制成功了超精密磨削和镜面磨削，并制成了相应的高精度磨床，使这项先进磨削技术在生产中得到推广。目前，超精密磨削已成为对钢铁材料和半导体等硬脆材料进行精密加工的主要方法之一。

精密磨削、超精密磨削和镜面磨削必须采取的措施如下：

1）要采用高精度、高刚度磨床，如磨床主轴的径向圆跳动≤0.25 ~ 0.1μm，刚度在 200N/μm 以上，纵向进给 <0.3m/min，横向进给（切削深度）为 1 ~ 2μm/单行程等。磨床要恒温、隔离安装。

2）精密、超精密磨削使用单晶刚玉、白刚玉或铬刚玉磨料，粒度为 F60 ~ F80，陶瓷结合剂，硬度为 K、L 的砂轮。镜面磨削使用铬刚玉、白刚玉或白刚玉和绿碳化硅混合磨料，粒度为 F280 ~ F500，改性酚醛树脂结合剂并加石墨填料，硬度为 E、F 的砂轮。镜面磨削使用的这种砂轮称为微粉弹性砂轮，用它磨削，切削能力微弱，但抛光作用很好，能获得镜面。

20 世纪 80 年代以来，精密磨削、超精密磨削和镜面磨削还常采用人造金刚石和立方氮化硼磨料，采用等高微刃进行微切削，采用铸铁纤维结合剂，磨削速度提高到 50m/s。

3）砂轮要用金刚石笔精细修整。

4）对前道工序工件的尺寸、形状、位置精度和表面粗糙度都有较高的要求。磨削用量一般为：$v_c = 15 \sim 20\text{m/s}$，$v_w = 5 \sim 15\text{m/min}$，工作台移动速度 $v_f = 50 \sim 200\text{mm/min}$，$f_r = 2 \sim 5\mu\text{m}$，磨削时径向进给 1 ~ 3 次，然后无进给精磨几次至几十次。

二、深切缓进给磨削

深切缓进给磨削又称蠕动磨削，是 20 世纪 60 年代发展起来的一种高效磨削工艺。它的

磨削深度达 1～30mm，工件进给速度 v_w 为 10～100mm/min，是普通磨削的 1/100～1/1000。磨削钢材时的材料切除率可达 3kg/min，磨削铸铁时可达 4.5～5kg/min。可直接从铸、锻毛坯上磨出成品，以磨代车，以磨代铣。它采用顺磨技术，适合磨削成形表面和沟槽，特别适合于耐热合金等难加工材料和淬硬金属的成形加工，如直接磨出航空发动机涡轮叶片的榫槽、滚动轴承内环和外环滚道、麻花钻螺纹槽及花键槽等。

深切缓进给磨削的主要特点如下：

1）由于径向进给量大，砂轮与工件的接触弧面增大，参加切削的磨粒多，且节省了工作台频繁往返所花费的制动、换向和两端越程时间，所以生产率比普通磨削提高 3～5 倍。

2）由于工件进给速度极低，使得单个磨粒的切削厚度极小，从而磨粒不易磨损，工件表面粗糙度值小。

3）由于砂轮与工件的接触面积大，为防止磨削烧伤，要选用超软的、粒度号小和组织号大的砂轮或大气孔砂轮，且要使用大量切削液（压力高达 0.8～1.2MPa，流量达 80～200L/min）来冷却和冲走脱落的磨粒及磨屑。

4）由于磨削力要比普通磨削时大得多（约为 2～10 倍），所以要求磨床有足够的刚性和较大的电动机功率。

20 世纪 90 年代深切缓进给磨削又采用高速磨削（v_c=150m/s）。采用此项技术的轧辊磨床，其砂轮驱动功率达 487kW，工件驱动功率达 55kW，材料切除率可达 6～7kg/min。

三、砂带磨削

用高速运动的砂带作为磨削工具，磨削各种表面的方法称为砂带磨削，如图 11-10 所示。砂带由基体、结合剂（胶）和磨粒组成，如图 11-11 所示。砂带上仅有一层精选的粒度均匀的磨粒，通过静电植砂，使其锋刃向上，切削刃具有较好的等高性。因此，砂带磨削材料切除率高，磨削表面质量也好。

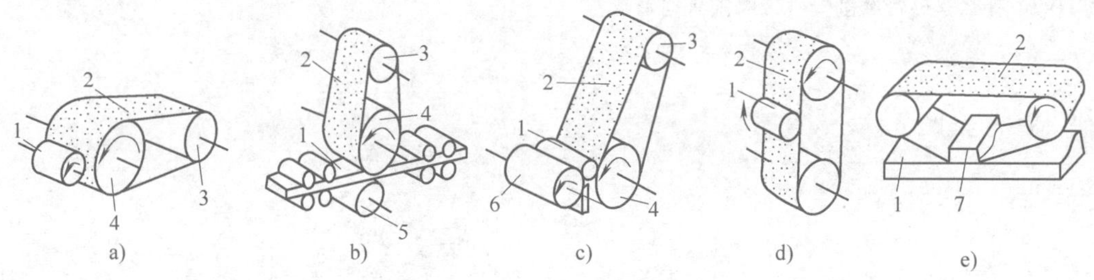

图 11-10　砂带磨削的几种形式

a）磨外圆　b）磨平面　c）无心磨　d）自由磨削　e）成形磨削

1—工件　2—砂带　3—张紧轮　4—接触轮　5—承载轮　6—导轮　7—成形导向板

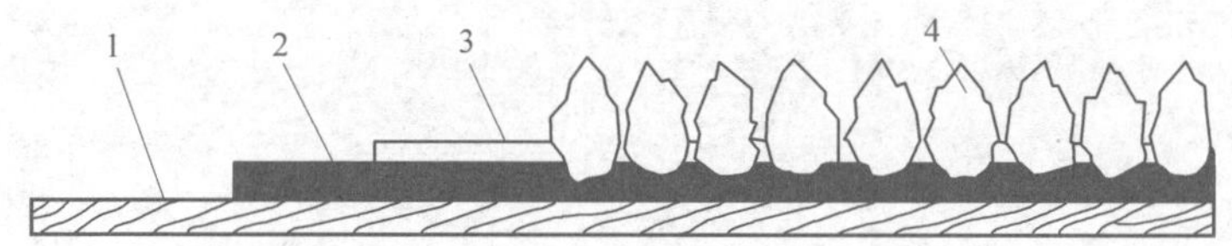

图 11-11　砂带的结构

1—基体　2—底胶　3—复胶　4—磨粒

20世纪60年代制成砂带磨床后，砂带磨削发展非常快。目前，在工业发达国家，砂带磨削量已占磨削加工量的一半左右。砂带磨削的特点如下：

1）由于在砂带与工件接触区能同时投入磨削的磨粒多且锋利，所以生产率比铣削和砂轮磨削都高得多。

2）磨削温度低。因为磨粒接触空气的时间长，所以易于散热，从而磨削温度低，有利于提高工件表面质量。

3）由于砂带柔软，加上弹性的橡胶接触轮对振动有良好的阻尼特性，因而砂带磨削速度稳定，加工精度高，表面质量好，适于高精度的磨削加工。

4）砂带磨床结构简单，功率消耗少，但占用空间大，噪声大。此外，砂带要经常更换，消耗量大。

20世纪90年代，美国的砂带已采用Cubitron和SG磨料取代普通刚玉。新磨料韧性好，磨粒很少发生宏观折断，而只是微观破碎形成新的锋刃。另外，由于采用新的基体，新的结合剂，所以砂带寿命长，消耗量也大大减少。

复习思考题

11-1　外圆磨削有哪些运动？常用的磨削用量为多少？

11-2　砂轮有哪些组成要素？用什么代号表示？说明下列砂轮代号的意义。

1－400×50×203WAF60K5V－35m/s；

11－150/120×35×32－10，20，100GCF36J5B－50m/s。

11-3　SG砂轮与普通砂轮有何区别？什么是TG砂轮？它有什么特点？

11-4　人造金刚石砂轮和立方氮化硼砂轮与普通砂轮有何区别？

11-5　砂轮修整常用的工具有哪几种？

11-6　磨削表面质量包括哪些方面？简述采取哪些措施可提高磨削质量。

11-7　什么是砂带磨削？砂带磨削有何特点？

参考文献

[1] 吴岳昆．金属切削原理与刀具［M］．北京：机械工业出版社，1979.

[2] 陆剑中，孙家宁．金属切削原理与刀具［M］.4 版．北京：机械工业出版社，2005.

[3] 陈日曜．金属切削原理［M］．北京：机械工业出版社，1993.

[4] 周泽华．金属切削理论［M］．北京：机械工业出版社，1992.

[5] 袁哲俊，刘华明．刀具设计简明手册［M］．北京：机械工业出版社，1999.

[6] 艾兴，肖诗纲．切削用量手册［M］.3 版．北京：机械工业出版社，1994.

[7] 肖诗纲．刀具材料及其合理选择［M］.2 版．北京：机械工业出版社，1990.

[8] 艾兴，等．高速切削加工技术［M］．北京：国防工业出版社，2003.

[9] 韩荣第，于启勋．难加工材料切削加工［M］．北京：机械工业出版社，1996.

[10] 袁哲俊，王光逵．精密和超精密加工技术［M］．北京：机械工业出版社，1999.

[11] 吴善元．金属切削原理与刀具［M］．北京：机械工业出版社，1995.

[12] 杨叔子．机械加工工艺师手册［M］．北京：机械工业出版社，2003.

[13] 崔永茂，叶伟昌．金属切削刀具［M］．北京：机械工业出版社，1991.

[14] 倪志福，陈壁光．群钻—倪志福钻头［M］．上海：上海科学技术出版社，1999.

[15] 张基岚．机夹可转位刀具手册［M］．北京：机械工业出版社，1994.

[16] 王晓霞．金属切削原理与刀具［M］．北京：航空工业出版社，2000.

[17] 叶伟昌，叶毅．超硬材料刀具及其应用［J］．上海：机械制造，1997（1）.

[18] 机械工程手册电机工程手册编辑委员会．机械工程手册［M］.2 版．北京：机械工业出版社，1996.

[19] 现代机械制造工艺装备标准应用手册编委会．现代机械制造工艺装备标准应用手册［M］．北京：机械工业出版社，1997.

[20] 全国刀具标准化技术委员会．GB/T 12204—2010　金属切削　基本术语［S］．北京：中国标准出版社，2011.

[21] 全国磨料磨具标准化技术委员会．GB/T 2481. 1—1998　固结　磨具用磨料　粒度组成的检测和标记　第 1 部分：粗磨粒 F4 ~ F220［S］．北京：中国标准出版社，1999.

[22] 全国磨料磨具标委会．JB/T 7425—2012　超硬磨料制品金刚石或立方氮化硼磨具技术条件［S］．北京：机械工业出版社，2012.

[23] 邓建新，赵军．数控刀具材料选用手册［M］．北京：机械工业出版社，2005.

[24] Kocherovsky. HSK：Characteristics And Capabilities［J］. MMS online，2001（10）.

[25] Dr. stuart C. Salmon Modem Gninding. Process Technology［J］. Mc Craw – Hill Ine，1992.

[26] Proceedings of Internatinal Symposium of Advanced Manufacturing Technology ISAMT′ 2001. Nanjing China，2001.

[27] Fritz Klocke. Wilfried König. Fertigungsverfahten1 Achte Auflage Springer，2007.

[28] 全国磨料磨具标准化技术委员会．GB/T 2481. 2—2009　固结磨具用磨料　粒度组成的检测和标记　第 2 部分：微粉［S］．北京：中国标准出版社，2009.